普通高等教育"十二五"土木工程系列规划教材

土木工程测量

主编 曹晓岩　张家平
参编 林卫公　郑朝阳　魏　勇

机械工业出版社

本书在全面分析大土木工程专业测量知识能力要求的基础上,考虑了相近专业的共用原则,突出应用性原则,体现学以致用以及为工程建设服务的目的。本书主要内容包括测量基本理论与方法、工程应用测量两部分,前者包括水准测量,角度测量,距离丈量与直线定向,测量误差的基本知识,控制测量,大比例尺地形图的测绘与应用,现代测量仪器与技术;后者包括施工测量的基本方法,民用建筑施工测量,工业建筑施工测量,道路中线测量,路线纵、横断面测量,桥梁测量,隧道测量。

本书适用于土木工程、工程管理、安全工程、环境工程、建筑环境与设备工程、给水排水工程等专业,也可供土木工程技术人员参考阅读。

图书在版编目(CIP)数据

土木工程测量/曹晓岩,张家平主编. —北京:
机械工业出版社,2014.7(2019.1 重印)
普通高等教育"十二五"土木工程系列规划教材
ISBN 978-7-111-46910-0

Ⅰ.①土… Ⅱ.①曹…②张… Ⅲ.①土木工程—工程测量—高等学校—教材 Ⅳ.①TU198

中国版本图书馆 CIP 数据核字(2014)第 115839 号

机械工业出版社(北京市百万庄大街22 号 邮政编码 100037)
策划编辑:马军平 责任编辑:马军平 李 帅
版式设计:赵颖喆 责任校对:张晓蓉 肖 琳
封面设计:张 静 责任印制:常天培
北京铭成印刷有限公司印刷
2019 年 1 月第 1 版第 3 次印刷
184mm×260mm ·18 印张·480 千字
标准书号:ISBN 978-7-111-46910-0
定价:35.00 元

前　言

本书在全面分析大土木工程专业测量知识能力要求的基础上，考虑了相近专业的共用原则，该教材课程体系和结构安排在符合系统性要求的基础性上，突出应用性原则为核心和主线的思想，专业基本理论知识全、新，结构合理，深度适当，体现学以致用以及为工程建设服务的目的。突出强化"三基"，即基本概念、基本方法、基本技能，对教材内容体系进行了整体优化：测量基本技能与技术为普通测量学基础平台，满足土木工程相近专业的需要；工程测量原理与实践部分按照道路、桥梁、隧道、工业与民用建筑、管道、大坝等专业方向分类细化，注重理论与实践的紧密结合，努力做到更加贴近工程实际，为工程应用实践服务；现代测量技术内容章节单列，突出当代测量新技术新方法应用，并与专业测量相结合，利于学生学习和掌握新技术、新方法，培养学生的创新能力和发展后劲，以适应现代测量技术日益飞速发展的需要和社会发展的需要。

本书由曹晓岩、张家平任主编，林卫公、郑朝阳、魏勇任参编。第1、3、4、6、8章由曹晓岩(黑龙江工程学院)编写，第2、13、14、15章由郑朝阳(黑龙江工程学院)编写，第7、9章由魏勇(河南城建学院)编写，第10、11章由林卫公(宁夏大学)编写，第5、12章由张家平(黑龙江工程学院)编写。

限于编者水平，书中不妥之处，恳请读者批评指正。

编　者

目　　录

第 1 章 绪 论

【重点与难点】

重点：1. 测量学的含义与大地水准面。
        2. 地面点位的确定（平面位置与空间位置确定）。
        3. 测量基本工作与基本原则。

难点：高斯平面直角坐标。

1.1 测量学的任务与应用

1.1.1 测量学及其分类

测量学是研究地球的形状和大小，以及确定地面（包括空中、地下、海底）点位的科学，它的主要任务包括测定和测设两个部分。测定是指使用测量仪器和工具，通过观测和计算，得到一系列测量数据，将地球表面的地物地貌测绘成地形图，供经济建设、规划设计、科学研究和国防建设使用；测设是将图上规划设计好的建筑物、构筑物的位置在地面上标定出来，作为施工的依据，工程上又叫放样。

随着测绘科学的发展，技术手段的不断更新，以全球定位系统（GPS）、地理信息系统（GIS）和遥感技术（RS）为代表的测绘新技术的迅猛发展与应用，测绘学的产品基本由传统的纸质地图转变为"4D"（DEM 数字高程模型、DOM 数字正射影像图、DRG 数字栅格地图和 DLG 数字线画地图）产品。"4D"产品在网络技术的支持下，成为国家空间数据基础设施（NSDI）的基础，从而增强了数据的共享性，为相关领域的研究工作及国民经济建设的各行业、各部门应用地理信息带来了巨大的方便。

根据研究的具体对象及任务的不同，测量学可分为以下几个分支学科：

（1）普通测量学 普通测量学是研究和确定地球表面小范围测绘的基本理论、技术和方法，不顾及地球曲率的影响，把地球局部表面视为平面，是测量学的基础。

（2）大地测量学 大地测量学是研究和确定地球形状、大小，解决大地区控制测量和重力场的理论和技术的学科。其基本任务是建立国家大地控制网，测定地球的形状、大小和重力场，为地形测图和各种工程测量提供基础起算数据，为空间科学、军事科学及研究地壳变形、地震预报等提供重要资料。由于人造地球卫星的发射和科学技术的发展，大地测量学又分为常规大地测量学、卫星大地测量学及物理大地测量学等。

（3）摄影测量与遥感学 摄影测量与遥感学是研究利用摄影或遥感技术获取被测物体的信息（影像或数字形式），进行分析处理，绘制地形图或获得数字化信息的理论和方法的学科。由于获取相片的方法不同，摄影测量学又分为地面摄影测量学、航空摄影测量学、水下摄影测量学和航天摄影测量学等。特别是随着遥感技术的发展，摄影方式和研究对象日趋多样，不仅固体的、静态的对象，而且液体、气体以及随时间而变化的动态对象，都属于摄影测量学的研究范畴。

（4）海洋测量学 海洋测量学是以海洋和陆地水域为对象所进行的测量和海图编绘工作，

属于海洋测绘学的范畴。

（5）工程测量学　工程测量学是研究在工程建设和资源开发中，在规划、设计、施工和管理各阶段进行的控制测量、地形测绘和施工放样、变形监测的理论、技术和方法的学科。由于建设工程的不同，工程测量又可分为矿山测量学、水利工程测量学、公路测量学及铁路测量学等。工程测量是测绘科学与技术在国民经济和国防建设中的直接应用，是综合性的应用测绘科学与技术。

（6）地图制图学　地图制图学是利用测量所得的成果资料，研究如何投影编绘和制印各种地图的工作，属于制图学的范畴。它的基本任务是利用各种测量成果编制各类地图，其内容一般包括地图投影、地图编制、地图整饰和地图制印等分支。

本书主要介绍普通测量学和部分工程测量学的内容。

测量学应用很广，在国民经济和社会发展规划中，测绘信息是重要的基础信息之一，各种规划和地籍管理，首先要有地形图和地籍图。另外，在各项经济建设中，从建设项目的勘测设计阶段到施工、竣工、运营阶段，都需要进行大量的测绘工作。在国防建设中，军事测量和军用地图是现代大规模诸兵种协同作战不可缺少的重要保障。至于远程导弹、空间武器、人造卫星和航天器的发射，要保证它精确入轨，随时校正轨道和命中目标，除了应算出发射点和目标点的精确坐标、方位、距离外，还必须掌握地球的形状、大小的精确数据和有关地域的重力场资料。在科学试验方面，诸如空间科学技术的研究，地壳的变形、地震预报、灾情检测、空间技术研究，海底资源探测、大坝变形监测、加速器和核电站运营的监测等，以及地极周期性运动的研究，都需要测绘工作紧密配合和提供空间信息。即使在国家的各级管理中，测量和地图资料也是不可缺少的重要工具。

测量学在土木工程专业的工作中有着广泛的应用。例如，在勘察设计的各个阶段，需要测区的地形信息和地形图或电子地图，供工程规划、选择厂址和设计使用。在施工阶段，要进行施工测量，将设计好的建构筑物的平面位置和高程测设于实地，以便施工；伴随着施工的进展，不断地测设高程和轴线（中心线），以指导施工；根据需要还要进行设备的安装测量。在施工的同时，要根据建（构）筑物的要求，开始进行变形观测，直至建（构）筑物基本上停止变形为止，以监测施工的建构筑物变形的全过程，为保护建构筑物提供资料。施工结束后，及时进行竣工测量，绘制竣工图，供日后扩建、改建提供依据。在建构筑物使用和工程的运营阶段，对某些大型及重要的建构筑物，还要继续进行变形观测和安全监测，为安全运营和生产提供资料。由此可见，测量工作在土木工程专业应用十分广泛，它贯穿着工程建设的全过程，特别是大型和重要的工程，测量工作是非常重要的。

测量学是土木工程专业的专业基础课。土木工程专业的学生，学习完本课程后，要求达到掌握普通测量学的基本知识和基本理论；了解先进测绘仪器原理，具备使用测量仪器的操作技能，基本掌握大比例尺地形图的测图原理和方法；对数字测图的过程有所了解；在工程规划、设计、施工中能正确应用地形图和测量信息；掌握处理测量数据的理论和评定精度的方法；在施工过程中，能正确使用测量仪器进行工程的施工放样工作。

测量学是一门综合性极强的实践性课程，要求学生在掌握测量学基本理论、技术和方法的基础上，应具备动手操作测量仪器的技能。因此，在教学过程中，除了课堂讲授之外，必须安排一定量的实习和实训，以便巩固和深化所学的知识，这对掌握测量学的基本理论及技能，建立控制测量和地形测绘的完整概念是十分有效的。通过实习可以培养学生分析问题和解决问题的能力，并为利用所学理论和技能解决相关问题打下坚实的基础。

1.1.2 测量学在国家经济建设和发展中的作用

随着科学技术的飞速发展，测量学在国家经济建设和发展的各个领域中发挥着越来越重要的作用。工程测量是直接为工程建设服务的，它的服务和应用范围包括城建、地质、铁路、交通、房地产管理、水利电力、能源、航天和国防等各种工程建设部门。

（1）城乡规划和发展离不开测量学 我国城乡面貌正在发生日新月异的变化，城市和村镇的建设与发展，迫切需要加强规划与指导，而搞好城乡建设规划，首先要有现势性好的地图，提供城市和村镇面貌的动态信息，以促进城乡建设的协调发展。

（2）资源勘察与开发离不开测量学 勘探人员在野外工作，离不开地图，从确定勘探地域到最后绘制地质图、地貌图、矿藏分布图等，都需要用测量技术手段。随着测量技术的发展，如重力测量可以直接用于资源勘探。工程师和科学家根据测量取得的重力场数据可以分析地下是否存在重要矿藏，如石油、天然气、各种金属等。

（3）交通运输、水利建设离不开测量 公路、铁路的建设从规划、选线、勘测设计、施工建设、竣工验收、工后运营、养护管理等都离不开测量。大、中水利工程也是先在地形图上选定河流渠道和水库的位置，划定流域面积，储流量，再测得更详细的地图（或平面图）作为河渠布设、水库及坝址选择、库容计算和工程设计的依据。如三峡工程从选址、移民，到设计大坝等，测量工作都发挥了重要作用。

（4）国土资源调查、土地利用和土壤改良离不开测量 地籍图、房产图对土地资源开发、综合利用、管理和权属确认具有法律效力。建设现代化的农业，首先要进行土地资源调查，摸清土地"家底"，而且还要充分认识各地区的具体条件，进而制定出切实可行的发展规划。测量为这些工作提供了一个有效的工具。地貌图，反映出了地表的各种形态特征、发育过程、发育程度等，对土地资源的开发利用具有重要的参考价值；土壤图，表示了各类土壤及其在地表分布特征，为土地资源评价和估算、土壤改良、农业区划提供科学依据。

1.2 测量学的发展与现状

1.2.1 测量学的发展简史

科学的产生和发展是由生产决定的。测量学也不例外，它是一门历史悠久的学科，是人类长期以来，在生活和生产实践中逐渐发展起来的。由于生活和生产的需要，人类社会在远古时代，就已将测量工作用于实际。早在公元前 21 世纪夏禹治水时，已经使用了"准、绳、规、矩"四种测量工具和方法；埃及尼罗河泛滥后，在农田的整治中也应用了原始的测量技术。在公元前 27 世纪建设的埃及大金字塔，其形状与方向都很准确，这说明当时就已有了放样的工具和方法。我国早在 2000 多年前的夏商时代，为了治水就开始了水利工程测量工作。司马迁在《史记》中对夏禹治水有这样的描述："陆行乘车，水行乘船，泥行乘橇，山行乘撵，左准绳，右规矩，载四时，以开九州，通九道，陂九泽，度九山。"这记录的就是当时的工程勘测情景，准绳和规矩就是当时所用的测量工具，"准"是可揆平的水准器，"绳"是丈量距离的工具，"规"是画圆的器具，"矩"是一种可定平、测长度、高度、深度和画矩形的通用测量仪器。早期的水利工程多为河道的疏导，以利防洪和灌溉，其主要的测量工作是确定水位和水坝的高度。秦代李冰父子主持修建的都江堰水利枢纽工程，曾用一个石头人来标定水位，当水位超过石头人的肩时，下游将受到洪水的威胁；当水位低于石头人的脚背时，下游将出现干旱。这种标定水位的办法与现代水位测量的原理完全一样。北宋时沈括为了治理汴渠，测得"京师之地比泗州凡高十九丈四尺八寸六分"，是水准测量的结果。

在天文测量方面，我国远在颛顼高阳氏（公元前 2513—前 2434 年）便开始通过观测日、月、五星，来确定一年的长短，战国时制出了世界上最早的恒星表。秦代（公元前 246—前 206 年）用颛顼历定一年的长短为 365.25 天，与罗马人的儒略历相同，但比其早四五百年。宋代的《统天历》，确定一年为 365.2425 天，与现代值相比，只有 26s 的误差。由此可见，天文测量在古代已有很大的发展。

在研究地球形状和大小方面，在公元前就已有人提出丈量子午线的弧长，以推断研究地球形状和大小。我国于唐代（公元 724 年）在一行僧主持下，实量河南白马到上蔡的距离和北极高度角，得出子午线 1°的弧长为 132.31km，为人类正确认识地球作出了贡献。1849 年，英国的斯托克斯提出利用重力观测资料确定地球形状的理论，之后又提出了用大地水准面代替地球形状，从此确认了大地水准面比椭球面更接近地球的真实形状的观念。

17 世纪以来，望远镜的应用，为测量科学的发展开拓了光明的前景，使测量方法、测量仪器有了重大的改变。三角测量方法的创立，大地测量的广泛开展，对进一步研究地球的形状和大小，以及测绘地形图都起了重要的作用。与此同时，在测量理论方面也有不少创新，如高斯的最小二乘法理论和横圆柱投影理论，就是其中重要的例证，至今仍在沿用。地形图是测绘工作的重要成果，是生产和军事活动的重要工具。公元前 20 世纪已被人们所重视，我国最早的记载是夏禹将地图铸于鼎上，以便百姓从这些图画中辨别各种事物，这是地图的雏形，说明中国在夏代已经有了原始的地图。可惜，原物在春秋战国时因战乱被毁而失传。此后历代都编制过多种地图，由此足以说明地图的测绘已有较大发展，但测绘工作仍使用手工业生产方式。1903 年飞机的发明，使摄影测量成为可能，不但使成图工作提高了速度，减轻了劳动强度，而且改变了测绘地形图的工作现状，由手工业生产方式向自动化方式转化，开创了光明的前景。

1.2.2 测量学的发展现状

1. 测量学的发展现状

20 世纪中叶，新的科学技术得到了快速发展，特别是电子学、信息学、计算机科学和空间科学等，在其自身发展的同时，给测量学的发展开拓了广阔的道路，推动着测量技术和仪器的变革和进步。测绘科学的发展很大部分是从测绘仪器发展开始的，然后使测量技术发生重大的变革和进步。1947 年，光电测距仪问世，20 世纪 60 年代，激光器作为光源用于电磁波测距，彻底改变了大地测量工作中以角度换算距离的境况，因此，除用三角测量外，还可用导线测量和三边测量。随着光源和微处理机的问世和应用，测距工作向着自动化方向发展。氦氖激光光源的应用使测程达到 60km 以上，精度达到 $\pm(5mm + 5 \times 10^{-6}D)$。80 年代开始，多波段（多色）载波测距的出现，抵偿、减弱了大气条件的影响，使测距精度大大提高。ME5000 测距仪达到 $\pm(0.2mm + 0.1 \times 10^{-6}D)$ 标称精度。与此同时，砷化钾发光管和激光光源的使用，使测距仪的体积大大减小，质量减轻，向着小型化大大迈进了一步。

测角仪器的发展也十分迅速，随着科学技术的进步而发展，经纬仪从金属度盘发展为光学度盘、电子度盘和电子读数，且能自动显示、自动记录，完成了自动化测角的进程，自动测角的电子经纬仪问世，并得到应用。同时，电子经纬仪和测距仪结合，形成了电子速测仪（全站仪），其体积小，质量轻，功能全，自动化程度高，为数字测图开拓了广阔的前景。最近又推出了智能全站仪，瞄准目标都能自动化。

20 世纪 40 年代，自动安平水准仪的问世，标志着水准测量自动化的开始。之后，激光水准、激光扫平仪的发展，为提高水准测量的精度和用图创造了条件。近年来，数字水准仪的应用，也使水准测量的自动记录、自动传输、存储和处理数据成为现实。

20 世纪 80 年代，全球定位系统（GPS）问世，采用卫星直接进行空间点的三维定位，引起了测绘工作的重大变革。由于卫星定位具有全球性、全天候、快速、高精度和无需建立高标等优点，被广泛应用在大地测量、工程测量、地形测量、军事导航定位上。世界上很多国家为了使用全球定位系统的信号，迅速进行了接收机的研制。现在已生产出第五代产品，它体积小，功能全，质量轻。

除了美国研制 GPS 定位系统外，前苏联研制了 GLONASS 定位系统，还有欧洲空间局的全球卫星导航系统（NAVSATD）等都开展了工作。我国也在进行卫星导航定位系统的研究，制定了"北斗计划"，所研制的双星定位系统已取得很大进展，不久即将问世。

由于测量仪器的飞速发展和计算机技术的广泛应用，地面的测图系统，由过去的传统测绘方式发展为数字测绘。地形图是由数字表示的，用计算机进行绘制和管理既便捷又迅速，并且精度可靠。测量学的发展趋势和特点可概括为：测量内外业作业的一体化；数据获取及处理的自动化；测量过程控制和系统行为的智能化；测量成果和产品的数字化；测量信息管理的可视化；信息共享和传播的网络化。现代工程测量发展的特点可概括为：精确、可靠、快速、简便、连续、动态、遥测、实时。

2. 我国测量事业的发展

中华人民共和国成立后，测量科学的发展进入了一个崭新的阶段。1956 年成立了国家测绘总局，建立了测绘研究机构，组建了专门培养测绘人才的院校。各业务部门也纷纷成立测绘机构，党和国家对测绘工作给予了很大的关怀和重视。

建国以来，我国测绘工作取得了辉煌的成就：

1）在全国范围内（除台湾省）建立了高精度的天文大地控制网，建立了适合我国的统一坐标系统——1980 西安坐标系。20 世纪 90 年代，利用 GPS 测量技术建立了包括 AA 级、B 级等在内的国家 GPS 网，21 世纪初对喜马拉雅山进行了重新测高，并测得其主峰海拔高程为 8844.43m。

2）完成了国家基础地形图的测绘，测图比例尺也随着国民经济建设的发展而不断增大，测图方法也从常规的经纬仪、平板仪测图，发展到全数字摄影测量成图、GPS 测量技术及全站仪地面数字地图。编制出版了各种地图、专题图，制图过程实现了数字化和自动化。

3）制定了各种测绘技术规范（规程）和法规，统一了技术规格和精度指标。

4）建立了完整的测绘教育体系，测绘技术步入世界先进行列，开发研制了一批具有世界先进水平的测绘软件，如全数字摄影测量系统——Virtuo Zo，面向对象的地理信息系统——GeoStar，地理信息系统软件平台——MapGIS，数字测图系统——清华三维的 EPSW、武汉瑞得的 RDMS、南方的 CASS 等，使测绘数字化、自动化的程度越来越高。

5）测绘仪器生产发展迅速，不仅生产出各个等级的经纬仪、水准仪、平板仪，而且还能批量生产电子经纬仪、电磁波测距仪、自动安平水准仪、全站仪、GPS 接收机、解析测图仪等。

6）测绘技术和手段不断发展，传统的测绘技术已基本被现代测绘技术"3S"（GPS、GIS、RS）所替代；测绘产品应用范围不断拓宽，并向用户提供"4D"数字产品。

测绘工作十分精细严密，其测绘成果和成图质量的优劣将对国民经济建设发展产生重大影响。为了使测绘成果更好地服务于国民经济建设发展的各行各业，必须努力学习，勇于实践，在学好传统测绘理论的基础上，掌握现代测绘理论与技术，发扬测绘技术人员的真实、准确、细致和按时完成任务的优良传统，只有这样，才能使我国的测绘事业不断发展，测绘水平不断提高，测绘成果应用领域不断扩展。

1.3 测量学的基础知识

测量工作的主要研究对象是地球的自然表面，但地球表面形状十分复杂，且很不规则，其上有高山、深谷、丘陵、平原、江湖、海洋等。通过长期的测绘工作和科学调查，了解到地球表面上海洋面积约占71%，陆地面积约占29%，世界第一高峰珠穆朗玛峰高出海平面8844.43m，而在太平洋西部的马里亚纳海沟低于海平面11022m。尽管有这样大的高低起伏，但相对于地球半径6371km来说仍可忽略不计。因此，测量中把地球总体形状看做是由静止的海水面向陆地延伸所包围的球体。

由于地球的自转运动，地球上任意一点都要受到离心力和地球引力的双重作用，这两个力合称为重力。重力的方向线称为铅垂线，铅垂线是测量工作的基准线。由前所述，我们可以设想地球的整体形状是被海水所包围的球体，即设想将一静止的海洋面扩展延伸，使其穿过大陆和岛屿，形成一个封闭的曲面，如图1-1所示。静止的水面称为水准面。水准面是受地球重力影响而形成的，水准面的特性是处处与铅垂线垂直。同一水准面上各点的重力位相等，故又将水准面称为重力等位面，它具有几何意义及物理意义。水准面和铅垂线就是实际测量工作所依据的面和线。与水准面相切的平面称为水平面。由于海水受潮汐风浪等影响而时高时低，故水准面有无穷多个，其中与平均海水面相吻合并向大陆、岛屿内延伸而形成的一个闭合曲面称为大地水准面。大地水准面是测量工作的基准面，由大地水准面所包围的地球形体称为大地体。通常用大地体来代表地球的真实形状和大小。

大地水准面和铅垂线是测量外业所依据的基准面和基准线。用大地体表示地球形体是恰当的，但由于地球内部质量分布不均匀，引起地面上各点的铅垂线方向产生不规则变化，致使大地水准面是一个不规则而复杂的曲面，在这样的面上是无法进行测量数据处理的。为了使用方便，通常用一个与大地水准面非常接近的又能用数学式表述的规则球体(即旋转椭球体)来代表地球的形状，作为测量工作的基准面。如图1-2所示，旋转椭球体的形状和大小是由基本元素决定的。它由椭圆NESW绕短轴NS旋转而成。旋转椭球体的基本元素为长半轴a、短半轴b和扁率$\alpha = (a - b)/a$。

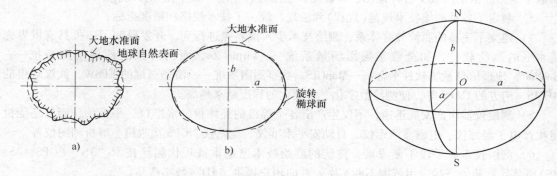

图1-1　大地水准面　　　　　　　　　　图1-2　旋转椭球体

在几何大地测量中，地球椭球体的形状和大小通常用长半轴a、扁率α表示。其值可用传统的弧度测量和重力测量的方法测定。许多国内外学者曾分别测算出了不同地球椭球体的参数值，见表1-1。

表 1-1　地球椭球体的几何参数

椭球名称	长半轴 a /m	短半轴 b /m	扁 率 α	计算年代/国家	备 注
贝塞尔	6377397	6356079	1:299.152	1841 年/德国	—
海福特	6378388	6356912	1:297.0	1910 年/美国	1942 年国际第一个推荐值
克拉索夫斯基	6378245	6356863	1:298.3	1940 年/前苏联	中国 1954 年北京坐标系采用
国际椭球	6378140	6356755	1:298.257	1975 年/国际	IUGG 第 17 届大会推荐，中国 1980 年国家大地坐标系采用，第三个推荐值
WGS-84	6378137	6356752	1:298.257	1979 年/国际	美国 GPS 采用，第四个推荐值
克拉克	6378249	—	1:293.459	1880 年/英国	—
德兰布尔	6375653	—	1:334.0	1800 年/法国	—

注：IUGG 为国际大地测量与地球物理联合会(International Union of Geodesy and Geophysics)

　　我国采用的参考椭球体有中华人民共和国成立前的海福特椭球体和中华人民共和国成立初期的克拉索夫斯基椭球体。由于克拉索夫斯基椭球体参数同 1975 年国际推荐值相比，其长半轴相差 105m，因而在 1978 年，我国根据自己实测的天文大地资料，推算出适合本地区的地球椭球体参数，采用了 1975 年国际椭球，该椭球的基本元素是：$a = 6378140$m，$b = 6356755.3$m，$\alpha = 1:298.257$。

　　根据一定的条件，确定参考椭球体与大地水准面的相对位置所做的测量工作，称为参考椭球体的定位。在一个国家适当地点选一点 P，射向大地水准面与参考椭球面相切，切点 P' 位于 P 点的铅垂线方向上(见图 1-3)，

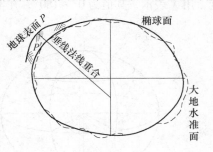

图 1-3　参考椭球体的定位

这样椭球面上 P' 点的法线与该点对大地水准面的铅垂线重合，并使椭球的短轴与自转轴平行，且椭球面与这个国家范围内的大地水准面差距尽量地小，从而确定参考椭球面与大地水准面的相对位置关系，称为椭球体定位。这里，P 点称为大地原点。我国大地原点位于陕西泾阳永乐镇。在大地原点上进行了精密天文测量和精密水准测量，获得了大地原点的平面起算数据，基于此建立的坐标系为"1980 年国家大地坐标系"。参考椭球面只具有几何意义而无物理意义，它是严格意义上的测量计算基准面。由于参考椭球的扁率很小，在小区域的普通测量中可将地(椭)球看做圆球，其半径 $R = (2a + b)/3 = 6371$km。

1.4 地面点位的确定

测量工作的基本任务是确定地面点的空间位置。在测量工作中，通常采用地面点在基准面(如椭球面)上的投影位置，以及该点沿投影方向到基准面(如椭球面、大地水准面)的距离来表示。

在一般测量工作中，常将地面点的空间位置用大地经度、纬度(或高斯平面直角坐标)和高程表示，它们分别从属于大地坐标系(或高斯平面直角坐标)和指定的高程系统，即使用一个二维坐标系(椭球面或平面)与一个一维坐标系的组合来表示，即需用坐标和高程三维量来确定。坐标表示地面点投影到基准面上的位置，高程表示地面点沿投影方向到基准面的距离。根据不同的需要可以采用不同的坐标系和高程系。由于卫星大地测量的迅速发展，地面点的空间位置也可采用三维的空间直角坐标表示。

1.4.1 地理坐标系

当研究和测定整个地球的形状或进行大区域的测绘工作时，可用地理坐标来确定地面点的位置。地理坐标系是一种球面坐标，依据球体的不同而分为天文坐标系和大地坐标系。

1. 天文坐标系

以大地水准面为基准面，地面点沿铅垂线投影在该基准面上的位置，称为该点的天文坐标。该坐标用天文经度和天文纬度表示。如图 1-4 所示，将大地体看做地球，NS 即为地球的自转轴，N 为北极，S 为南极，O 为地球体中心。包含地面点 P 的铅垂线且平行于地球自转轴的平面称为P 点的天文子午面。天文子午面与地球表面的交线称为天文子午线，也称经线。而将通过英国格林尼治天文台埃里中星仪的子午面称为起始子午面，相应的子午线称为起始子午线或零子午线，并作为经度计量的起点。过点 P 的天文子午面与起始子午面所夹的二面角就称为 P 点的天文经度，用 λ 表示，其值为 $0° \sim 180°$，在本初子午线以东的叫东经，以西的叫西经。

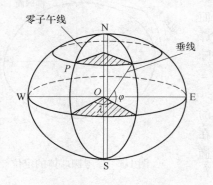

图 1-4 天文坐标系

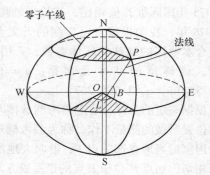

图 1-5 大地坐标系

通过地球体中心 O 且垂直于地轴的平面称为赤道面，它是纬度计量的起始面。赤道面与地球表面的交线称为赤道，其他垂直于地轴的平面与地球表面的交线称为纬线。过点 P 的铅垂线与赤道面之间所夹的线面角就称为 P 点的天文纬度。用 φ 表示，其值为 $0° \sim 90°$，在赤道以北的叫北纬，以南的叫南纬。

天文坐标 (λ, φ) 是用天文测量的方法实测得到的。

2. 大地坐标系

大地坐标系是以参考椭球面为基准面，以起始子午面(即通过格林尼治天文台的子午面)和赤道面作为椭球面上确定某一点投影位置的两个参考面。地面点沿椭球面的法线投影在该基准面上的位置，称为该点的大地坐标。该坐标用大地经度和大地纬度表示。如图1-5所示，包含地面点 P 的法线且通过椭球旋转轴的平面称为点 P 的大地子午面。过 P 点的大地子午面与起始大地子午面所夹的二面角称为 P 点的大地经度，用 L 表示，其值分为东经 $0° \sim 180°$ 和西经 $0° \sim 180°$。过点 P 的法线与椭球赤道面所夹的线面角称为 P 点的大地纬度，用 B 表示，其值分为北纬 $0° \sim 90°$ 和南纬 $0° \sim 90°$。我国1954年北京坐标系和1980年国家大地坐标系就是分别依据两个不同的椭球建立的大地坐标系。

大地坐标 (L,B) 因所依据的椭球面不具有物理意义而不能直接测得，可先由天文观测法测得 P 点的天文坐标 (λ,φ)，再利用 P 点的法线与铅垂线的相对关系（称为垂线偏差）改算为大地坐标 (L,B)。一般测量工作中可以不考虑这种算法。

1.4.2　空间直角坐标系

以椭球体中心 O 为原点，起始子午面与赤道面交线为 X 轴，赤道面上与 X 轴正交的方向为 Y 轴，椭球体的旋转轴为 Z 轴，指向符合右手规则。在该坐标系中，P 点的点位用 OP 在这三个坐标轴上的投影 x、y、z 表示（图1-6）。

任一地面点 P 在空间直角坐标系中的坐标，可表示为 (X,Y,Z) 或 (L,B,H)，二者之间有一定的换算关系。美国的全球定位系统 GPS 用的 WGS—84 坐标就属这类坐标。

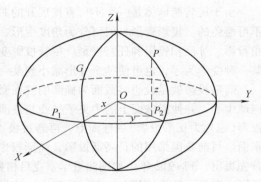

图 1-6　空间直角坐标系

1.4.3　独立平面直角坐标系

当测区的范围较小（如小于 $100km^2$）时，常把球面投影看做平面，这样地面点在投影面上的位置就可以用平面直角坐标来确定。测量工作中采用的平面直角坐标系如图1-7a所示，规定南北方向为纵轴，即 X 轴，向北为正；东西方向为横轴 Y 轴，向东为正。测区内任一地面点用坐标 (x,y) 来表示。

坐标原点有时是假设的，假设的原点位置应使测区内的点的 x、y 值为正。一般设在测区的西南角，以避免坐标出现负值。测量平面直角坐标系与数学平面直角坐标系的区别如图1-7所示。

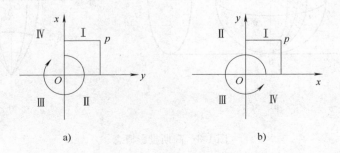

a)　　　　　　　　　　　　b)

图 1-7　测量平面直角坐标系
a）测量平面直角坐标系　b）数学平面直角坐标系

1.4.4 高斯-克吕格平面直角坐标系

1. 高斯投影

地理坐标建立在球面基础上，不能直接用于测图、工程建设规划、设计、施工，因此，当测区范围较大时，要建立平面坐标系，就不能忽略地球曲率的影响。为了解决球面与平面这对矛盾，需将球面坐标按一定数学法则归算到平面上，即按照地图投影理论（高斯投影）将球面上的大地坐标转换为平面直角坐标，就是地图投影。其过程可用方程表示

$$x = F_1(L, B), \quad y = F_2(L, B) \tag{1-1}$$

式中 L、B——椭球体面上某点的大地坐标；

x、y——该点投影到平面上的直角坐标。

由于旋转椭球体是一个不可直接展开的曲面，如果将该面上的元素投影到平面上，其变形是不可避免的。投影变形一般可分为角度变形、长度变形和面积变形三种。因此，地图投影也有等角投影、等面积投影和任意投影。尽管投影变形不可避免，但人们可以选择适当的投影方法，使某一种变形为零，也可使整个变形减小到某一适当程度。

高斯投影就是设想将截面为椭圆的柱面套在椭球体的外面，如图 1-8 所示，使柱面轴线通过椭球中心，并使椭球面上的中央子午线与柱面相切，而后将中央子午线附近球面上的点、线等角投影（也称为正形投影）到柱面上，再通过极点 N 的母线将柱面剪开，展成平面，即为高斯投影平面。目前我国采用的是高斯投影，高斯投影是由德国数学家、测量学家高斯于 1825～1830 年首先提出，到 1912 年由德国测量学家克吕格推导出实用的坐标投影公式，所以又称高斯-克吕格投影。它是一种横轴等角切椭圆柱投影，该投影解决了将椭球面转换为平面的问题。从几何意义上看，就是假设一个椭圆柱横套在地球椭球体外并与椭球面上的某一条子午线相切，这条相切的子午线称为中央子午线。假想在椭球体中心放置一个光源，通过光线将椭球面上一定范围内的物象映射到椭圆柱的内表面上，然后将椭圆柱面沿一条母线展开成平面，即获得投影后的平面图形，如图 1-8 所示。

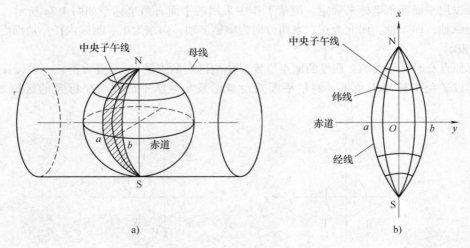

a)　　　　　　　　　　　　b)

图 1-8　高斯投影概念

该投影的经纬线图形有以下特点：

1）投影后的中央子午线为直线，无长度变化。其余的经线投影为凹向中央子午线的对称曲线，长度较球面上的相应经线略长。离中央子午线越远，变形就越大。

2）在椭球体上，除中央子午线外，其余子午线投影后均向中央子午线弯曲，且对称于中央子午线和赤道，并收敛于两极。赤道的投影为一直线，并与中央子午线正交。其余纬线的投影为凸向赤道、凹向两极的对称曲线。

3）经纬线投影后仍然保持相互垂直的关系，说明投影后的角度无变形。

高斯投影没有角度变形，称等角投影，也称为正形投影。在投影中，使原椭球面上的微分图形与平面上的图形始终保持相似。正形投影有两个基本条件，一是它的保角性，即投影前后保持角度大小不变；二是它的伸长固定性，即长度投影虽然会发生变化，但在任一点上各方向的微分线段投影前后比为一常数

$$m = \frac{\mathrm{d}s}{\mathrm{d}S} = k \tag{1-2}$$

式中 $\mathrm{d}s$——地面上任一点各方向投影前的微分线段；

$\mathrm{d}S$——地面上任一点各方向投影后的微分线段；

k——常数。

2. 高斯平面直角坐标系

在投影面上，中央子午线和赤道的投影都是直线。以中央子午线和赤道的交点 O 作为坐标原点，将中央子午线的投影作为纵坐标轴，用 x 表示，向北为正；以赤道的投影作为横坐标轴，用 y 表示，向东为正，两轴的交点作为坐标原点，由此构成的平面直角坐标系称为高斯平面直角坐标系，如图 1-9 所示。

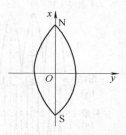

图 1-9 高斯平面直角坐标系

高斯投影中，除中央子午线外，其余各点均存在长度变形，且距中央子午线越远，长度变形越大。为了对长度变形加以控制，将地球椭球面按一定的精度差分成若干范围不大的带，称为投影带，如图 1-10a 所示。投影带带宽分为经差 6° 和 3°，分别称为 6° 带和 3° 带，如图 1-10b 所示。

6° 带投影是从英国格林尼治起始子午线开始，自西向东，每隔经差 6° 分为一带，将地球分成 60 个带，其带号 n 分别为 1，2，…，60。6° 带的最大变形在赤道与投影带最外一条经线的交点上，长度变形为 0.14%，面积变形为 0.27%。每带的中央子午线经度可按下式计算

$$L_6 = (6n - 3)° \tag{1-3}$$

3° 投影带是在 6° 带的基础上划分的。每 3° 为一带，共 120 带，其中央子午线在奇数带时与6° 带中央子午线重合，3° 带的边缘最大变形有所减小，长度变形为 0.04%，面积变形为 0.14%。每带的中央子午线经度可按下式计算

$$L_3 = 3°n' \tag{1-4}$$

式中 n'——3° 带的带号。

我国南起北纬 4°、北至北纬 54°，西由东经 74°起、东至东经 135°，东西横跨 11 个 6° 带，21个 3° 带。北京位于 6° 带的第 20 带，中央子午线经度为 117°。由于我国位于北半球，在高斯平面直角坐标系内，x 坐标均为正值，而 y 坐标值有正有负。为避免 y 坐标出现负值，规定将 x 坐标轴向西平移 500km（半个投影带的最大宽度不超过 500km）如图 1-11 所示，此外为了便于区别某点位于哪一个投影带内，还应在 y 坐标值前冠以投影带的带号，这种坐标称为国家统一坐标。如图 1-11 中的 A 点位于第 18 投影带，其自然坐标为 $x = 3395451\mathrm{m}$，$y = -82261\mathrm{m}$，它在第 18 投影带中的高斯通用坐标则为 $X = 3395451\mathrm{m}$，$Y = 18\ 417739\mathrm{m}$。

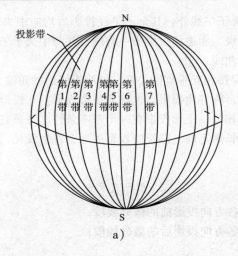

a)

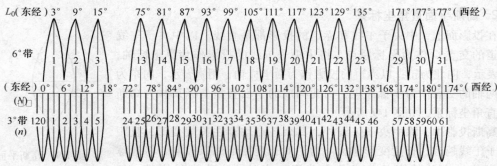

b)

图 1-10　高斯投影带

a）地球投影带划分　b）6°带和3°带投影带

1.4.5　高程系统

为了建立全国统一的高程系统，必须确定一个高程基准面。通常采用平均海水面代替大地水准面作为高程基准面，平均海水面的确定是通过验潮站多年验潮资料来求定的。我国确定平均海水面的验潮站设在青岛，根据青岛验潮站 1950～1956 年 7 年间验潮资料求定的高程基准面，称为"1956 年黄海平均高程面"，作为我国的大地水准面，由此建立的高程系统称为"1956 年黄海高程系"。我国自 1959 年开始，全国统一采用"1956 年黄海高程系"。

由于海洋潮汐长期变化周期为 18.6 年，经对青岛验潮站 1952～1979 年间的验潮资料的计算，确定了新的平均海水面，称为"1985 国家高程基准"。经国务院批准，我国于 1987 年开始启用"1985 国家高程基准"。

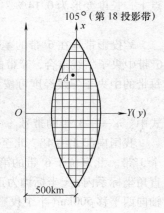

图 1-11　高斯平面直角坐标

为了维护平均海水面的高程，必须建立与验潮站相联系的水准点作为高程起算点，这个水准点称为水准原点。我国的水准原点设在青岛市观象山上，全国各地的高程都以它为基准进行测算。1956 年黄海平均海水面的水准原点高程为 72. 289m，"1985 国家高程基准"的水准原点高程为 72. 260m。

在一般测量工作中是以大地水准面作为高程基准面。地面任一点沿铅垂线方向到大地水准面的距离就称为该点的绝对高程或海拔，简称高程，用 H 表示。图 1-12 中的 H_A、H_B 分别表示地面上 A、B 两点的高程。

在局部地区，如果引用绝对高程有困难时，可以采用假定高程系统，即假定一个水准面作为高程基准面，地面点至假定水准面的铅垂线距离，称为该点的相对高程或假定高程。图 1-12 中的 H'_A、H'_B 分别为地面上 A、B 两点的假定高程。

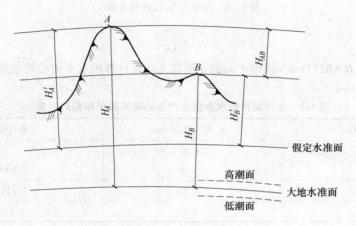

图 1-12　高程系统

地面上 A、B 两点高程之差称为高差，用 h_{AB} 表示，如 A 点至 B 点的高差可写为

$$h_{AB} = H_B - H_A = H'_B - H'_A \tag{1-5}$$

由式(1-5)可知，高差有正、有负，并用下标注明其方向，下标 AB 表示 A 点至 B 点高差，所以，两点之间的高差与高程起算面无关。在土木工程中，又将绝对高程和相对高程统称为标高。

1.4.6　用水平面代替水准面的限度

实际测量工作中，在一定的测量精度要求和测区面积不大的情况下，可忽略地球曲率的影响，通常以水平面直接代替水准面。应当了解地球曲率对基本观测量(如水平距离、水平角、高差)的影响，从而决定在多大面积范围内能允许用水平面代替水准面。分析时可将大地水准面近似看成圆球，半径 $R = 6371$km。

1. 水准面曲率对水平距离的影响

设水准面 L 与水平面 P 在 A 点相切，如图 1-13 所示。设 AB 为水准面上的一段圆弧，长度为 S，所对的圆心角为 θ，地球半径为 R。自 A 点作水准面 P 的切线 AC，长为 T，如果将切于 A 点的水平面代替水准面，即以切线 AC 代替圆弧 AB，则在距离上将产生误差 ΔS

$$\Delta S = AC - AB = S - T = R(\tan\theta - \theta) \tag{1-6}$$

因 θ 角值一般很小，$\tan\theta$ 按三角级数展开，并略去 5 次以上各项，并以 $\theta = \dfrac{S}{R}$ 代入，则得

$$\Delta S = \frac{S^3}{3R^2} \tag{1-7}$$

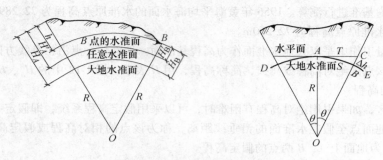

图 1-13 用水平面代替基准面

或

$$\frac{\Delta S}{S} = \frac{S^2}{3R^2} \tag{1-8}$$

其中地球半径 $R = 6371$ km，并用不同的 S 值代入，可计算出水平面代替水准面所产生的距离误差和相对误差，见表 1-2。

表 1-2 水平面代替水准面所产生的距离误差和相对误差

距离 S/km	距离误差 ΔS/cm	相对误差 K
1	0.00	—
5	0.10	1:5000000
10	0.82	1:1217700
15	2.77	1:541516

由表 1-2 可见，当距离 $S = 10$ km 时，以平面代替曲面所产生的距离相对误差为 1:120 万。在距离为 10km 的范围内，即面积约 300km² 内，以水平面代替水准面所产生的距离误差可以忽略不计。

2. 水准面曲率对高差的影响

图 1-13 中，BC 为水平面代替水准面所产生的高差误差。令 $BC = \Delta h$，得

$$(R + \Delta h)^2 = R^2 + T^2 \tag{1-9}$$

整理后得

$$\Delta h = \frac{T^2}{2R + \Delta h} \tag{1-10}$$

上式中可用 S 代替 T，Δh 与 $2R$ 相比可忽略不计，则

$$\Delta h = \frac{S^2}{2R} \tag{1-11}$$

若以不同的距离 S 代入式(1-11)，则可得相应的高差误差，见表 1-3。

表 1-3 水平面代替水准面的高差误差

距离 S/km	0.1	0.2	0.3	0.4	0.5	1	2	5	10
高差误差 Δh/mm	0.8	3	7	13	20	78	314	1962	7848

由表 1-3 可见，用水平面代替水准面，在 1km 的距离上高差误差就有 78mm。用水平面作基准面对高程的影响是很大的。因此，就高程测量而言，即使距离很短，也应考虑地球曲率对高程的影响，采取相应措施减小误差。

3. 水准面曲率对水平角的影响

由球面三角学知道，同一空间多边形在球面上投影的各内角之和，比其在平面上投影的各内角之和大一个球面角 ε，它的大小与图形面积成正比。计算表明，当测区范围在 $100\,km^2$ 时，地球曲率对水平角的影响仅为 $0.51''$，在普通测量工作时可以忽略不计。

综上所述，当测区范围在 $100\,km^2$ 范围内时，不论是进行水平距离或水平角测量，都可以不考虑地球曲率的影响，在精度要求较低的情况下，这个范围还可以相应扩大，但地球曲率对高程测量的影响是不能忽视的。

1.5 测量工作的基本概念

测量工作的基本任务是要确定地面点的空间位置。确定地面点的空间位置需要进行一些测量的基本工作，为了保证测量成果的精度及质量需遵循一定的测量原则。

1.5.1 测量工作的基本原则

地球自然表面的高低起伏，形态极为复杂，测量工作中将地球表面的形态分为地物和地貌两类。建筑物、道路、桥梁、地面上的河流水系等称为地物；而高低起伏的山峰、沟谷、悬崖峭壁等称为地貌。地物和地貌构成了地形。

测量工作主要是测绘地形图和施工放样。不论采用何种方法、使用何种仪器进行测定或放样，都会给其成果带来误差。为了防止测量误差的逐渐传递而累计增大到不能允许的程度，要求测量工作遵循在布局上"由整体到局部"，在精度上"由高级到低级"，在次序上"先控制后碎部"的原则。另外，测量成果必须真实、可靠、准确、置信度高，任何不合格的成果都将影响到工程建设的后果，所以应对测量资料和成果进行全过程检核，剔除错误和不合格成果，前一步工作未经检验，不得进行下一步工作，未经检验的成果绝对不能使用。检核包括观测数据检核、计算检核和精度检核。

1.5.2 控制测量的概念

控制测量是指在整个测区内选定若干个具有控制意义的点，采用精度较高的测量仪器和方法，测定这些点的位置，并作为下一步进行测量工作的依据。控制测量包括平面控制测量和高程控制测量。

1. 平面控制测量

平面控制测量又分为导线测量和三角测量。

三角测量是将选择的控制点连成三角形，并构成锁状和网状（见图 1-14）。测定三角形的内角和基线边长，然后推算控制点（三角点）的坐标；或测定三角形的内角和边长，同样可推算三角点的坐标。我国基本的平面控制网主要是采用三角测量方法建立的。三角测量分为四个等级：一等精度最高，由纵横交叉的三角锁组成，锁段长度 200km，两端基线长不小于 5km，三角形边长为 20~25km；二等三角网布置在一等三角锁环内，构成网状，边长为 13km 左右；三、四等三角网为二等三角网加密，三等三角网点的边长一般为 8km，四等为 6km，是在二等网点的基础上加密。三、四等三角网是地形测量和工程测量的基础。

导线测量是指将控制点依次连成折线或多边形（见图 1-15），测定所有转折角和边长，从而计算导线点的坐标。导线测量按其精度分为精密导线测量和图根导线测量。精密导线测量可以代替同级三角测量；而图根导线测量则直接用于加密测图控制点，在小区域内，也可以作为独立的测图控制。

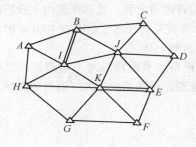

图 1-14 三角网

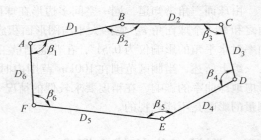

图 1-15 导线网

2. 高程控制测量

高程控制测量分为水准测量和三角高程测量。

我国高程控制测量是用水准测量的方法建立的，按其精度分为四等。一等水准测量的精度最高，三、四等水准测量除了用于加密二等水准网点以外，还直接为地形测量和工程测量提供高程控制点。

1.5.3 测量的基本工作

测量工作有外业与内业之分。在野外利用测量仪器和工具测定地面上两点的水平距离、角度、高差，称为测量的外业工作。在室内将外业的测量成果进行数据处理、计算和绘图，称为测量的内业工作。

综上所述，测量的基本工作是测角、量距、测高差，这些数据是研究地球表面上点与点之间相对位置的基础，即确定地面点位的三要素，测图、放样、用图是土木工程专业工程技术人员的基本技能。

思考题与习题

1-1 名词解释.

水准面 大地水准面 高斯直角坐标系 高程 相对高程 平面直角坐标系 水平面 参考椭球

1-2 填空题.

(1) 测量工作中的铅垂线与_____面垂直。

(2) 水准面上的任意一点都与_____垂直。

(3) 地球陆地表面上一点 A 的高程是点 A 至平均海水面在_____方向的长度。

(4) 珠穆朗玛峰的高程是 8848.48m，此值是指该峰至_____处的_____长度。

(5) 测量工作中采用的平面直角坐标与数学中的平面直角坐标不同之处是_____。

(6) 确定地面上的一个点的位置常用三个坐标值，它们是_____，_____，_____。

(7) 实际测量工作中依据的基准面是_____面。

(8) 实际测量工作中依据的基准线是_____线。

(9) 局部地区的测量工作有时用任意直角坐标系，此时 X 坐标轴的正向常取_____方向。

(10) 普通测量工作有三个基本测量要素，它们是_____，_____，_____。

1-3 选择题

(1) 任意高度的平静水面_____（都不是；都是；有的是）水准面。

(2) 不论处于何种位置的静止液体表面_____（并不都是；都称为）水准面。

(3) 地球曲率对_____（距离；高程；水平角）的测量值影响最大。

（4）在小范围内的一个平静湖面上有 A、B 两点，则 B 点相对于 A 点的高差_____（ >0；<0；$=0$；$\neq 0$）。

（5）大地水准面_____（亦称为；不同于）参考椭球面。

（6）平均海水面_____（是；不是）参考椭球面。

1-4 地球的形状为何要用大地体和旋转椭球体来描述？

1-5 水准面的特性是什么？

1-6 球面坐标与平面坐标有何区别？天文坐标与大地坐标有何区别？

1-7 测量工作的基本原则是什么？

1-8 何谓高程？何谓高差？若已知 A 点的高程为 498.521m，又测得 A 点到 B 点的高差为 -16.517m，试问 B 点的高程为多少？

第 2 章　水　准　测　量

【重点与难点】

重点：1. 水准测量的原理。

　　　　2. 水准仪安置、操作与读数。

　　　　3. 水准测量实施与内业成果整理。

难点：水准仪的检验与校正。

测定地面点高程的测量工作称为高程测量。高程是确定地面点位置的基本要素之一。高程测量的方法按照使用的仪器和施测方法不同分为水准测量、三角高程测量、GPS 高程测量等。其中水准测量是高程测量中最基本和精度较高的一种测量方法。水准测量方法在国家高程控制测量、工程勘测和施工测量中被广泛采用。本章将主要介绍水准测量，三角高程测量将在第 7 章讲述。

2.1　水准测量原理

水准测量是利用水准仪提供的一条水平视线，同时借助水准尺，测定地面两点间的高差，这样就可由已知点的高程推算出未知点高程。如图 2-1 所示，欲测定 A、B 两点之间的高差 h_{AB}，可在 A、B 两点上分别竖立水准尺，并在 A、B 两点之间安置水准仪。根据仪器提供的水平视线，在 A 点尺上读数，设为 a；在 B 点尺上读数，设为 b；则 A、B 两点间的高差为

$$h_{AB} = a - b \tag{2-1}$$

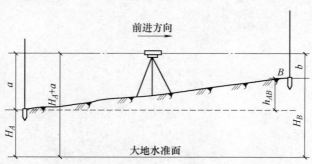

图 2-1　水准测量原理

如果水准测量是由 A 点到 B 点进行的，如图 2-1 中的箭头所示，若 A 点为已知高程点，则称 A 点为后视点，A 点尺上读数 a 为后视读数；称 B 点为前视点，B 点尺上读数 b 为前视读数。高差等于后视读数减去前视读数。$a > b$，高差为正，表明前视点高于后视点；$a < b$，高差为负，表明前视点低于后视点。在计算高程时，高差应连同其符号一起运算。

若已知 A 点的高程为 H_A，则 B 点的高程为

$$H_B = H_A + h_{AB} = H_A + (a - b) \tag{2-2}$$

从图 2-1 中可看出，B 点的高程 H_B 也可以通过仪器的视线高程 H_i 求得，即

$$H_i = H_A + a \tag{2-3}$$

$$H_B = H_i - b \tag{2-4}$$

式(2-2)是直接利用高差 h_{AB} 计算 B 点高程的，称为高差法；式(2-4)是利用仪器视线高程 H_i 计算 B 点高程的，称为仪高法。当安置一次仪器要求测出若干个点的高程时，应用仪高法比高差法方便。

实际工作中，通常 A、B 两点相距较远或高差较大，仅安置一次仪器难以测得两点的高差，此时需连续设站进行观测。如图 2-2 所示，在 A、B 两点之间增设若干个临时立尺点，作为高程传递的过渡点(转点)，将 AB 划分为 n 段，逐段安置水准仪、竖立水准尺，以此测定转点之间的高差，最后取其代数和，从而求得 A、B 两点之间的高差 h_{AB}。

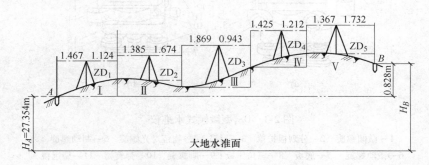

图 2-2　水准测量

我们把安置仪器的位置称为测站，在每一测站上进行水准测量，得到各测站的后视读数和前视读数分别为 a_1、b_1；a_2、b_2；…；a_n、b_n。则各测站测得的高差为：第一测站，$h_1 = a_1 - b_1$；第二测站，$h_2 = a_2 - b_2$；…；第 n 测站，$h_n = a_n - b_n$。A、B 两点的高差 h_{AB} 应为各测站高差的代数和，即

$$h_{AB} = h_1 + h_2 + \cdots + h_n = \sum_{i=1}^{n} h_i \tag{2-5}$$

或写成

$$h_{AB} = (a_1 + b_1) + (a_2 + b_2) + \cdots + (a_n + b_n)$$

$$= \sum_{i=1}^{n} (a_i - b_i) = \sum_{i=1}^{n} a_i - \sum_{i=1}^{n} b_i \tag{2-6}$$

若 A 点高程已知，则 B 点的高程为

$$H_B = H_A + h_{AB}$$

在水准测量中，A、B 两点之间的临时立尺点仅起传递高程的作用，这些点称为转点，通常以 ZD 表示，如图中的 ZD_1、ZD_2、…、ZD_{n-1}。转点无固定标志，无需算出高程。

2.2　水准测量仪器和工具

水准仪是进行水准测量的主要仪器，水准测量的工具有水准尺和尺垫。

目前通用的水准仪从构造上可分为两大类：利用水准管来获得水平视线的水准管水准仪，称为微倾式水准仪；另一类是利用补偿器来获得水平视线的自动安平水准仪。

水准仪按其精度可分为 $DS_{0.5}$、DS_1、DS_3 和 DS_{10} 四个等级。其中 D 和 S 分别为"大地测量"和"水准仪"的汉语拼音的首字母。角码的数字 0.5、1、3、10 表示仪器的精度，即每公里往返测量高差中数的偶然中误差(毫米数)。$DS_{0.5}$ 和 DS_1 级水准仪称为精密水准仪，用于国家一、二等水准测量；DS_3 和 DS_{10} 称为普通水准仪，常用于国家三、四等水准测量或等外水准测量。在土木

工程测量中，最常用的是 DS₃ 微倾式水准仪，本节将着重介绍其构造和使用。

2.2.1 DS₃型微倾式水准仪

根据水准测量原理，水准仪的主要作用是提供一条水平视线，并能照准水准尺进行读数。因此水准仪主要由望远镜、水准器和基座三部分构成。图 2-3 所示为我国生产的 DS₃ 型微倾式水准仪。

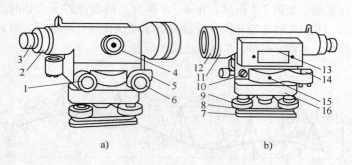

图 2-3　DS₃型微倾式水准仪

1—微倾螺旋　2—分划板护罩　3—目镜　4—物镜对光螺旋　5—制动螺旋
6—微动螺旋　7—底板　8—三角压板　9—脚螺旋　10—弹簧帽　11—望远镜
12—物镜　13—管水准器　14—圆水准器　15—连接小螺钉　16—轴座

1. 望远镜

图 2-4 是 DS₃ 型水准仪望远镜的构造，它主要由物镜、目镜、对光凹透镜和十字丝分划板所组成。物镜和目镜多采用复合透镜组。十字丝分划板上刻有两条互相垂直的长线，如图 2-4 中的十字丝放大像，竖直的一条称为竖丝，横的一条称为中丝。竖丝和中丝分别是为了瞄准目标和读取读数用的。在中丝的上下还对称地刻有两条与中丝平行的短横线，是用来测定距离的，称为视距丝。十字丝分划板是由平板玻璃片制成的，平板玻璃片装在分划板座上，分划板座由固定螺钉固定在望远镜筒上。

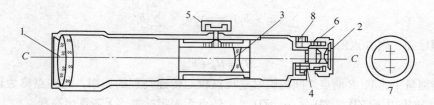

图 2-4　望远镜构造

1—物镜　2—目镜　3—对光凹透镜　4—十字丝分划板　5—物镜对光螺旋
6—目镜对光螺旋　7—十字丝放大像　8—固定螺钉

十字丝交点与物镜光心的连线，称为视准轴（见图 2-4 中的 C—C）。水准测量是在视准轴水平时，用十字丝的中丝来截取水准尺上的读数的。DS₃ 水准仪望远镜的放大率一般为 28 倍。

2. 水准器

水准器有管水准器和圆水准器两种。管水准器是用来指示视准轴是否水平；圆水准器是用来指示竖轴是否竖直。

（1）管水准器　管水准器又称为水准管，是一纵向内壁磨成圆弧形的玻璃管，管内装酒精和乙醚的混合液，加热融封冷却后留有一个气泡（见图 2-5）。由于气泡较轻，故恒处于管内最高位置。

水准管上一般刻有间隔为 2mm 的分划线,分划线的对称中心 O,称为水准管的零点(见图 2-5)。通过零点作水准管圆弧的切线,称为水准管轴(见图 2-5 中 $L—L$)。当水准管的气泡中点与水准管零点重合时,称为气泡居中;这时水准管轴 LL 处于水平位置。水准管圆弧长 2mm 所对的圆心角 τ,称为水准管分划值,用公式表示即

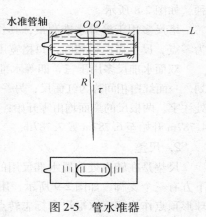

$$\tau'' = \frac{2}{R}\rho'' \qquad (2\text{-}7)$$

式中 ρ''——1 弧度相应的秒值,$\rho'' = 206265''$;

$\qquad R$——水准管圆弧半径(mm)。

式(2-7)说明圆弧的半径 R 越大,τ 越小,则水准管灵敏度越高。DS_3 级水准仪水准管的分划值不大于 $20''/2mm$。

图 2-5 管水准器

微倾式水准仪在水准管的上方安装一组符合棱镜,如图 2-6a 所示。通过符合棱镜的反射作用,使气泡两端的像反映在望远镜旁的符合气泡观察窗中。若气泡两端的半像吻合,就表示气泡居中,如图 2-6b 所示。若气泡的半像错开,则表示气泡不居中,如图 2-6c 所示。这时,应转动微倾螺旋,使气泡的半像吻合。

(2)圆水准器 如图 2-7 所示,圆水准器顶面的内壁是球面,球面中央刻有小圆圈,圆圈的中心为水准器的零点。通过零点的球面法线为圆水准器轴,当圆水准器气泡居中时,圆水准器轴处于竖直位置。气泡中心偏移零点 2mm,轴线所倾斜的角值,称为圆水准器的分划值,一般为 $8' \sim 10'$。由于它的精度较低,故只用于仪器的概略整平。

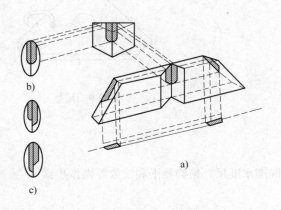

图 2-6 符合棱镜

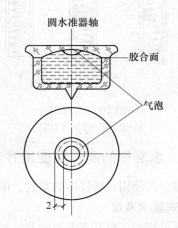

图 2-7 圆水准器

3. 基座

基座的作用是支承仪器的上部并与三脚架连接。它主要由轴座、脚螺旋、底板和三角压板构成,如图 2-3 所示。

2.2.2 水准尺和尺垫

1. 水准尺

水准尺是水准测量时使用的标尺。其质量好坏直接影响水准测量的精度。因此,水准尺需用不易变形且干燥的优质木材制成;要求尺长稳定,分划准确。常用的水准尺有塔尺和双面尺两

种，如图2-8所示。

塔尺多用于等外水准测量，其长度有3m和5m两种，用两节或三节套接在一起。尺的底部为零点，尺上黑白格相间，每格宽度为1cm或0.5cm，每米和每分米处均有注记。

双面水准尺多用于三、四等水准测量。其长度有2m和3m，两根尺为一对。尺的两面均有刻划，一面红白相间称为红面尺；另一面黑白相间称为黑面尺（主尺），两面刻划均为1cm，并在分米处注字。两根尺的黑面均由零开始；而红面，一根尺由4.687m开始至6.687m或7.687m，另一根由4.787m开始至6.787m或7.787m。

2. 尺垫

尺垫是在转点处放置水准尺用的，它用生铁铸成，一般为三角形，中央有一凸起的半球体，下方有三个支脚，如图2-9所示。用时将支脚牢固地插入土中，以防下沉和移位，上方凸起的半球形顶点作为竖立水准尺和标志转点之用。

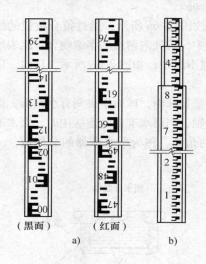

图2-8　水准尺

a）双面水准尺　b）塔尺

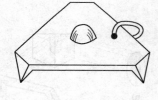

图2-9　尺垫

2.2.3　水准仪的操作和使用方法

水准仪的使用包括仪器的安置、粗略整平、瞄准水准尺、精确整平和读数等操作步骤。

1. 安置水准仪

打开三脚架，将其支在地面上，并使高度适中，目估使架头大致水平，检查脚架腿是否安置稳固，脚架伸缩螺旋是否拧紧，然后打开仪器箱取出水准仪，置于三脚架头上并用连接螺旋将仪器牢固地固定在三脚架头上。

2. 粗略整平

概略整平是借助圆水准器的气泡居中，使仪器竖轴大致铅直，从而使视准轴粗略水平。如图2-10a所示，气泡未居中而位于a处，则先按图上箭头所指的方向用两手相对转动脚螺旋①和②，使气泡移到b的位置，如图2-10b所示，再转动脚螺旋③，即可使气泡居中。在整平的过程中，气泡的移动方向与左手大拇指运动的方向一致。

3. 瞄准水准尺

（1）目镜对光　使望远镜对着明亮的背景，转动目镜对光螺旋，直到十字丝清晰为止。

（2）粗瞄 松开制动螺旋，转动望远镜，用镜筒上的瞄准器（照门、准星）瞄准水准尺，然后拧紧制动螺旋，从望远镜中观察。

（3）精瞄 转动物镜调焦螺旋进行对光，使水准尺成像清晰；再转动微动螺旋，使十字丝的竖丝贴近水准尺的边缘或中央。

（4）消除视差 当眼睛在目镜端上下微动时，若发现十字丝与标尺的影像有相对移动，这种现象称为视差。产生视差的原因是标尺成像所在平面没有与十字丝分划板平面重合。由于视差的存

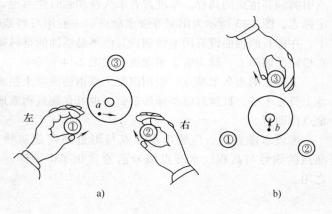

图 2-10　圆水准器的整平

在，会影响读数的正确性（见图 2-11b），应予以消除。消除的方法是重新仔细调节目镜和物镜调焦螺旋，直到眼睛上、下移动时读数不变，且十字丝与目标影像都十分清晰为止（见图 2-11a）。

4. 精确整平与读数

眼睛通过位于目镜左方的符合气泡观察窗看水准气泡，同时右手缓慢地转动微倾螺旋，使气泡两端的影像吻合并稳定不动时，表明水准管气泡已居中，水准仪的视准轴已精确水平，视线处于水平位置。此时即可用中丝在水准尺上截取读数。现在的水准仪多采用倒像望远镜，因此读数时应从小到大，即从上往下读。首先估读水准尺与中丝重合位置处的毫米数，然后报出全部读数。如图 2-12 所示的读数应为 1.823m。读完数后，还需检查气泡影像是否仍然吻合，若发生了移动则需再次精确整平，重新读数。

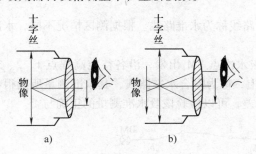

图 2-11　视差现象

a）无视差现象　b）有视差现象

图 2-12　水准尺读数

2.3　水准测量的实施和成果整理

2.3.1　水准点和水准路线布设形式

1. 水准点

为了统一全国的高程系统和满足各种测量的需要，测绘部门在全国各地埋设并测定了很多高程点，这种用水准测量方法测定高程的控制点称为水准点，简记为 BM。水准测量通常是从水准

点引测到其他点的高程，水准点有永久性和临时性两种。等级水准点需按规定要求埋设永久性固定标志，图2-13所示为国家等级水准点，一般用石料或钢筋混凝土制成，深埋到地面冻结线以下，在标石的顶面设有用不锈钢或其他不易锈蚀的材料制成的半球状标志。有些水准点也可设置在稳定的墙脚上，称为墙上水准点，如图2-14所示。

工地上的永久水准点一般用混凝土或钢筋混凝土制成，普通水准点一般为临时性的，可以在地上打入木桩，桩顶钉以半球形铁钉，也可在建筑物或地面凸出的岩石上用红漆画一临时标志标定点位即可。

埋设水准点后，应绘出水准点与附近固定建筑物或其他地物的关系图，在图上标明水准点的编号与高程，水准点编号前通常加BM字样，作为代号以便于日后寻找水准点位置之用。

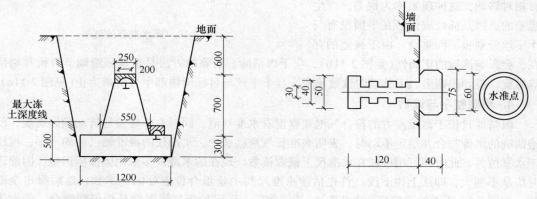

图2-13 国家等级水准点(单位:mm)　　　　　　图2-14 墙上水准点

2. 水准路线布设形式

在两水准点之间进行水准测量施测时所经过的路线称为水准路线。根据测区情况不同，水准路线可布设以下几种形式。

（1）附合水准路线 如图2-15所示，从一高级水准点 BM_1 出发，沿各待定高程点1、2、3、4进行水准测量，最后附合至另一高级水准点 BM_2 上，称为附合水准路线，其水准测量所测得各段高差的总和理论上应等于两端已知水准点间的高差，可以检验该段水准测量的正确与否。

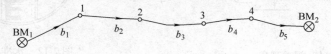

图2-15 附合水准路线

（2）闭合水准路线 如图2-16所示，从一已知水准点 BM_1 出发，沿待定高程点1、2、3、4进行水准测量，最后仍回到原水准点 BM_1 所组成的环形路线，称为闭合水准路线。沿闭合环进行水准测量时，各段高差的总和理论上应等于零，可以作为该段水准测量正确性与否的检验。

（3）支水准路线 如图2-17所示，从一已知水准点 BM_1 出发，沿各待定高程点1、2进行水准测量，其路线既不附合也不闭合，称为支水准路线。支水准路线无检核条件，必须进行往、返水准测量，往测高差总和与返测高差总和绝对值相等，符号相反，以此作为支水准路线测量正确与否的检验。

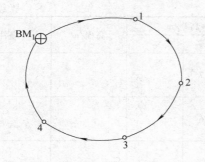

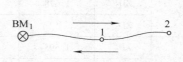

图 2-16　闭合水准路线　　　　　　　图 2-17　支水准路线

2.3.2　水准测量的实施

水准测量施测方法如图 2-18 所示，当欲测的高程点距水准点较远或高差较大时，就需要连续多次安置水准仪以测出两点间的高差。图 2-18 中 A 为已知高程的点，B 为待求高程的点。首先在已知高程的起始点 A 上竖立水准尺，在测量前进方向离起点不超过 200m 处设立第一个转点 ZD_1，必要时可放置尺垫，并竖立水准尺；在离这两点等距离处 I 安置水准仪；仪器粗略整平后，先照准起始点 A 上的水准尺，用微倾螺旋使气泡符合后，读取 A 点的后视读数；然后照准转点 ZD_1 上的水准尺，气泡符合后读取 ZD_1 点的前视读数；把读数记入手簿，并计算出这两点间的高差；此后在转点 ZD_1 处的水准尺不动，仅把尺面转向前进方向；在 A 点的水准尺和 I 点的水准仪则向前转移，水准尺安置在与第一站有同样间距的转点 ZD_2，而水准仪安置在离 ZD_1、ZD_2 两转点等距离处的测站 II；按在第 I 站同样的步骤和方法读取后视读数和前视读数，并计算出高差；如此继续进行直到待求高程点 B。

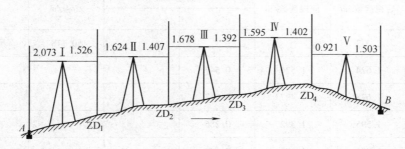

图 2-18　水准测量的实施

观测所得每一读数应立即记入手簿，水准测量手簿格式见表 2-1。填写时应注意把各个读数正确地填写在相应的行和栏内。例如，仪器在测站 I 时，起点 A 上所得水准尺读数 2.073 应记入该点的后视读数栏内，照准转点 ZD_1 所得读数 1.526m 应记入 ZD_1 点的前视读数栏内。后视读数减前视读数得 A、ZD_1 两点的高差 +0.547m 记入高差栏内。以后各测站观测所得均按同样方法记录和计算。各测站所得的高差代数和 $\sum h$，就是从起点 A 到终点 B 总的高差。终点 B 的高程等于起点 A 的高程 A、B 间的高差。因为测量的目的是求 B 点的高程，所以各转点的高程不需计算。

表 2-1　水准测量手簿(一)

测站	测点	后视读数/m	前视读数/m	高差/m +	高差/m −	高程/m	备注
I	A	2.073		0.547		50.118	已知 A 点高程 =50.118m
	ZD_1		1.526				

（续）

测站	测点	后视读数/m	前视读数/m	高差/m		高程/m	备注
				+	-		
Ⅱ	ZD_1	1.624		0.217			
	ZD_2		1.407				
Ⅲ	ZD_2	1.678		0.286			
	ZD_3		1.392				
Ⅳ	ZD_3	1.595		0.193			
	ZD_4		1.402				
Ⅴ	ZD_4	0.921			0.582	50.779	
	B		1.503				
Σ		7.891	7.230	1.243	0.582		
计算检核		$\sum a - \sum b = +0.661\mathrm{m}$ $\quad \sum h = +0.661\mathrm{m}$ $\quad H_B - H_A = +0.661\mathrm{m}$					

为了节省手簿的篇幅，在实际工作中常把水准手簿格式简化成表 2-2。这种格式实际上是把同一转点的后视读数和前视读数合并填在同一行内，两点间的高差则一律填写在该测站前视读数的同一行内。其他计算和检核均相同。

表 2-2 水准测量手簿（二）

测点	后视读数/m	前视读数/m	高差/m		高程/m	备注
			+	-		
A	2.073				50.118	$H_A = 50.118\mathrm{m}$
ZD_1	1.624	1.526	0.547			
ZD_2	1.678	1.407	0.217			
ZD_3	1.595	1.392	0.286			
ZD_4	0.921	1.402	0.193			
B		1.503		0.582	50.779	
Σ	7.891	7.230	1.243	0.582		
计算检核	$\sum a - \sum b = +0.661\mathrm{m}$ $\quad \sum h = +0.661\mathrm{m}$ $\quad H_B - H_A = +0.661\mathrm{m}$					

在每一测段结束后或手簿上每一页之末，必须进行计算检核。检查后视读数之和减去前视读数之和 $\sum a - \sum b$ 是否等于各站高差之和 $\sum h$，并等于终点高程 H_B 减起点高程 H_A。如不相等，则计算中必有错误，应进行检查。最后推算出：$H_B = H_A + h_{AB} = (50.118 + 0.661)\mathrm{m} = 50.779\mathrm{m}$。

上述水准测量称为往测。为保证观测质量，一般要求用同样的方法返测一次，两次观测得的高差不符值在允许范围内，可取平均值作为最后结果。

2.3.3 水准测量成果的检核方法

1. 计算检核

由式(2-5)知，B 点对 A 的高差等于各转点之间高差的代数和，也等于后视读数之和减去前视读数之和，因此，该式可作为计算的检核。如表 2-1 中：$\sum a - \sum b = (7.891 - 7.230)\text{m} = +0.661\text{m}$，$\sum h = +0.661$，这说明高差计算是正确的。而 $\sum h = H_B - H_A = (50.779 - 50.118)\text{m} = +0.661\text{m}$，这说明高程计算也是正确的。这种检核只能检查计算工作有无错误，而不能检查出测量过程中所产生的错误，如读错、记错等。

2. 测站检核

为防止在一个测站上发生测量错误而导致整个水准路线结果的错误，可对每个测站所得的高差进行检核测量，这种检核称为测站检核。方法如下：

(1) 变更仪器高度法　在同一测站上用两次不同的仪器高度，测得两次高差后相互比较进行检核。两次高差之差不超过允许值(如等外水准测量允许值为 6mm)，对于一般水准测量，当两次所得高差之差小于 5mm 时可认为合格，取其平均值作为该测站所得高差，否则必须重测。

(2) 双面尺法　仪器的高度不变，而立在前视点和后视点上的水准尺分别用黑面和红面各进行一次读数，测得两次高差，相互进行比较进行检核。若同一水准尺红面与黑面读数(加常数后)之差，不超过 3mm；且两次高差之差又未超过 5mm，可认为合格，取其平均值作为该测站观测高差；否则应检查原因，重新测量。

2.3.4 水准测量的成果整理

水准测量的外业工作结束后，应进行水准测量成果处理，计算水准路线的高差闭合差和进行高差闭合差的分配，最后计算各点的高程，以上工作称为水准测量的内业。

1. 计算高差闭合差 f_h

由于测量误差的影响，水准路线的实测高差值与理论值不符合，其差值称为高差闭合差，用 f_h 表示，f_h 的计算随水准路线布设形式不同而不同。

(1) 附合水准路线　为使测量成果得到可靠的检核，最好把水准路线布设成附合水准路线。对于附合水准路线，理论上在两已知高程水准点间所测得各站高差之和应等于起、终两水准点间高程之差，即

$$\sum h = H_{终} - H_{起} \tag{2-8}$$

如果它们不能相等，其差值称为高程闭合差，用 f_h 表示。所以附合水准路线的高程闭合差为

$$f_h = \sum h - (H_{终} - H_{起}) \tag{2-9}$$

高程闭合差的大小在一定程度上反映了测量成果的质量。

(2) 闭合水准路线　在闭合水准路线上也可对测量成果进行检核。对于闭合水准路线，因为它起、终点为同一个点，所以理论上全线各站高差之和应等于零，即

$$\sum h = 0$$

如果高差之和不等于零，则其差值即 $\sum h$ 就是闭合水准路线的高程闭合差，即

$$f_h = \sum h \tag{2-10}$$

(3) 水准支线　水准支线必须在起、终点间用往返测进行检核。理论上往返测所得高差的绝对值应相等，但符号相反，或者是往返测高差的代数和应等于零，即

$$\sum h_{往} = - \sum h_{返} \tag{2-11}$$

如果往返测高差的代数和不等于零，其值即为水准支线的高程闭合差，即

$$f_h = \sum h_{往} + \sum h_{返} \tag{2-12}$$

当 f_h 在允许范围时，认为精度合格，成果可用；否则，应查明原因重新测量，直到符合要求为止。

闭合差的大小反映了测量成果的精度。在各种不同性质的水准测量中，都规定了高程闭合差的限值即允许高程闭合差，用 F_h 表示（单位:mm）。一般水准测量的允许高程闭合差为

$$\left.\begin{array}{l} 平原微丘区 \quad F_h = \pm 40 \sqrt{L} \\ 山岭重丘区 \quad F_h = \pm 12 \sqrt{n} \end{array}\right\} \tag{2-13}$$

铁路线路水准测量的允许高程闭合差则为

$$\left.\begin{array}{l} 平原微丘区 \quad F_h = \pm 30 \sqrt{L} \\ 山岭重丘区 \quad F_h = \pm 8 \sqrt{n} \end{array}\right\} \tag{2-14}$$

式中 L——水准路线长度（km）；

n——测站数。

当实际闭合差小于允许闭合差时，表示观测精度满足要求，否则应对外业资料进行检查，甚至返工重测。

2. 高差闭合差的分配

当实际的高程闭合差在允许值以内时，可把高差闭合差分配到各测段的高差上。显然，高程测量的误差是随水准路线的长度或测站数的增加而增加的，所以分配的原则是把闭合差以相反的符号根据各测段路线的长度或测站数按比例分配到各测段的高差上，使改正后的高差之和满足理论值的要求。故各测段高差的改正数为

$$v_i = -\frac{f_h}{\sum L_i} L_i \tag{2-15}$$

或

$$v_i = -\frac{f_h}{\sum n_i} n_i \tag{2-16}$$

式中 L_i、n_i——各测段路线之长和测站数；

$\sum L_i$、$\sum n_i$——水准路线总长和测站总数。

对于水准支线，应将高程闭合差按相反的符号平均分配在往测和返测所得的高差值上。实测高差以往测为准

$$h_{AB} = (\sum h_{往} - \sum h_{返})/2 \tag{2-17}$$

3. 各点高程的计算

用改正后的高差，计算水准路线各待定点的高程。

表2-3为一附合水准路线的闭合差检核和分配以及高程计算的实例。附合水准路线上共设置了5个水准点，各水准点间的距离和实测高差均列于表中。起点和终点的高程为已知，实际高程闭合差为 +0.075m 小于允许高程闭合差 ±0.105m。表中高差的改正数是按式(2-15)计算的，改正数总和必须等于实际闭合差，但符号相反。实测高差加上高差改正数得各测段改正后的高差。由起点 $Ⅳ_{21}$ 的高程累计加上各测段改正后的高差，就得出相应各点高程。最后计算出终点 $Ⅳ_{22}$ 的高程应与该点的已知高程完全符合。根据检核过的改正后高差，由起始点 $Ⅳ_{21}$ 开始，逐点推算出各点的高程列入表2-3中，最后得出终点 $Ⅳ_{22}$ 的高程应与已知高程相等，否则，说明高程计算有误。

表 2-3 水准路线的高程计算

点号	距离/km	高差/m	改正数/mm	改正后高差/m	高程/m
IV$_{21}$					63.475
	1.9	+1.241	-12	+1.229	
BM$_1$					64.704
	2.2	+2.781	-14	+2.767	
BM$_2$					67.471
	2.1	+3.244	-13	+3.231	
BM$_3$					70.702
	2.3	+1.078	-14	+1.064	
BM$_4$					71.766
	1.7	-0.062	-10	-0.072	
BM$_5$					71.694
	2.0	-0.155	-12	-0.167	
IV$_{22}$					71.527
Σ	12.2	+8.127	-75	+8.052	

$$f_h = \sum h - (H_{终} - H_{起}) = +8.127 - (71.527 - 63.475) = +0.075m$$

$$F_h = \pm 30 \sqrt{L} \pm 30 \sqrt{12.2} = \pm 105mm \quad f_h < F_h$$

【例 2-1】 在 A、B 两点间进行往返水准测量,已知 $H_A = 8.475m$,$\sum h_{往} = +0.028m$ $\sum h_{返} = -0.018m$,A、B 间线路长 $L = 3km$,求改正后的 B 点高程。

【解】(1)实际高程闭合差的计算

$$f_h = \sum h_{往} + \sum h_{返} = [0.028 + (-0.018)]m = 0.010m = 10mm$$

允许高程闭合差为

$F_h = 30 \sqrt{L} = \pm 30 \times \sqrt{3}mm = \pm 52mm$,$f_h < F_h$,故精度符合要求。

(2)闭合差的调整与改正后高差计算

改正后高差以往测为准:$h_{AB} = (\sum h_{往} - \sum h_{返})/2 = [0.028 - (-0.018)]m/2 = 0.023m = 23mm$。

改正后返测高差

$$h_{BA} = \sum h_{返} + \frac{-f_h}{2} = \left[-0.018 + \frac{-0.010}{2} \right]m = -0.023m = -23mm$$

改正后往测高差:$h_{AB} = (0.028 - 0.010/2)m = 0.023m = 23mm$。

故 B 点高程为

$$H_B = H_A + h_{AB} = (8.475 + 0.023)m = 8.498m$$

(3)高程的计算检核

$h_{AB} = H_B - H_A = (8.498 - 8.475)m = 0.023m = 23mm$,这说明高程计算也是正确的。

2.4 DS$_3$ 级水准仪的检验与校正

根据水准测量原理,水准仪只有准确地提供一条水平视线,才能测出两点间的正确高差。为此，微倾式水准仪（见图2-19）在构件上应满足以下几何关系：

1）圆水准器轴 $L'L'$ 平行于仪器竖轴 VV。

2）十字丝的中丝垂直于仪器竖轴。

3）水准管轴 LL 平行于视准轴 CC。

2.4.1 圆水准器轴平行于仪器竖轴的检验与校正

1. 检验

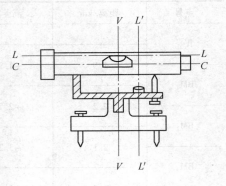

调整脚螺旋，使圆水准器气泡居中，则圆水准器轴 $L'L'$ 处于竖直位置。松开制动螺旋，使仪器绕其竖轴 VV 旋转180°，若气泡仍然居中，则说明 VV 轴也处在竖直位置，$L'L'$ 与 VV 平行，不需校正。若旋转180°后，气泡不再居

图2-19　水准仪的轴线关系

中，则说明 $L'L'$ 与 VV 不平行，两轴必然存在交角 δ，需要校正。图2-20a、b 为两轴不平行时，转动180°前、后的示意图，转动前 $L'L'$ 轴处于竖直位置，VV 轴偏离竖直方向 δ 角，转动后 $L'L'$ 轴与转动前比较倾斜了 2δ 角。

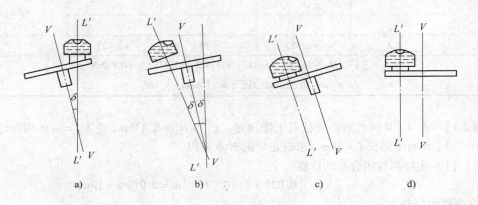

a)　　　　　　b)　　　　　　c)　　　　　　d)

图2-20　圆水准器的检校原理

2. 校正

圆水准器底部的构造如图2-21所示。校正时应先松开中间的固紧螺钉，然后根据气泡偏移方向用校正针拨动三个校正螺钉，使气泡向零位置移动偏离量的一半，$L'L'$ 轴与竖直方向的倾角由 2δ 变为 δ，从而使 $L'L'$ 与 VV 变成平行关系，如图2-20c所示。转动脚螺旋，使圆水准器气泡居中，$L'L'$ 和 VV 同时变为竖直位置，如图2-20d所示。

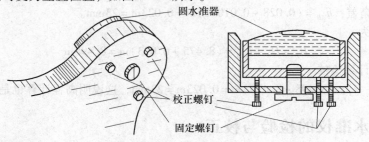

圆水准器

校正螺钉

固定螺钉

图2-21　圆水准器底部的构造

校正工作一般需反复进行 2 ~ 3 次才能完成,直到仪器转到任一位置,圆水准器气泡均处在居中位置为止,校正完成后注意拧紧固定螺钉。

2.4.2 十字丝横丝应垂直于仪器竖轴的检验与校正

1. 检验

用十字丝中丝的一端瞄准一目标点 M(见图 2-22a),然后固定制动螺旋,转动微动螺旋使望远镜缓慢转动,如果 M 点不离开中横丝(见图 2-22b),说明中丝与仪器竖轴 VV 垂直,不需校正。若 M 点偏离了中丝(图 2-22c),则需要校正。

2. 校正

取下十字丝分划板护盖,放松十字丝分划板座的压环螺钉(见图 2-22d),微微转动十字丝分划板座,改正偏离量的一半即可。检验校正需反复进行数次,直到 M 点不再偏离中丝为止。最后拧紧压环螺钉。也有卸下目镜处的外罩,用螺钉旋具松开分划板座的固定螺钉,拨正分划板座的。

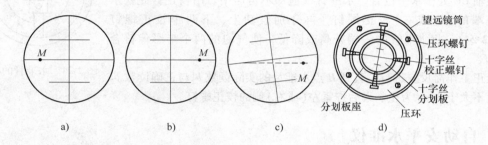

图 2-22 十字丝横丝的检验与校正

2.4.3 水准管轴平行于视准轴的检验与校正

1. 检验

如图 2-23 所示,在地面上选定相距约 80m 的 A、B 两点,并打入木桩或放置尺垫。安置水准仪于 AB 的中点。若水准管轴 L—L 与视准轴 C—C 平行,仪器精平后,分别读出 A、B 两点水准尺的读数 a_1、b_1,根据两读数就可求出两点间的正确高差 h_{AB}。

若 L—L 轴与 C—C 轴不平行,也不会影响该高差值的正确性,这是因为仪器到 A、B 点的距离相等,在所得读数 a_1、b_1 中,假设此时倾斜了 i 角,分别引起读数误差 Δa 和 Δb,因 BC = AC,则

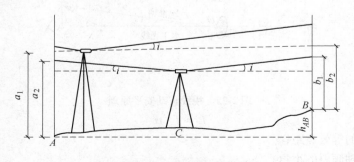

图 2-23 水准管的检验

再将仪器安置于 A（或 B）点附近，如距离 A 点约 3m 处，精平后在 A 点尺上读得 a_2，因为仪器距 A 尺很近，忽略 i 角的影响。根据近尺读数 a_2 和高差 h_{AB} 算出 B 尺上水平视线时的应有读数为

$$b_2 = a_2 - h_{AB}$$

然后，用望远镜照准 B 点上水准尺，精平仪器、读数。如果实际读出的数 $b_2' = b_2$，说明 LL 轴与 CC 轴平行。否则，存在 i 角，其值为

$$i = \frac{b_2' - b_2}{D_{AB}} \times \rho''$$ （2-18）

式中 D_{AB}——A、B 两点间的距离。

对于 DS$_3$ 级微倾式水准仪，当 $i > 20''$ 时，需要进行校正。

2. 校正

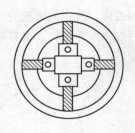

根据读数 a_2 和高差 h，计算视线水平时 B 点水准尺上的正确读数 b_2，即 $b_2 = a_2 - h$。转动微倾螺旋，用中丝对准 B 点水准尺上的读数 b_2，此时视准轴 CC 处于水平位置，水准管气泡却不再居中。用校正针先松水准管一端的左（或右）校正螺钉，再分别拨动上、下两个校正螺钉（见图 2-24），将水准管的一端升高或降低，使气泡的两个半影像符合（居中）。

校正工作需反复进行，直到 B 点水准尺的实际读数 b_2' 与正确读数 b_2 的差值不大于 3mm 为止。最后拧紧左（或右）侧的校正螺钉。

图 2-24　水准管的校正

2.5　自动安平水准仪

自动安平水准仪是一种不用符合水准器和微倾螺旋，只用圆水准器进行粗略整平，借助补偿器就能自动提供水平视线，获取视线水平时的读数。和微倾式水准仪相比，约能提高 40% 的观测速度，操作简便，具有明显的优越性。

2.5.1　自动安平原理

如图 2-25 所示，当望远镜视准轴倾斜了一个小角 α 时，由水准尺上的 a_0 点过物镜光心 O 所形成的水平线，不再通过十字丝中心 Z，而在离 Z 为 l 的 A 点处，显然

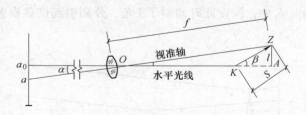

图 2-25　视线自动安平原理

$$l = f \cdot \alpha$$ （2-19）

式中　f——物镜的等效焦距；

　　　α——视准轴倾斜的小角。

在图 2-25 中，若在距十字丝分划板 S 处，安装一个补偿器 K，使水平光线偏转 β 角，以通过

十字丝中心 Z，则

$$l = S \cdot \beta \qquad (2\text{-}20)$$

故有

$$f \cdot \alpha = S \cdot \beta \qquad (2\text{-}21)$$

这就是说，式(2-20)的条件若能得到满足，虽然视准轴有微小倾斜，但十字丝中心 Z 仍能读出视线水平时的读数 α_0，从而达到自动补偿的目的。

2.5.2 自动安平补偿器

自动安平补偿器的种类很多，但一般都是采用吊挂光学零件的方法，借助重力的作用达到视线自动补偿的目的。

图 2-26a 是 DSZ$_3$ 自动安平水准仪，该仪器在对光透镜与十字丝分划板之间装置了一套补偿器。其构造是：将屋脊棱镜固定在望远镜筒内，在屋脊棱镜的下方，用交叉的金属丝吊挂着两个直角棱镜，该直角棱镜在重力作用下，能与望远镜作相对的偏转。为了使吊挂的棱镜尽快地停止摆动，设置了阻尼器。

如图 2-26a 所示，当仪器处于水平状态，视准轴水平时，尺上读数 a_0 随着水平光线进入望远镜，通过补偿器到达十字丝中心 Z，则读得视线水平时的读数 a_0。

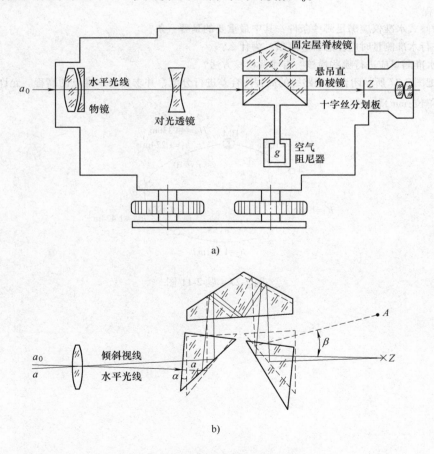

图 2-26　视线自动安平的补偿结构

a）仪器处于水平状态　b）仪器处于倾斜状态

当望远镜倾斜了微小角度 α 时，如图 2-26b 所示。此时，吊挂的两个直角棱镜在重力作用下，相对于望远镜的倾斜方向作反向偏转，水平视线通过图中虚线所示直角棱镜的反射，到达十字丝的中心 Z，所以仍能读得视线水平时的读数 a_0，从而达到了补偿的目的。

由图 2-26b 中还可以看出，当望远镜倾斜 α 角时，通过补偿的水平光线（虚线）与未经补偿的水平光线（实线）之间的夹角为 β。由于吊挂的直角棱镜相对于倾斜的视准轴偏转了 α 角，反射后的光线偏转 2α，通过两个直角棱镜反射，则 β 等于 4α。

思考题与习题

2-1　什么是高程基准面、水准点、水准原点？它们在高程测量中的作用是什么？

2-2　应该怎样来说明两点的高差？

2-3　分别说明微倾式水准仪和自动安平水准仪的构造特点。

2-4　什么是视差？产生视差的原因是什么？怎样消除视差？

2-5　在水准仪上，当水准管气泡符合时，其哪条轴线处于水平位置？

2-6　水准路线的形式有哪几种？怎样计算它们的高程闭合差？

2-7　水准点 A 和 B 之间进行了往返水准测量，施测过程和读数如图 2-2 所示，已知水准点 A 的高程为 44.889m，两水准点间的距离为 640m，允许高程闭合差按 $\pm 30\sqrt{L}$（单位:mm）计，试填写测量手簿并计算水准点 B 的高程。

2-8　微倾式水准仪应满足哪些条件？其中最重要的是哪一条？

2-9　进行水准测量时应注意哪些事项？为什么？

2-10　水准测量应进行哪些检核？有哪些检核方法？

2-11　把图 2-27 所示闭合水准路线的高程闭合差进行分配，并求出各水准点的高程。允许高程闭合差按 $\pm 12\sqrt{n}$（单位:mm）计。

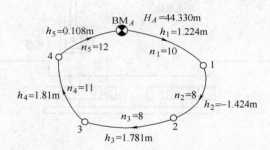

图 2-27　题 2-11 图

第3章 角度测量

【重点与难点】

重点：1. 角度测量原理与经纬仪安置。
　　　2. 用测回法进行水平角测量。
　　　3. 用测回法进行竖直角测量。
难点：1. 方向观测法。
　　　2. J6 经纬仪检验与校正。

3.1　角度测量原理

角度测量是确定地面点位的基本测量工作之一。角度测量分为水平角测量和竖直角测量。角度可分为水平角和竖直角。水平角是指从空间一点出发的两个方向在水平面上的投影所夹的角度，主要用于确定地面点的水平位置；而竖直角是指某一方向与其在同一铅垂面内的水平线所夹的角度，可确定地面点间的高差，即将地面两点间的倾斜距离转化成水平距离。测量角度最常用的仪器是经纬仪，它既能测量水平角又能测量竖直角。

3.1.1　水平角测量原理

如图 3-1 所示，A、O、B 为地面上任意三个点，设有从 O 点出发的 OA、OB 两条方向线，分别过 OA、OB 的两个铅垂面与水平面 P 的交线 OA' 和 OB' 所夹的平面角 $\angle A'O'B'$，即为地面上 OA、OB 两方向之间的水平角 β。换言之，地面上任意两方向之间的水平角就是通过这两个方向的竖直面所夹的二面角。

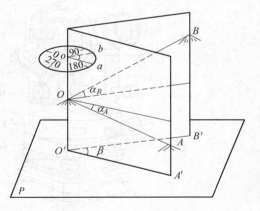

为了测出水平角的大小，如果在 O 点水平放置一个度盘，且度盘的刻划中心与 O 点重合，且通过二面角交线，即位于 OO' 的铅垂线上，则两投影方向 OA、OB 在度盘上的读数分别为 a 和 b，若度盘注记是按顺时针方向增加的，则水平角为

$$\beta = a - b \tag{3-1}$$

3.1.2　竖直角测量原理

图 3-1　角度测量原理

如图 3-2 所示，在同一竖直面内，目标方向线与水平线的夹角称为竖直角。当视线方向位于水平线之上，竖直角为正值，称为仰角，用"＋"号表示($0° \sim +90°$)，如 α_B；反之，竖直角为负值，称为俯角，用"－"号表示，($0° \sim -90°$)，如 α_A。

为了测量竖直角，可在 O 点上放置一个竖直度盘，视线方向与水平线在竖直度盘上的读数之差，为所求竖直角。

由水平角和竖直角的观测原理可知，用于角度测量的经纬仪必须具备下述的基本条件：

1）要有一个能照准远方目标的瞄准设备，它不但能上下绕横轴转动而形成一竖直面，并可绕竖轴在水平方向转动。

2）为测取水平角必须有一个带分划的水平度盘，其中心与竖轴重合。为在水平度盘上读数，还应有一个能在水平度盘上读数的指标。为将水平度盘安置在水平位置，并使竖轴中心位于过测站点的铅垂线方向上，应具有仪器整平装置和对中装置。

3）为测取竖直角必须具有一个能处于竖直位置，并带有分划的竖直度盘，且其中心与横轴中心重合。为在竖直度盘上读数，应具有一个能被安置在水平位置或竖直位置的指标。

经纬仪就是根据这些要求，并考虑使用上的便利而设计制造的。

3.2 光学经纬仪

经纬仪主要是用来测量水平角和竖直角的仪器，也可用于距离测量，另外还被用于放样中的直线延长等工作。

根据测角精度的不同，我国的光学经纬仪系列分为 DJ_{07}、DJ_1、DJ_2、DJ_6、DJ_{30} 等几个等级。D 和 J 分别是"大地测量"和"经纬仪"汉语拼音的首字母，下标的数字是它的精度指标，即一测回水平方向中误差不超过 $\pm 0.7''$、$\pm 1.0''$、$\pm 2.0''$、$\pm 6.0''$、$\pm 30''$。

3.2.1 DJ₆光学经纬仪的基本构造

各种光学经纬仪的构造大致相同，目前最常用的是 DJ_6 和 DJ_2 级光学经纬仪，简称 J_6、J_2。图 3-2 是 J_6 级光学经纬仪，图 3-3 是 J_2 级光学经纬仪。经纬仪主要由照准部、水平度盘和基座三部分组成。

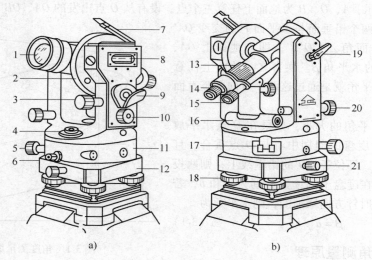

图 3-2　J_6 级光学经纬仪

1—物镜　2—竖直度盘　3—竖盘指标水准管微动螺旋　4—圆水准器　5—照准部微动螺旋

6—照准部制动扳手　7—水准管反光镜　8—竖盘指标水准管　9—度盘照明反光镜

10—测微轮　11—水平度盘　12—基座　13—物镜调焦螺旋　14—目镜

15—读数显微镜目镜　16—照准部水准管　17—复测扳手　18—脚螺旋

19—望远镜制动扳手　20—望远镜微动螺旋　21—轴座固定螺旋

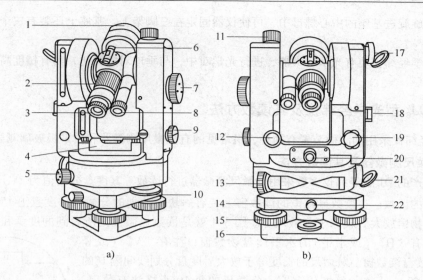

图 3-3 J_2 级光学经纬仪

1—物镜　2—物镜调焦螺旋　3—目镜　4—照准部水准管　5—照准部制动螺旋　6—粗瞄准器
7—测微轮　8—读数显微镜　9—度盘换像手轮　10—水平度盘变换手轮　11—望远镜制动螺旋
12—望远镜微动螺旋　13—照准部微动螺旋　14—基座　15—脚螺旋　16—基座底板　17—竖盘照明反光镜
18—竖盘指标水准器观察镜　19—竖盘指标水准器微动螺旋　20—光学对中器
21—水平度盘照明反光镜　22—轴座固定螺旋

1. 照准部

照准部是基座上方能够转动部分的总称，它主要由望远镜、竖直度盘、水准器及读数设备等组成。

望远镜用于瞄准目标，其构造与水准仪的基本相似。望远镜与横轴固连在一起，安置在支架上。支架上有望远镜的制动和微动螺旋，以控制望远镜在竖直方向的转动。竖直度盘（简称竖盘）固定在横轴的一端，用于测量竖直角。竖盘随望远镜一起转动，而竖盘读数指标不动，可调整竖盘指标水准管微动螺旋使其水准管气泡居中，使竖盘指标位于正确位置。目前，有许多经纬仪已不采用竖盘指标水准管，而用自动归零装置代替。照准部水准管是用来精确整平仪器和水平度盘的，而圆水准器用作粗略整平。读数设备包括一个读数显微镜、测微器及光路中一系列的棱镜、透镜等。此外，为了控制照准部水平方向的转动，装有水平制动螺旋和水平微动螺旋。

2. 水平度盘

水平度盘是由光学玻璃制成的精密刻度圆盘，在圆周上刻有 0°~360° 分划，按顺时针注记，每格为 1° 或 30′，用以测量水平角。

水平度盘的转动由度盘变换手轮来控制。转动手轮，度盘即可转动，但有的经纬仪在使用时，需将手轮推压进去再转动手轮，度盘才能随之转动，这种结构不能使度盘随照准部一起转动；一种是采用复测装置，当复测扳手扳下时，弹簧夹将度盘夹住，照准部与度盘结合在一起，旋转照准部时，度盘也一起转动，因而度盘读数不发生变化；当复测扳手扳上时，照准部与度盘脱离，旋转照准部时就不再带动度盘转动，读盘读数就会变化。

3. 基座

基座是仪器的底座，由一个固定螺旋将两者连接在一起。使用时应检查固定螺旋是否旋紧。如果松开，测角时仪器会产生带动和晃动，迁站时还容易把仪器摔在地上，造成损坏。将三脚架上的连接螺旋旋进基座的中心螺母中，可使仪器固定在三脚架上。基座上还装有三个脚螺旋用于整平仪器。

目前光学经纬仪装有光学对中器，进行光学对中，与垂球对中相比，具有精度高不受风力的影响等优点。

3.2.2 DJ₆型光学经纬仪及其读数方法

DJ₆级经纬仪采用的测微装置有两种，最常见的有分微尺测微器和单平板玻璃测微器。

1. 分微尺测微器及其读数方法

目前生产的DJ₆级经纬仪多数采用分微尺测微器进行读数。其度盘分划值为1°，按顺时针方向注记每度的读数。在读数显微镜的读数窗上装有一块带分划的分微尺，度盘上1°的分划线间隔，经显微物镜放大后成像于分微尺上。图3-4就是读数显微镜内所看到的度盘和分微尺的影像，上面注有"H"（或水平）的水平读盘读数窗，注有"V"（或竖直）的竖直读盘读数窗。分微尺的长度等于放大后度盘分划线间隔1°的长度，它有60个小格，每格代表1′。分微尺的每10小格注有数字，表示0′、10′、20′、…、60′，其注记增加方向与度盘注记相反，这种读数装置直接读到1′，估读到6″即0.1′。

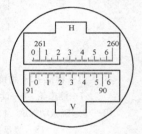

图3-4　分微尺测微器读数装置

读数时，分微尺上的0′划线为读数的指标线，它所指的度盘分划线就是度盘读数的位置。如图3-4所示，在水平读盘的读数窗中，分微尺的0′划线已经超过261°，所以，其数值要由分微尺上的0′划线至度盘上261°分划线之间有多少小格来确定，图3-4中为5.4格，故为05′24″。水平度盘读数应为261°05′24″，同理，在竖直度盘的读数中，分微尺的0′划线经超过90°，但不到91°，故竖直度盘读数应为90°54′36″。

实际上，在度盘读数时，只要看其哪一条分划线与分微尺相交，度数就是这条分划线的注记数，分数则为这条分划线所指分微尺上的度数。

2. 单平板玻璃测微器及其读数方法

单平板玻璃测微方法也是用于DJ₆级经纬仪。由于操作不便，且有隙动差，现已较少采用。但旧仪器中还可见到，如Wild T₁和部分国产DJ₆的读数装置即属此类。

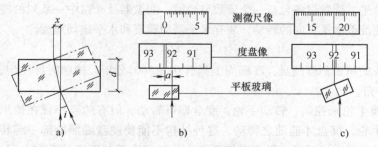

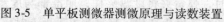

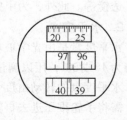

图3-5　单平板测微器测微原理与读数装置　　图3-6　单平板测微器读数窗

它的结构原理如图3-5所示。光线通过平板玻璃时，将产生平移，当平板玻璃的折射率及厚度一定时，平移量x的大小将取决于光线的入射角i，单平板玻璃测微器即根据这一原理制成，它的组成部分主要包括平板玻璃、测微尺、连接机构和测微轮。当转动测微轮时，平板玻璃和测微尺即绕同一轴作同步转动，光线垂直通过平板玻璃，度盘分划线的影像未改变原来的位置，与未设平板玻璃一样，此时测微尺上的读数为零，如设置在读数窗上的双指标线读数应为92°+α。

转动测微轮，平板玻璃随之转动。度盘分划的影像也就平行移动，当92°分划线的影像夹在双指标线的中间时，如图3-5b所示，度盘分划线的影像正好平行移动一个 α，而 α 的大小则可由与平板玻璃同步转动的测微尺上读出，其值为18′20″。因此整个读数为92° + 18′20″ = 92°18′20″。

在读数显微镜读数窗内，所看到的这种影像如图3-6所示，该图下面的读数窗为水平度盘的影像，中间为竖直度盘的影像，上面则为测微尺的影像。度盘的分化值为30′，测微尺上共有30个大格，每个大格为1′，将1′又分成3小格，每小格为20″。读数时，先转动测微手轮，使度盘刻划线精确地移至双指标线的中央，读出该指标线所指的度盘读数，再根据单指标线在测微尺上读取分、秒数，最后相加，即为全部读数。如图中3-6中水平度盘读数为39°30′ + 22′30″ = 39°52′30″。如果还要读取竖直度盘读数，则需重新转动测微轮，把竖盘分划线精确移在双指标线的中央，才能读数。

3.2.3 DJ₂级光学经纬仪的读数方法

DJ₂级光学经纬仪用于三、四等三角测量、精密导线测量以及精密工程测量。DJ₂级光学经纬仪与DJ₆级的主要区别主要是读数设备和读数方法。DJ₂级光学经纬仪一般均采用对径分划线影像符合读数装置。采用符合读数装置，可以消除照准部偏心的影响，提高读数精度。

符合读数装置是在度盘对径两端分划线的光路中，各安装一个固定光楔和一个移动光楔，移动光楔与测微尺相连。入射的光线通过一系列的光学镜片，将度盘直径两端分划线的影像同时显现在读数显微镜中。在读数显微镜中所看到的对径分划线的像位于同一平面上，并被一横线隔开形成正像与倒像，如图3-7a所示，若按指标线读数，则正像为30°20′ + a，倒像为180°30°20′ + b，平均读数为 $30°20′ + \dfrac{a+b}{2}$。转动测微轮，使上下相邻两分划线重合对齐，如图3-7b所示，分微尺上读数即为 $\dfrac{a+b}{2}$。

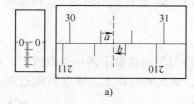 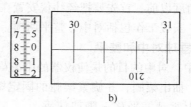

图 3-7 DJ₂ 经纬仪读数窗

图3-8为读数显微镜中见到的情况，读数规则如下：

1）转动测微轮，在读数显微镜中可以看到度盘对径分划线的影像（正像与倒像）在相对移动，直至精确重合为止。

2）度数读取正像注记，读取的度数应具备下列条件，顺着正像注记增加方向最近处能够找到与刻度数相差180°的倒像注记。

3）正像读取的度数分化与倒像相差180°的分划线之间的格数乘以10′，即为整10′数。

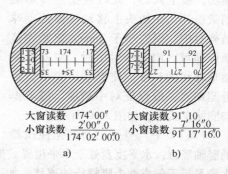

大窗读数 174°00″
小窗读数 $\dfrac{2′00″.0}{174°02′00″.0}$

大窗读数 91°10
小窗读数 $\dfrac{7′16″.0}{91°17′16″.0}$

a)　　　　b)

图 3-8 DJ₂ 经纬仪读数窗

4）再从测微分划尺上读取不足 10′ 的分数和秒数，两者相加，即为完整的读数。

为了便于读数，近年来采用了数字化的读数方法。如图 3-9 所示，中间窗口为度盘对径分划线的影像，但不注记。上面窗口为度和整 10′ 数注记，度数读窗口两端注字中较小的一个，中间框内的注字为整 10′ 数。下面窗口为不足 10′ 的分数、秒数。两排注字中，上面的是分，下面的是秒，根据指标线读出。

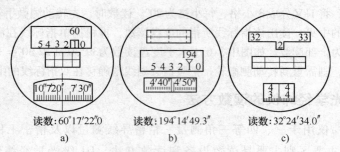

读数：60°17′22″0   读数：194°14′49.3″   读数：32°24′34.0″
a)   b)   c)

图 3-9 DJ₂ 经纬仪数字化读数窗

由于 DJ₂ 级经纬仪在读数显微镜内，一次只能看到水平度盘或竖直度盘，因此在支架左侧有一个刻有直线的旋钮称为度盘换像手轮（见图 3-3 中 9），当度盘换像手轮刻线水平时，所显示的是水平度盘读数；当刻线竖直时，则显示的是竖直度盘读数。此外，读数时应打开度盘换像手轮的进光反光镜。

3.3 水平角测量

3.3.1 经纬仪的安置

在测量角度以前，首先要把经纬仪安置在设置有地面点标志的测站上。所谓测站，即是所测角度的顶点。安置工作包括对中、整平两项。

1. 使用垂球对中和整平

（1）对中 对中的目的是使仪器的中心（竖轴）与测站点位于同一铅垂线上。对中时，先将三脚架张开，抽出架腿，并旋紧架腿的固定螺旋，架在测站点上。要求高度适宜，架头大致水平。然后挂上垂球，平移三脚架使垂球尖大致对准测站点。最后将三脚架踏实，装上仪器，此时应把连接螺旋稍微松开，在架头上移动仪器使垂球精确对中，误差小于 2mm，旋紧连接螺旋即可。用垂球对中时，应及时调整垂球线的长度，使得垂球尖尽量靠近测站点，以保证对中精度。但不得与测站点接触，如图 3-10 所示。

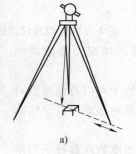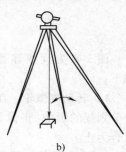

a)   b)

图 3-10 垂球对中

（2）整平 整平的目的是使仪器的竖轴竖直，水平度盘处于水平位置。整平时，要先松开水平制动螺旋，转动照准部，使水准管大致平行于任意两个脚螺旋的连线，如图 3-11a 所示，两手相向旋转这两个脚螺旋使气泡居中。气泡移动的方向一般与左手大拇指（或右手食指）移动的方向一致，再将照准部平转 90°，水准管处于原来位置的垂直位置，如图 3-11b 所示，用另外一个脚螺旋使气泡居中。如此反复操作，直至管水准器在任一方向上气泡都居中为止。

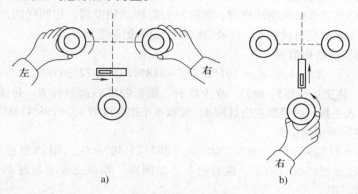

图 3-11 经纬仪整平

2. 使用光学对中器对中和整平

由于垂球对中受风力影响较大，则当架头倾斜较大时，会给对中带来影响。目前生产的光学经纬仪均装有光学对中器。用光学对中器，精度可达到 1~2mm，高于垂球对中精度。

使用光学对中器对中，应与整平仪器结合进行，其操作步骤如下：

1）将仪器安置在测站点上，三个脚螺旋调至中间位置，高度适宜，架头大致水平；光学对中器大致对准测站点，再将三脚架踏实。

2）旋转光学对中器的目镜，看清分划板上的圆圈，拉或推动目镜使测站点影像清晰。

3）旋转脚螺旋使光学对中器对准测站点。

4）利用三脚架的伸缩螺旋调整架腿的长度，使圆水准气泡居中。

5）用脚螺旋整平照准部水准管。

6）用光学对中器观察测站点是否偏离分划板圆圈中心。如果偏离中心，稍微松开三脚架连接螺旋，在架头上移动仪器，圆圈中心对准测站点后，误差小于 2mm，旋紧连接螺旋。

7）重新整平仪器，直至光学对中器对准测站点为止。

3.3.2 测回法测水平角

水平角的测量方法，一般是根据测角的精度要求、所使用的仪器及观测方向的数目而定。工程上常用的方法有测回法和方向观测法。

1. 测回法

当所测的角度为单角，只有两个方向时，通常都用测回法观测。该方法要用盘左和盘右两个位置进行观测。观测时目镜朝向观测者，如果竖盘位于望远镜的左侧，称为盘左；如果位于右侧，称为盘右。通常先以盘左位置测角称为上半测回，以盘右位置测角称为下半测回，两个半测回合在一起称为一测回。

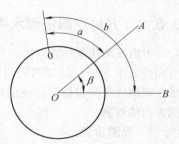

图 3-12 测回法示意图

如图 3-12 所示，将经纬仪安置在角顶点 O 上，用测回法观测水平角 $\angle AOB$ 时，在 A、B 处设立观测标志。经过对中、整平以后，即可按下述步骤观测：

1）盘左位置。松开照准部水平制动螺旋和望远镜制动螺旋，用望远镜上的准星、照门或粗瞄器，以盘左粗略照准左边目标 A，旋紧照准部及望远镜的制动螺旋，进行目镜和物镜对光，使十字丝和目标成像清晰，消除视差，再用水平微动螺旋和望远镜微动螺旋精确照准目标的下部，读取该方向上的水平读盘读数 $a_左 = 118°47'00''$，记入记录手簿（见表3-1）。

2）松开照准部及望远镜的制动螺旋，顺时针方向转动照准部，用同样的方法照准右边目标 B，读取该方向上的水平度盘读数 $b_左 = 191°23'00''$，记入记录手簿。

盘左，上半测回所得角值为

$$\beta_左 = b_左 - a_左 = 191°23'00'' - 118°47'00'' = 72°36'00''$$

3）盘右位置。将望远镜纵转180°，改为盘右。重新照准右边目标 B，并读取水平度盘读数 $b_右 = 11°23'20''$，记入手簿；再照准左边目标 A，读取水平度盘读数 $a_右 = 298°47'00''$，记入记录手簿。

盘右，下半测回所得角值为

$$\beta_右 = b_右 - a_右 = 11°23'20'' - 298°47'00'' = -287°23'40'' < 0°，则该值应加上 360°，即为$$

72°36'20''。对于 DJ_6 级经纬仪，盘左、盘右两个"半测回"角值之差不超过 40″时，取其平均值即为一测回的角值，即

$$\beta = \frac{1}{2}(\beta_左 + \beta_右) = 72°36'10''$$

表3-1 测回法观测记录手簿

测站	测点	盘位	水平度盘读数 (° ′ ″)	半测回角值 (° ′ ″)	一测回角值 (° ′ ″)	备　注
1	2	3	4	5	6	7
O	A	左	118 47 00	72 36 00	72 36 10	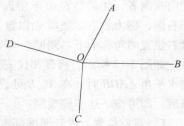
	B		191 23 00			
	B	右	11 23 20	72 36 20		
	A		298 47 00			

由于水平度盘注记是顺时针方向增加的，因此在计算角值时，无论是盘左还是盘右，均应用右边目标的读数减去左边目标的读数，如果为负值，则应加上360°再减。

当测角精度要求较高时，可以观测多个测回时，为了减少度盘分划不均匀误差的影响，各测回间应利用度盘变换手轮，根据测回数 n，按 $180°/n$ 变换水平度盘位置。例如，观测 3 个测回，$180°/3 = 60°$，一般，第一测回盘左时起始方向的读数应配置在 0° 稍大些，第二测回盘左时起始方向的读数应配置在 60° 左右，第三测回盘左时起始方向的读数应配置在 $60° + 60° = 120°$ 左右。

3.3.3 方向观测法测水平角

方向观测法也称方向法，当在一个测站上需观测至少两个以上方向时，宜采用这种方法。若方向数大于 3 个，每半测回均应从选定的零方向开始观测，依次观测完应测目标后，还应观测零方向（归零），称之为全圆方向法观测。

1. 观测步骤

如图 3-13 所示，仪器安置在 O 点上，观测 A、B、C、D 各方向之间的水平角，其观测步骤为：

（1）盘左　选择方向中一明显目标如 A 作为起始方向（零方向），精确瞄准 A，水平度盘配置在 0° 稍大些，读取读

图 3-13 方向观测法示意图

数记入记录手簿，然后顺时针方向依次瞄准 B、C、D，读取相应读数（或称方向值）记入记录手簿中。为了检核水平度盘在观测过程中是否发生变动，再次瞄准 A，读取水平度盘读数，此次观测称为归零，A 方向两次水平度盘读数之差称为半测回归零差，以上为上半测回。

（2）盘右 倒转望远镜改为盘右，按逆时针方向依次照准 A、D、C、B、A，读取相应读数记入记录手簿中，检查半测回归零差，此为下半测回。

这样完成了一个测回的观测工作。如需观测 n 个测回时，为了消减度盘刻度不均匀的误差，每个测回仍按 $180°/n$ 的差值变换水平度盘的起始位置。

方向观测法的记录格式见表 3-2。

表 3-2　方向观测法记录手簿

测站	测回数	目标	水平度盘读数 盘左			水平度盘读数 盘右			$2c =$ 左 − 右	$\dfrac{左+右}{2}$	归零方向值	各测回平均归零方向值	备注
			°	′	″	°	′	″		° ′ ″	° ′ ″	° ′ ″	
1	2	3		4			5		6	7	8	9	
	上半测回	A	00	02	42	180	02	42	0	(00 02 38) 00 02 42	00 00 00	00 00 00	
		B	60	18	42	240	18	30	+12	60 18 36	60 15 58	60 15 56	
		C	116	40	18	296	40	12	+6	116 40 15	116 37 37	116 37 28	
		D	185	17	30	05	17	36	−6	185 17 33	185 14 55	185 14 47	
		A	00	02	30	180	02	36	−6	00 02 33			
O	下半测回	A	90	01	00	270	01	06	−6	(90 01 09) 90 01 03	00 00 00		
		B	150	17	06	330	17	00	+6	150 17 03	60 15 54		
		C	206	38	30	26	38	24	+6	206 38 27	116 37 18		
		D	275	15	48	95	15	48	0	275 15 48	185 14 39		
		A	90	01	12	270	01	18	−6	90 01 15			

2. 计算步骤

1）计算 A 点半测回归零差，不得大于限差规定值（见表 3-3），否则应重测。

2）计算两倍照准误差 $2c$ 值。第 6 列为同一方向上盘左盘右读数之差 ±180°，称为二倍的照准误差，简称 $2c$，$2c$ 属于仪器误差，它是由于视线不垂直于横轴的误差引起的，对于同一台仪器 $2c$ 值应是一个常数，$2c$ 的变动大小反映了观测的质量，其限差要求见表 3-3。对于 DJ_6 级经纬仪，其读数受到度盘偏心的影响而未对其 $2c$ 互差作出规定。

3）计算各方向的盘左和盘右读数的平均值，第 7 栏是盘左盘右的平均值，即

$$平均读数 = [盘左读数 + (盘右读数 ±180°)]/2 \tag{3-2}$$

在计算平均读数后，起始方向 OA 有两个平均读数，应再取两次结果的平均值作为结果。写在表中括号内，作为 A 点方向值。

4）计算归零方向值，第 8 列。将计算出的各方向的平均读数分别减去起始方向 OA 的两次平均读数（括号内之值），即得各方向的归零方向值。

5）各测回同一方向的归零方向值进行比较，其差值不应大于表 3-3 的规定。取各测回同一方向的归零方向值的平均值作为该方向的最后结果。

如果欲求水平角值，将相关的两平均归零方向值相减即可。

表 3-3　方向观测法的限差

仪器型号	半测回归零差	一测回内 $2c$ 值互差	同一方向值各测回互差
DJ$_2$	12″	18″	12″
DJ$_6$	18″	—	24″

3.4　竖直角测量

3.4.1　竖直度盘的构造

竖直度盘部分包括竖盘、竖盘指标水准管和竖盘指标水准管微动螺旋，如图 3-14 所示。竖直度盘（简称竖盘）固定在望远镜横轴的一端，其面与横轴垂直。望远镜绕横轴旋转时，竖直度盘也随之转动，而竖盘指标不动。竖盘指标为分（测）微尺的零分划线，它与竖盘指标水准管固连在一起，当旋转竖盘指标水准管微动螺旋使指标水准管气泡居中时，竖盘指标即处于正确位置。竖盘注记形式有顺时针与逆时针两种，当望远镜视线水平，竖盘指标水准管气泡居中时，盘左竖盘读数应为 90°，盘右竖盘读数则为 270°。

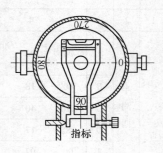

图 3-14　竖直度盘

3.4.2　竖直角计算公式

由竖直角的定义可知，它是目标视线方向与在同一铅垂面内的水平视线所夹的角度。由于水平视线的读数是固定的，所以只要读出目标视线的竖盘读数，即可求算出竖直角值。但由于竖盘的注记形式不同，其竖直角的计算公式也不一样，应根据竖盘的具体注记形式推导其相应的计算公式。

以仰角为例，只需将所使用仪器的望远镜，大致放在水平位置观察一下读数，再将望远镜视线慢慢上倾并观察读数是增大还是减小，即可得出计算公式：

当望远镜视线上倾，竖盘读数增加时　竖直角 =（照准目标时读数）-（视线水平时读数）

当望远镜视线上倾，竖盘读数减小时　竖直角 =（视线水平时读数）-（照准目标时读数）

1. 顺时针注记形式

图 3-15 所示为顺时针注记竖盘，当在盘左位置且视线水平时，竖盘的读数为 90°（见图 3-15a），如照准高处一点 A，则视线向上倾斜，得读数 L。按前述的规定，竖直角应为正值，所以盘左时的竖直角应为

$$\alpha_左 = 90° - L \qquad (3-3)$$

当在盘右位置且视线水平时，竖盘读数为 270°（见图 3-15b），再照准高处的同一点 A，得读数 R。则竖直角应为

$$\alpha_右 = R - 270° \qquad (3-4)$$

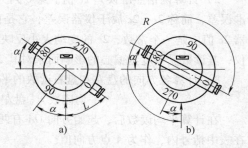

图 3-15　顺时针注记竖盘形式

a）盘左　b）盘右

取盘左、盘右的平均值，即为一个测回的竖直角值，即

$$\alpha = \frac{\alpha_{左} + \alpha_{右}}{2} = \frac{R - L - 180°}{2} \tag{3-5}$$

2. 逆时针注记形式

与顺时针注记形式相反，其值乘以"–1"即可，如图 3-16 所示。

3. 竖盘指标差

上述计算公式为一种理想情况，即当视线水平，竖盘指标水准管气泡居中时，竖盘读数应为 90° 或 270°。但实际上这个条件往往未能满足，因为竖盘指标不是恰好指在 90° 或 270°，而与其相差 x 角值，即竖盘指标读数为 90° + x 或 270° + x，其 x 角称为竖盘指标差。如图 3-17 所示，竖盘指标的偏移方向与竖盘注记增加方向一致时，x 值为正；反之为负。为求得正确角值 α，需加入指标差 x 改正。即按顺时针注记，竖直角应为 $\alpha_{左} = (90° + x) - L$，$\alpha_{右} = R - (270° + x)$ 或表示为

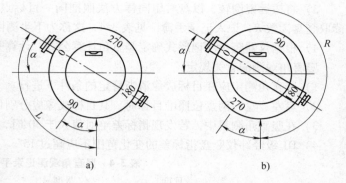

图 3-16　逆时针注记的竖盘形式
a）盘左　b）盘右

$$\alpha = \alpha_{左} + x \tag{3-6}$$
$$\alpha = \alpha_{右} - x \tag{3-7}$$

联立式(3-6)和式(3-7)求解

$$\alpha = \frac{\alpha_{右} + \alpha_{左}}{2} \tag{3-8}$$

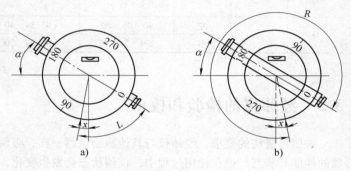

图 3-17　竖直度盘指标差
a）盘左　b）盘右

$$x = \frac{\alpha_{右} - \alpha_{左}}{2} \tag{3-9}$$

从式(3-7)可以看出，取盘左、盘右结果的平均值时，指标差 x 的影响已自然消除。将式(3-3)、式(3-4)代入式(3-9)，可得

$$x = \frac{R + L - 360°}{2} \tag{3-10}$$

即利用盘左、盘右照准同一目标的读数，可按式(3-10)直接求算指标差 x。如果 x 为正值，说明视线水平时的读数大于 90° 或 270°，如果为负值，则情况相反。以式(3-8)～式(3-10)是按顺时针方向注字的竖盘推导的，同理也可推导出逆时针方向注字竖盘的计算公式仍为式(3-10)的结果，即为 $\alpha = \frac{1}{2}(R - L - 180°)$。

3.4.3　竖直角的观测与计算

将仪器安置在测站上，按下列步骤进行观测，但为了消除仪器误差的影响，同样需要用盘左、盘右观测。其具体观测步骤为：

1）在测站上安置仪器，对中，整平。

2）在盘左用水平中丝照准目标点，调整竖盘指标微动螺旋使其水准管气泡居中，读取竖盘读数 L，记入记录手簿，见表3-4，这称为上半测回。

3）将望远镜倒转，以盘右用同样方法照准同一目标点，调整竖盘指标水准管气泡居中后，读取竖盘读数 R，记入记录手簿，见表3-4，这称为下半测回，单测回观测结束。

4）根据仪器竖盘注记形式确定竖直角计算公式，计算竖直角和指标差。

竖直角观测的有关规定：

1）竖直角测定应在目标成像清晰稳定的条件下进行。

2）盘左、盘右两盘位照准目标时，其目标成像应分别位于竖丝左、右附近的对称位置。

3）在竖直角测量中，若发现指标差绝对值大于30″时，应注意予以校正。

4）DJ$_6$级经纬仪竖盘指标差的变化范围不应超过15″。

表 3-4 竖直角观测记录手簿

| 日期 | | 仪器型号 | | | 观测 | | | |
| 天气 | | 仪器编号 | | | 记录 | | | |

测站	测点	盘位	竖盘读数			竖直角			平均角值			备　注
			°	′	″	°	′	″	°	′	″	
O	A	左	80	05	20	+9	54	40	+9	54	30	顺时针注记
		右	279	54	20	+9	54	20				

3.5 经纬仪的检验和校正

按照计量法的要求，经纬仪与其他测绘仪器一样，必须定期送法定检测机关检测，以评定仪器的性能和状态。但在使用过程中，仪器状态会发生变化，因而仪器的使用者应经常利用室外方法进行检验和校正，以使仪器处于理想状态。

3.5.1 经纬仪轴线应满足的条件

如图 3-18 所示，经纬仪的主要轴线有望远镜的视准轴 CC、仪器的旋转轴竖轴 VV、望远镜的旋转横轴 HH、水准管轴 LL。根据角度测量原理，这些轴线之间应满足以下条件：

1）照准部水准管轴应垂直于竖轴，即 $LL \perp VV$。

2）视线应垂直于横轴，即 $CC \perp HH$。

3）横轴应垂直于竖轴，即 $HH \perp VV$。

4）十字丝竖丝应垂直于横轴，即竖丝$\perp HH$。

5）竖盘指标差应在规定的限差范围内。

6）光学对中器的光学垂线应与竖轴重合。

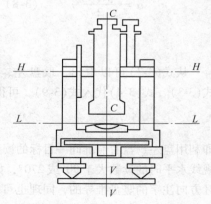

图 3-18 经纬仪轴线关系

3.5.2 经纬仪的检验和校正

1. 照准部水准管轴垂直于竖轴的检验校正

1）检验。先将仪器粗略整平后，使水准管平行于一对相邻的脚螺旋，转动两脚螺旋使水准管气泡居中（见图 3-19a）；然后将照准部平转 180°，如果此时气泡仍居中，则说明水准管轴垂直于竖轴；否则应进行校正。

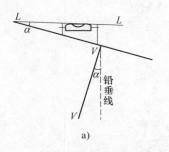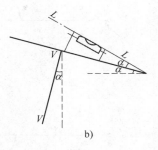

图 3-19　水准管轴与竖轴关系

2）校正。如图 3-19b 所示，如果水准管轴不垂直于竖轴，与垂直的偏差为 α，当气泡居中时，水准管轴水平，竖轴却偏离铅垂线方向一个 α 角。仪器绕竖轴旋转 180°后，竖轴仍位于原来的位置，而水准管轴与水平位置的偏移量为 2α，气泡不再居中，其偏移量代表了水准管轴的倾斜角 2α。为了使水准管轴垂直于仪器竖轴，只需校正一个 α，因此，用校正针拨动水准管校正螺丝，使气泡向中央退回原偏移量的一半，则水准管轴即垂直于竖轴，而气泡偏离格数的另一半则是由于竖轴倾斜一个 α 角所造成的，因而只需用脚螺旋重新整平就可以了。

此项检校必须反复进行，直至水准管位于任何位置，气泡偏离零点均不超过半格为止。

如果仪器上装有圆水准器，则应使圆水准轴平行竖轴。检验时可用已校好的照准部水准管将仪器整平，如果此时圆水准器泡也居中，此时竖轴已居铅垂位置；否则应校正圆水准器底部的三个校正螺钉，使气泡居中即可。

2. 十字丝竖丝垂直于横轴检验校正

（1）检验　仪器严格整平后，用十字丝交点照准一个小而清晰的目标点，旋紧水平制动螺旋和望远镜制动螺旋，再用望远镜的微动螺旋使目标点上下移动，如图 3-20 所示。若目标点始终在竖丝上移动，表明条件已满足，否则，需要校正。

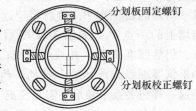

图 3-20　十字丝分划板

（2）校正　校正的部位为十字丝分划板，它位于望远镜的目镜端。将目镜护罩打开后，微微松开四个固定十字丝分划板的压环螺钉，如图 3-20 所示。转动十字丝环，直至望远镜上下移动时，目标点始终沿竖丝移动为止。最后将四个压环螺钉拧紧，旋上护罩。

3. 视准轴垂直于横轴的检验校正

（1）检验　在平坦的地面选一长约 100m 直线 AB，将仪器架设于中间点 O 上，并将其对中、整平。如图 3-21 所示，在 A 点竖立一标志，在 B 点横置一个刻有毫米分化的尺，并使其垂直于 AB。先以盘左位置照准 A 点，倒转望远镜 180°在 B 点尺上读数 B_1。旋转照准部以盘右再瞄准 A 点，倒转望远镜在 B 点尺上读数 B_2。如果 B_2 与 B_1 点重合，表明视准轴垂直于横轴；否则应进行校正。

（2）校正　由图 3-21 可以看出，由于视准轴误差 C 的存在，盘左瞄准 A 点倒镜后视线偏离 AB 直线的角度为 $2C$，而盘右瞄准 A 点倒镜后视线偏离 AB 直线的角度也为 $2C$，但偏离方向与盘左相反，因此 B_1 与 B_2 两个读数之差所对应的角度为 $4C$。为了消除视准轴误差 C，只需在尺上定出一点 B_3，该点与盘右读数 B_2 的距离为四分之一 B_1B_2 的长度，即 $4C$ 对应的长度。在图 3-20 中，

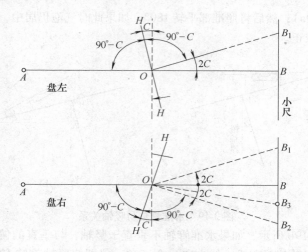

图 3-21　视准轴检校

用校正针拨动十字丝分划板左右两个校正螺钉，先松一个，再紧另一个，使十字丝交点由 B_2 移至 B_3，然后固紧两个校正螺钉。此项校正亦需反复进行，直至 C 值不大于 $10''$ 为止。

4. 横轴垂直于竖轴的检验校正

（1）检验　在竖轴位于铅垂的条件下，如果横轴不与竖轴垂直，则横轴倾斜。如果视线已垂直横轴，则绕横轴旋转时构成的是一个倾斜平面。根据这一特点，在作这项检验时，应将仪器架设在一个高的建筑物附近。当仪器整平以后，在望远镜倾斜约 $30°$ 的高处，以盘左照准一清晰的目标点 P，然后将望远镜放平，在视线上标出墙上的一点 P_1，如图 3-22 所示。再将望远镜改为盘右，仍然照准 P 点，并放平视线，在墙上标出一点 P_2，如果仪器理想关系满足，则 P_1、P_2 两点重合。否则，说明这一理想关系不满足，需要校正。

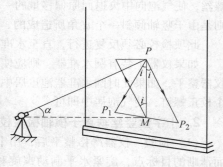

图 3-22　横轴检校

（2）校正　由于盘左盘右倾斜的方向相反而大小相等，所以取 P_1、P_2 的中点 M，则 P、M 必在同一铅垂线上。然后用水平微动螺旋使十字丝交点照准 M 点，将望远镜抬高，此时十字丝交点必然偏离 P 点，而落在 P' 处，在保持仪器不动的条件下，校正横轴的一端，使视线落在 P 上，则完成校正工作。

在校正横轴时，需将支架的护罩打开。它内部是一个偏心轴承，当松开三个轴承固定螺钉后，轴承可作微小转动，以迫使横轴端点上下移动。待校正好后，要将固定螺钉旋紧，并上好护罩。

由于这项校正需打开支架护罩，一般不宜在野外进行。如需校正，可由仪器检修人员进行。

5. 竖盘指标差的检验与校正

（1）检验　经纬仪整平后，用盘左、盘右照准同一目标，在竖盘指标水准管气泡居中的情况下，读取竖盘读数 L 和 R 后，按式 (3-10) 计算其指标差值。

（2）校正　保持盘右照准原来的目标不变，先计算盘右的正确读数应为 $R_0 = R - x$。用指标水准管微动螺旋将竖盘读数安置在 R_0 的位置上，这时竖盘指标水准管气泡必不再居中，用校正针拨动竖盘指标水准管校正螺钉，使气泡居中即可。此项校正，需反复进行，直至指标差 x 在允许的范围内为止。DJ_6 级仪器限差为 $30''$。

6. 光学对中器的视线与竖轴旋转中心线重合

如图 3-23 所示，光学对中器由目镜、分划板、物镜及转向棱镜组成。分划板上圆圈中心与物镜光心的连线为光学对中器的视准轴。视准轴经转向棱镜折射后与仪器的竖轴重合。如不重合，使用光学对中器对中将产生对中误差。

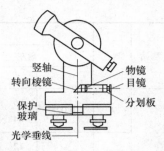

图 3-23　光学对中器检校

（1）检验　如果这一理想关系满足，光学对中器的小望远镜绕仪器竖轴旋转时，视线在地面上照准的位置不变。否则，视线在地面上照准的轨迹为一个圆圈。对于安装在照准部上的光学对中器，将仪器安置在平坦的地面上，严格地整平仪器，在三脚架正下方地面上固定一张白纸，旋转对中器的目镜，看清楚分划板圆圈，抽动目镜看清楚地面上的白纸。根据分划板上圆圈的中心在纸上标出一点。然后将照准部平转180°，如果该点仍位于圆圈中心，说明光学对中器的视准轴与仪器的竖轴重合，条件满足；否则，需要校正。

（2）校正　将照准部旋转180°后圆圈的中心位置在纸上标出，取两点的中点，校正转向棱镜的位置，直至圆圈中心对准中点为止。

上述的每一项校正，一般都需反复进行几次，直至其误差在允许的范围内为止。

思考题与习题

3-1　什么是水平角和竖直角？如何定义竖直角的符号？

3-2　根据测角的要求，经纬仪应具有哪些功能？其相应的构造是什么？

3-3　复测经纬仪和方向经纬仪最主要的区别是什么？如果要使照准某一方向的水平度盘读数为 0°00′00″，两种仪器分别应如何操作？

3-4　试根据图 3-24 分别读出水平盘的读数。

3-5　如图 3-25 所示，怎样确定所测的角度是 α 角或 β 角？

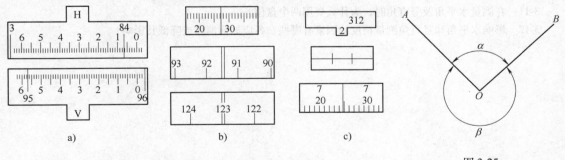

图 3-24　　　　　　　　　　　　　　　　　　　图 3-25

3-6　试述测回法测水平角的步骤，并根据表 3-5 的记录计算水平角值及平均角值。

表 3-5　测回法测水平角记录手簿

测站	测点	盘位	水平度盘读数 ° ′ ″	水平角值 ° ′ ″	平均角值 ° ′ ″	备注
O	A	左	20　01　10			
	B		67　12　30			
	B	右	247　12　56			
	A		200　01　50			

3-7 试述方向观测法测水平角的步骤，并根据表3-6的记录计算各个方向的方向值。

表3-6 方向法测水平角记录手簿

测站	测点	水平盘读数						$2c=左-右$	$\dfrac{左+右}{2}$	方向值	备注
		盘左			盘右						
		° '	″	″	° '	″	″		° ' ″	° ' ″	
O	A	0 02	06 04	05	180 02	16 18	17				
	B	37 44	12 14	13	217 44	12 14	13				
	C	110 29	06 07	06	290 28	54 56	55				
	D	150 15	04 07	06	330 14	56 58	57				
	A	0 02	07 09	08	180 02	20 22	21				
		$\Delta_左=$		+3	$\Delta_左=$		+4				

3-8 在观测竖直角时，为什么指标水准管的气泡必须居中？

3-9 什么是竖盘指标差？怎样测定它的大小？怎样确定其符号？

3-10 经纬仪应满足哪些理想关系？如何进行检验？各校正什么部位？检校次序根据什么原则确定？

3-11 在测量水平角及竖直角时，为什么要用两个盘位？

3-12 影响水平角和竖直角测量精度的因素有哪些？各应如何消除或降低其影响？

第4章 距离测量与直线定向

【重点与难点】

重点：1. 直线定线与距离测量的方法。
2. 精密（钢尺）量距尺段长度及改正值的计算。
3. 用罗盘仪测量磁方位角。
4. 坐标方位角的概念。

难点：1. 视距测量。
2. 全站仪操作与使用。

距离测量是测量的基本工作之一。地面上两点间的距离是指这两点沿垂线方向在大地水准面上投影点间的弧长。在测区面积不大的情况下，可用水平面代替水准面。两点间连续投影在水平面上的长度称为水平距离（简称平距）。不在同一水平面上的两点间连线的长度称为两点间的倾斜距离（简称斜距）。如图4-1中，$A'B'$ 的长度就代表了地面点 A、B 之间的水平距离。

测量地面上两点间的水平距离是确定地面点位的基本测量工作。距离测量的方法很多，常用的距离测量方法有钢尺量距、视距测量、光电测距、全站仪测距及卫星测距等。根据不同的测距精度要求和作业条件（如仪器、地形）选用不同的测距方法，本章主要介绍钢尺量距、视距测量和光电测距。

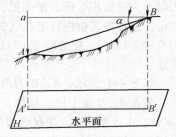

图 4-1 两点间的水平距离

4.1 钢尺量距

4.1.1 量距工具

钢尺也称钢卷尺，如图 4-2 所示，钢尺是钢制的带尺，常用钢宽 10 ~ 15mm，厚 0.2 ~ 0.4mm，长度有 20m、30m 和 50m 几种，卷放在圆形盒或金属架上，钢尺的基本分划为厘米，在米和分米处有数字注记。一般钢尺在起点处一分米内刻有毫米分划；有的钢尺，整个尺长内都有毫米分划。较精密的钢尺，制造时有规定的温度及拉力，如在尺端刻有"30m、20℃、100N"字样。它表示在检定该钢尺时的温度为20℃，拉力为100N，30m为钢尺刻线的最大注记值，通常称之为名义长度。

由于尺的零点位置的不同，有端点尺和刻线尺的区别。端点尺是以尺的最外端作为尺的零点，刻线尺是以尺前端的一刻线作为尺的零点，如图4-2所示。

丈量距离的工具，除钢尺外，辅助工具有测钎、标杆（见图4-3）、垂球、弹簧秤和温度计等。标杆长 2 ~ 3m，直径 3 ~ 4cm，杆上涂以20cm间隔的红、白漆，以便远处清晰可见，用于标定直线。测钎用粗铁丝制，用来标志所量尺段的起、止点和计算已量过的整尺段数，一组为6根或11根。垂球用来投点。弹簧秤和温度计分别用于控制拉力和测定温度。

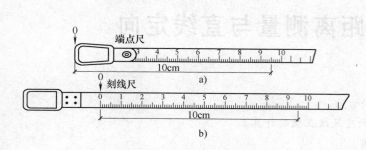

图 4-2　刻线尺与端点尺

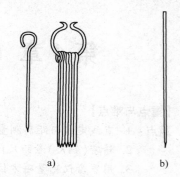

图 4-3　测钎与标杆

4.1.2　直线定线

当两个地面点之间的距离较长或地势起伏较大时，为使量距工作方便起见，可分成几段进行丈量。这种把多根标杆定在已知直线上的工作称为直线定线。一般量距采用目视定线，方法如下述。

如图 4-4 所示，A、B 为待测距离的两个端点，先在 A、B 点上持立标杆，甲立在 A 点后 1～2m 处，由 A 瞄向 B，使视线与标杆边缘相切，甲指挥乙持标杆左右移动，直到 A、2、B 三标杆在一条直线上，然后将标杆竖直地插下。直线定线一般应由远到近，即先定点 1，再定点 2。

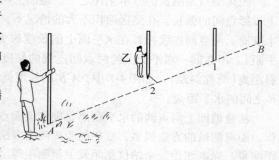

图 4-4　直线定线

4.1.3　钢尺量距

钢尺量距的基本要求是"直、平、准"。直，就是要量两点间的直线长度，要求直线直；平，就是要量两点间的水平距离，要求尺身水平；准，要求对点、投点、读数要准确，要符合精度要求。

目估定线或经纬仪定线后，即可进行丈量工作。丈量工作一般需要三人，分别担任前司尺员、后司尺员和记录员。丈量方法依地形而有所不同。

1. 平坦地面量距

丈量时，后司尺员持钢尺零点端，前司尺员持钢尺末端，通常在土质地面上用测钎标示尺段端点位置。丈量时应尽量用整尺段，一般仅末段用零尺段丈量。如图 4-5 所示，地面两点间的水平距离为：

$$D = nl + q \qquad (4-1)$$

式中　n——尺段数；

　　　l——钢尺长度；

　　　q——不足一整尺的余长。

为了防止错误和提高丈量结果的精度，需进

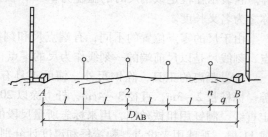

图 4-5　平坦地面量距方法

行往、返丈量。一般用相对误差来表示成果的精度。计算相对误差时，往返差数取绝对值，分母取往返测的平均值，并化为分子为 1 的分数式。例如，AB 往测长为 327.47m，返测长为 327.35m，则相对误差为

$$K = \frac{|D_{往} - D_{返}|}{D_{平均}} = \frac{0.12}{327.41} = \frac{1}{2700}$$

一般要求 K 为 1/3000～1/1000，当量距相对误差没有超过规范要求时，取往、返丈量结果的平均值作为两点间的水平距离。

2. 倾斜地面距离

若地面起伏不大，可将钢尺一端抬高，目估使尺面水平，按平坦地面量距方法进行。若地面坡度较大，可将一整尺段距离分段丈量，其一端用垂球对点，如图4-6所示。

当倾斜地面的坡度均匀，大致成一倾斜面时，如图4-7所示可以沿斜坡丈量 AB 的斜距 L，测得 A、B 两点间的高差 h，则水平距离为

$$D = \sqrt{L^2 - h^2} \quad 或 \quad D = L + \Delta D_h$$

式中　ΔD_h——量距的倾斜改正数。

$$\Delta D_h = D - L = (L^2 - h^2)^{\frac{1}{2}} - L = L\left[\left(1 - \frac{h^2}{L^2}\right)^{\frac{1}{2}} - 1\right]$$

$$\Delta D_h = L\left[\left(1 - \frac{h^2}{2L^2} - \frac{1}{8}\frac{h^4}{L^4} - \cdots\right) - 1\right] = -\frac{h^2}{2L} - \frac{1}{8}\frac{h^4}{L^3} - \cdots$$

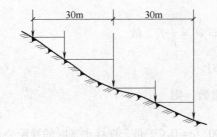

图4-6　倾斜地面量距方法　　　　　图4-7　斜距改算平距

一般 h 与 L 相比总是很小，式中二次项以上的各项可略去不计，故倾斜改正数为

$$\Delta D_h = -\frac{h^2}{2L}$$

若测得地面的倾角 α，则

$$D = L\cos\alpha \tag{4-2}$$

用一般方法量距，量距精度只能达到 1/5000～1/1000；当量距精度要求更高时，如 1/40000～1/10000，就要求采用精密量距法进行丈量。由于精密量距法野外工作相当繁重，同时，鉴于目前测距仪和全站仪已经比较普及，要达到更高的测距精度已是很容易的事，故精密量距法在此不再赘述。

4.2　视距测量

视距测量是利用测量仪器望远镜中的视距丝并配合视距尺，根据几何光学及三角测量原理，同时测定两点间的距离和高差的一种方法。最简单的视距装置是在测量仪器（如经纬仪、水准仪）

的望远镜十字丝分划板上，刻着上、下对称的两条短线，称为视距丝，如图4-8所示，视距测量中的视距尺可选用普通水准尺，也可用专用视距尺。视距测量用一台经纬仪即可同时完成两点间的平距和高差的测量，此法操作简单，速度快，不受地形起伏的限制，但测距精度较低，一般精度约为1/300～1/200，精密视距测量可达1/2000，故常用于地形测图。当地形起伏较大时，常用于碎步测量和图根控制网的加密。

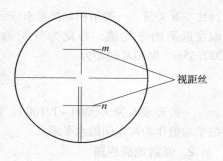

图4-8　视距丝

4.2.1　视距测量原理

1. 视线水平时的视距测量公式

欲测定A、B两点间的水平距离，如图4-9所示，在A点安置经纬仪，在B点竖立视距尺，当望远镜视线水平时，视准轴与尺子垂直，经对光后，通过上、下两条视距丝m、n就可读得尺上M、N两点处的读数，两读数的差值l称为视距间隔或尺间隔。f为物镜焦距，p为视距丝间隔，δ为物镜至仪器中心的距离，由图4-10可知，A、B点之间的平距为

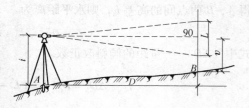

图4-9　视线水平时的视距测量

$$D = D' + f_1 + \delta$$

其中，D'由两相似三角形MNF_1和mnF_2求得$\dfrac{D'}{f_1} = \dfrac{l}{p'}$，即$D' = \dfrac{l}{p'}f_1$，故

$$D = \frac{l}{p'}f_1 + (f_1 + \delta) \tag{4-3}$$

令$K = f/p$称为视距乘常数，$f + \delta = c$，称为视距加常数，则

$$D = Kl + c \tag{4-4}$$

在设计望远镜时，适当选择有关参数后，可使$K = 100$，$c = 0$。于是，视线水平时的视距公式为

$$D = 100l \tag{4-5}$$

两点间的高差为

$$h = i - v \tag{4-6}$$

式中　i——仪器高；

　　　v——望远镜的中丝在尺上的读数。

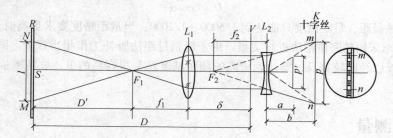

图4-10　内调焦望远镜原理及水平视距测量

2. 视线倾斜时的视距测量公式

当地面起伏较大时，必须将望远镜倾斜才能照准视距尺，如图4-11所示，此时的视准轴不

再垂直于尺子，前面推导的公式就不适用了。若想引用前面的公式，需将 B 点视距尺的间隔 l 换算为垂直于视线的尺间隔 l'，即用图中 $M'N'$ 的读数差，求出斜距 S，然后再求出水平距离。

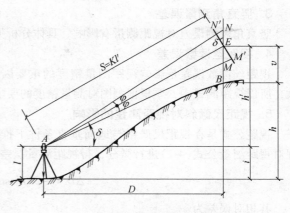

图 4-11　倾斜视距测量

在图 4-11 中，设视准轴竖直角为 δ，由于十字丝上、下丝的间距 2φ 角很小，约为 $34'$，故可将 $\angle NN'E$ 和 $\angle MM'E$ 近似看成直角，则 $\angle NEN' = \angle MEM' = \delta$，于是

$$l' = M'N' = M'E + EN' = ME\cos\delta + EN\cos\delta$$
$$= (ME + EN)\cos\delta = l\cos\delta$$
$$S = Kl' = Kl\cos\delta$$

换算为平距为

$$D = S\cos\delta = Kl\cos^2\delta \tag{4-7}$$

A、B 两点间的高差为

$$h = h' + i - v$$

式中　h'——初算高差，$h' = S\sin\delta = Kl\cos\delta \cdot \sin\delta = \dfrac{1}{2}Kl\sin2\delta$

故视线倾斜时的高差公式为

$$h = \frac{1}{2}Kl\sin2\delta + i - v \tag{4-8}$$

4.2.2　视距测量的观测与计算

视距测量主要用于地形测量，测定测站点至地形点的水平距离及高差，其观测步骤如下：

1）在测站点上安置经纬仪，对中、整平后，量取仪器高 i（桩顶至仪器横轴中心的距离），精确到 cm。

2）瞄准竖直于待测点上的标尺，并读取中丝读数 v 值。

3）读取上、下丝读数 M、N，将两数相减得视距间隔 l。

4）使竖盘指标水准管气泡居中，读取竖盘读数，求出竖直角 δ。

5）利用视距式（4-7）和式（4-8）计算平距 D 和高差 h。

4.2.3　视距测量误差

影响视距测量精度的因素有以下几个方面：

1. 视距尺分划误差

视距尺分划误差对视距测量将产生系统性误差，这个误差在仪器常数检测时将会反应在乘常数 K 上。若视距尺分划误差是偶然误差，对视距测量影响也是偶然性的。视距尺分划误差一般为 ±0.5mm，引起的距离误差为 $m_{\mathrm{d}} = K[\sqrt{2} \times (\pm0.5)]$mm $= K \times (\pm0.071)$mm。

2. 乘常数 K 值的误差

一般视距乘常数 $K = 100$，但由于视距丝间隔有误差，视距尺有系统性误差，仪器检定有误差，都会使 K 值不为 100。K 值误差会使视距测量产生系统误差，因此 K 值应在 100 ± 0.1 之内，否则应该改正。

3. 竖直角测量误差

竖直角观测误差对视距测量有影响，具体分析见后续章节。

4. 视距丝读数误差

视距丝读数误差是影响视距测量精度的重要因素。它与视距远近成正比，距离越远误差越大，所以视距测量中，要根据测图对测量精度的要求限制最远视距。

5. 视距尺倾斜对视距测量的影响

视距公式是在视距尺严格与地面垂直条件下推导出来的。若视距尺倾斜，设其倾角为 $\Delta\gamma$。现对视距测量公式(4-7)进行微分，得视距测量误差

$$\Delta D = -2Kl\cos\alpha\sin\alpha\frac{\Delta\gamma}{\rho''} \tag{4-9}$$

其相对误差为

$$\frac{\Delta D}{D} = \left| \frac{-2Kl\cos\alpha\sin\alpha}{Kl\cos^2\alpha} \cdot \frac{\Delta\gamma}{\rho''} \right| = 2\tan\alpha\frac{\Delta\gamma}{\rho''} \tag{4-10}$$

一般视距测量精度为 $1/300$。要保证 $\frac{\Delta D}{D} \leqslant \frac{1}{300}$，视距测量时倾角误差应满足

$$\Delta\gamma \leqslant \frac{\rho''\cot\alpha}{600} = 5.8'\cot\alpha \tag{4-11}$$

根据式(4-11)可计算出不同竖直角测量时倾角的允许值，见表4-1。

表4-1　不同竖直角与倾角允许值

竖直角	3°	5°	10°	20°
$\Delta\gamma$ 允许值	1.8°	1.1°	0.5°	0.3°

由此可见，视距尺倾斜时，对视距测量影响不可忽视；特别在山区，倾角大时，更要注意。必要时可在视距尺上附加圆水准器。

6. 外界气象条件对视距测量的影响

（1）大气折光的影响　视线穿过大气时会产生折射，其光程从直线变成曲线，造成误差，由于视线靠近地面时折光大，所以规定视线应高出地面1m以上。

（2）大气湍流的影响　空气的湍流使视距成像不稳定，造成视距误差。当视线接近地面或水面时，这种现象更为严重，所以视线应高出地面1m以上。除此之外，风和大气能见度对视距测量也会产生影响。风力过大，尺子会抖动，空气中灰尘和水汽会使视距尺成像不清晰，造成读数误差，所以应选择良好的天气进行测量。

4.3　电磁波测距仪测距

电磁波测距按精度可分为Ⅰ级（$m_D \leqslant 5mm$）、Ⅱ级（$5mm < m_D \leqslant 10mm$）和Ⅲ级（$m_D > 10mm$）。按测程可分为短程（$<3km$）、中程（$3\sim15km$）和远程（$>15km$）。按采用的载波不同，可分为利用微波作载波的微波测距仪；利用光波作载波的光电测距仪。光电测距仪所使用的光源一般有激光和红外光。下面将简要介绍光电测距的原理及测距成果整理等内容。

4.3.1　电磁波测距仪测距概述

随着光电技术的发展，电磁波测距仪的使用越来越广泛。与钢尺量距相比，电磁波测距具有

测程长、精度高、操作简便、作业速度快、自动化程度高的特点。

电磁波测距的基本原理，是通过测定电磁波在待测距离两端点间往返一次的传播时间 t 和电磁波在大气中传播的速度 c，来计算两点之间的距离。

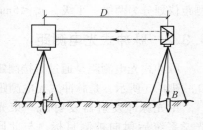

图 4-12　光电测距

如图 4-12 所示，在 A 点安置测距仪，在 B 点安置反射棱镜，测距仪发射的调制光波到达反射棱镜后又返回到测距仪。设光速 c 为已知，如果调制光波在待测距离 D 上的往返传播时间为 t，则距离 D 为

$$D = \frac{1}{2}c \cdot t \qquad (4-12)$$

式中，$c = c_0/n$，c_0 为真空中的光速，其值为 299792458m/s；n 为大气折射率，它与光波波长 λ、测线上的气温 T、气压 P 和湿度 e 有关。因此，测距时还需测定气象元素，对距离进行气象改正。

以电磁波为载波传输测距信号的测距仪器统称为电磁波测距仪，采用微波段的无线电波作为载波的称为微波测距仪。采用光波作为载波的称为光电测距仪，其中用激光作为载波的称为激光测距仪，用红外光作为载波的称为红外测距仪。微波测距仪和光电测距仪多用于远程测距，测程可达数十公里，一般用于大地测量。红外测距仪用于中、短程测距，一般用于小面积控制测量、地形测量和各种工程测量。

光的传播速度约为 3.0×10^5 km/s，因此对测定时间的精度要求就很高。当要求测距误差 dD 小于 1cm 时，时间测定精度 dt 要求准确到 6.7×10^{-11} s，这是难以做到的。因此，时间的测定一般采用间接方式来实现。根据测定时间方式的不同，光电测距仪又分为脉冲式测距仪和相位式测距仪。

1. 脉冲式测距仪

脉冲式测距仪是通过直接测定光脉冲在测线上往返传播的时间来求得距离 D。由于受脉冲计数器的频率所限，所以测距精度只能达到 $0.5 \sim 1$ m，故此法常用在激光雷达等远程测距上。

2. 相位式测距仪

相位式测距仪是利用测相电路测定调制光波在测线上往返传播所产生的相位差来间接测定传播时间，从而求出被测距离，测距精度较高。短程红外光电测距仪（测程小于 5km）属于典型的相位式测距仪，它是以砷化镓（GaAs）发光二极管作为光源，仪器灵巧轻便，广泛用于地形测量、地籍测量和施工测量。

由于电磁波测距仪型号甚多，为了研究和使用方便，除了采用上述分类方法外，还有许多其他分类方法。例如，按测程分为远程（几十公里）、中程（数公里至十余公里）、短程（3km 以下）；按载波数分为单载波（可见光、红外光、微波）、双载波（可见光 + 可见光, 可见光 + 红外光, 等）、三载波（可见光 + 可见光 + 微波, 可见光 + 红外光 + 微波, 等）；按反射目标分为漫反射目标（无合作目标）、合作目标（平面反射镜、角反射镜等）、有源反射器（同频载波应答机、非同频载波应答机等）。

另外，还可按精度指标分级。由电磁波测距仪的精度公式为

$$m_D^2 = A^2 + B^2 D^2 \qquad (4-13)$$

式中　A——仪器标称精度中的固定误差（mm）；

B——仪器标称精度中的比例误差系数（mm/km）；

D——测距边长度（km）。

当 $D = 1$ km 时，则 m_D 为 1km 的测距中误差。按此指标，（JJ/T 8—2011）《城市测量规范》将测距仪划分为两级：Ⅰ级，$m_D \leqslant 5$mm；Ⅱ级：5mm $< m_D < 10$mm。

4.3.2 脉冲式光电测距

脉冲式光电测距是通过直接测定光脉冲在测线上往返传播的时间 t，并按式（4-12）求得距离 D。图 4-13 所示，是脉冲式光电测距仪的工作原理。

由光脉冲发射器发射出一束光脉冲，经发射光学系统后射向被测目标。与此同时，由仪器内的取样棱镜取出一小部分光脉冲送入接收光学系统，再由光电接收器转换为电脉冲，称为主波脉冲，作为计时的起点。从目标反射回来的光脉冲通过接收光学系统后，也被光电接收器接收并转换为电脉冲，称为回波脉冲，作为计时的终点。因此，主波脉冲和回波脉冲之间的时间间隔，就

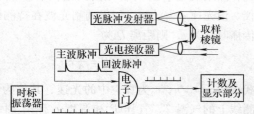

图 4-13 脉冲式光电测距仪工作原理

是光脉冲在测线上往返传播的时间 t。为了测定时间 t，将主波脉冲和回波脉冲先后（相隔时间 t）送入"门"电路，分别控制"电子门"的"开门"和"关门"。由时标振荡器不断地产生具有一定时间间隔 T 的电脉冲，称为时标脉冲，如同钟表一样提供一个电子时钟。在测距之前，"电子门"是关闭的，时标脉冲不能通过"电子门"进入计数系统。测距时，在光脉冲发射的同一瞬间，主波脉冲把"电子门"打开，时标脉冲一个一个地通过"电子门"进入计数系统，当从目标反射回来的光脉冲到达测距仪时，回波脉冲立即把"电子门"关闭，时标脉冲就停止进入计数系统。由于每进入计数系统一个时标脉冲就要经过时间 T，所以，如果在"开门"（即光脉冲离开测距仪的时刻）和"关门"（即目标反射回来的光脉冲到达测距仪的时刻）之间有 n 个时标脉冲进入计数系统，则主波脉冲和回波脉冲之间的时间间隔 $t = nT$。由式（4-12）可求得待测距离 $D = \frac{1}{2}cnT$。令 $l = \frac{1}{2}cT$，表示在时间间隔 T 内光脉冲往返所走的一个单位距离，则有

$$D = nl \tag{4-14}$$

由式（4-14）可以看出，计数系统每记录一个时标脉冲，就等于记下一个单位距离 l。由于测距仪中 l 值是预先选定的（如 10m、5m、1m），因此，计数系统在计数通过"电子门"的时标脉冲个数 n 之后，就可以直接把待测距离 D 用数码管显示出来。

目前的脉冲式测距仪一般用固体激光器作为光源，能发射出去高频率的光脉冲，因而这类仪器可以不用合作目标（如反射器），直接用被测目标对光脉冲产生的漫反射进行测距；在地形测量中可实现无人跑尺，从而减轻劳动强度，提高作业效率，特别是在悬崖陡壁等地方进行地形测量，此种仪器更具有实用意义。近年来，脉冲式测距仪的测距精度已达毫米级，标称精度为 $m_D = \pm (3\text{mm} + 1 \times 10^{-6}D)$。

4.3.3 相位式光电测距

1. 相位式光电测距仪的基本原理

相位式光电测距仪是通过测量调制光在测线上往返传播产生的相位移，测定调制波长的相对值来求出距离 D。如果在发光二极管上注入一恒定电流，它发出的红外光光强则恒定不变。若在其上注入频率为 f 的高变电流（高变电压），则发出的光强随着注入的高变电流呈正弦变化。

图 4-14 所示是相位式光电测距仪的工作原理图。

测距仪在 A 点发射的调制光在待测距离上传播，被 B 点的反射棱镜反射后又回到 A 点而被接收机接收，然后由相位计将发射信号（参考信号）与接收信号（测距信号）进行相位比较，得到调制光在待测距离上往返传播所引起的相位移 φ，并由显示器显示出来，其相应的往返传播时间为 t。如果将调制波的往程和返程展开，则有图 4-15 所示的波形。

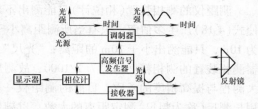

图 4-14　相位式光电测距仪工作原理

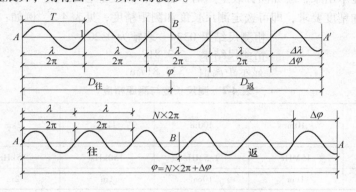

图 4-15　相位式测距的原理

2. 相位式测距的基本公式

设调制光的频率为 f（每秒振荡次数），其周期 $T = \dfrac{1}{f}$（每振荡一次的时间，单位 s），则调制光的波长为

$$\lambda = cT = \frac{c}{f} \tag{4-15}$$

从图 4-15 中可看出，在调制光往返的时间 t 内，其相位变化了 N 个整周（一周为 2π）及不足一周的余数 $\Delta\varphi$，而对应 $\Delta\varphi$ 的时间为 Δt，距离为 $\Delta\lambda$ 则

$$t = NT + \Delta t \tag{4-16}$$

由于变化一周的相位差为 2π，则不足一周的相位差 $\Delta\varphi$ 与时间 Δt 的对应关系为

$$\Delta t = \frac{\Delta\varphi}{2\pi}T \tag{4-17}$$

于是得到相位测距的基本公式

$$\begin{aligned}
D &= \frac{1}{2}ct = \frac{1}{2}c\left(NT + \frac{\Delta\varphi}{2\pi}T\right) \\
&= \frac{1}{2}cT\left(N + \frac{\Delta\varphi}{2\pi}\right) = \frac{\lambda}{2}(N + \Delta N)
\end{aligned} \tag{4-18}$$

式（4-18）中 $\Delta N = \dfrac{\Delta\varphi}{2\pi}$ 为不足一整周的小数。

在相位测距基本公式（4-18）中，常将 $\dfrac{\lambda}{2}$ 看做是一把"光尺"的尺长，测距仪就是用这把"光尺"去丈量距离。N 则为整尺段数，ΔN 为不足一整尺段之余数。两点间的距离 D 就等于整尺段总长 $\dfrac{\lambda}{2}N$ 和余尺段长度 $\dfrac{\lambda}{2}\Delta N$ 之和。

测距仪的测相装置（相位计）只能测出不足整周（2π）的尾数 $\Delta\varphi$，而不能测定整周数 N，因此使式（4-18）产生多值解，只有当所测距离小于光尺长度时，才能有确定的数值。例如，"光尺"为 10m，只能测出小于 10m 的距离；"光尺"为 1000m，则可测出小于 1000m 的距离。又由于仪器测相装置的测相精度一般为 1/1000，故测尺越长测距误差越大，其关系见表 4-2。为了解决扩大测程与提高精度的矛盾，目前的测距仪一般采用两个调制频率，即两把"光尺"进行测距。用长测尺（称为粗尺）测定距离的大数，以满足测程的需要；用短测尺（称为精尺）测定距离的尾数，以保证测距的精度，同时解决了"多值性"问题。将两者结果衔接组合起来，就是最后的距离值，并自动显示出来，就如同钟表上用时、分、秒相互配合来确定 12h 内的准确时刻一样。根据仪器的测程和精度要求，即可选定测尺长度和测距精度，见表 4-2。例如：

粗测尺结果 0324　取整为 0320

精测尺结果　　3.817

显示距离值　323.817m

表 4-2　测尺长度与测距精度

测尺长度 $\left(\dfrac{\lambda}{2}\right)$	10m	100m	1km	2km	10km
测尺频率(f)	15MHz	1.5MHz	150kHz	75kHz	15kHz
测距精度	1cm	10cm	1m	2m	10m

若想进一步扩大测距仪器的测程，可以多设几个测尺。

3. N 值的确定

设仪器中采用了两把测尺配合测距，其中精测频率为 f_1，相应的测尺长度为 $u_1 = c/2f_1$；粗测尺频率为 f_2，相应的测尺长度为 $u_1 = c/2f_2$。若两者测定同一距离，则由式（4-16）可写出下列方程组

$$\left.\begin{array}{l} D = u_1(N_1 + \Delta N_1) \\ D = u_2(N_2 + \Delta N_2) \end{array}\right\} \tag{4-19}$$

将以上两式稍加变换即得

$$N_1 + \Delta N_1 = \frac{u_2}{u_1}(N_2 + \Delta N_2) = K(N_2 + \Delta N_2)$$

式中　K——测尺放大系数，$K = \dfrac{u_2}{u_1} = \dfrac{f_1}{f_2}$。

若已知 $D < u_2$，则 $N_2 = 0$。因为 N_1 为正整数，ΔN_1 为小于 1 的小数，等式两边的整数部分和小数部分应分别相等，所以有 $N_1 = K\Delta N_2$ 的整数部分。为了保证 N_1 值的正确无误，测尺放大系数 K 应根据 ΔN_2 的测定精度来确定。

例如，某测距仪选用 $u_1 = 10\text{m}$，$u_2 = 1000\text{m}$ 的两把测尺测量一段小于 1000m 的距离。测得 $\Delta N_1 = 0.698$，$\Delta N_2 = 0.387$，已知被测距离的概值 $D < u_2$，又 $K = \dfrac{u_2}{u_1} = \dfrac{1000}{10} = 100$，则 $N_1 = K\Delta N_2 = 100 \times 0.387 = 38.70$，取整为 38

$$D = u_1(N_1 + \Delta N_1) = 10 \times (38 + 0.698)\text{m} = 386.98\text{m}$$

4. 距离测量

测距时，将测距仪和反射棱镜分别安置在测线的两端，仔细对中。接通测距仪的电源，然后

照准反射棱镜，检查经反射棱镜反射回的光强信号，合乎要求后即可开始测距（一般为斜距）。为防止误差和错误，可进行若干测回的观测。这里的一测回是指照准目标一次，读数 2～4 次。往、返回数各占总测回数的一半，精度要求不高时，只进行单向观测，同时，记录观测大气温度和气压值。测距时避免靠近发热体（如散热塔、烟囱等），避开电磁场干扰，距高压线应大于 5m，视线背景部分不应有反光物体等；同时，要严防阳光直射测距仪的镜头，以免损坏仪器。

4.3.4　测距成果整理

在测距仪测得初始斜距值后，还要进行一系列的改正计算。这些改正计算大致可分为三类：一是仪器系统误差改正，包括加常数改正、乘常数改正和周期误差改正；二是大气折射率误差引起的改正（气象改正）；三是归算改正，主要有倾斜改正及归算到参考椭球面上的改正。

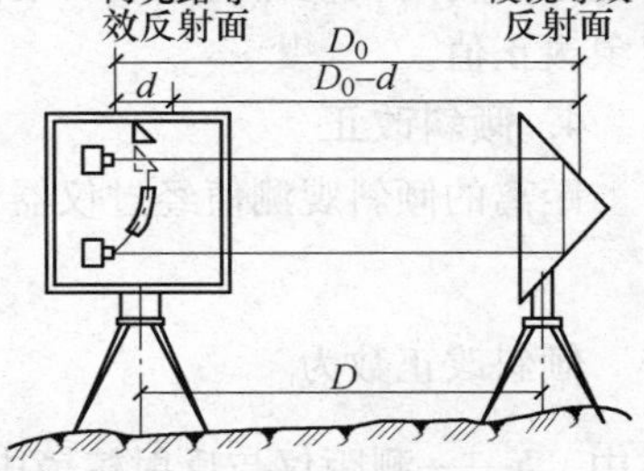

图 4-16　仪器加常数改正示意图

1. 仪器加常数改正

如图 4-16 所示，由于测距仪的距离起算中心与仪器的安置中心不一致，以及反射棱镜等效反射面与反射镜安置中心不一致，使仪器测得的实际距离 $D_0 - d$ 与所要测定的实际距离 D 不相等，其差数与所测距离长短无关，称为测距仪的加常数 K，$K = D - (D_0 - d)$。

实际上，仪器的加常数包含加常数和反射棱镜常数，当测距仪和反射棱镜构成固定的一套设备后，其加常数可测出。由于加常数为一固定值，可预置在仪器中，使之测距时自动加以改正。但仪器在使用一段时间后，此加常数可能会有变化，应进行检验，测出加常数的变化值，称为剩余加常数，必要时可对观测成果加以改正。

2. 仪器乘常数改正

测距仪在使用过程中，实际的调制光频率与设计的标准频率之间有偏差时，将会影响测距成果的精度，其影响与距离的长度成正比。

设 f 为标准频率，f' 为实际工作频率，频率偏差 Δf 为

$$\Delta f = f' - f$$

乘常数（单位为 mm/km）为

$$R = \frac{\Delta f}{f'}$$

乘常数改正值

$$\Delta D_R = RD' \tag{4-20}$$

式中　D'——实测距离值（km）；

所谓乘常数，就是由于测距频率偏移标准值而引起的一个计算改正数的乘系数，也称为比例因子。乘常数可通过一定检测方法求得，必要时可对观测成果进行改正。如果有小型频率计，直接测定实际工作频率，就可方便地求得乘常数改正值。

3. 气象改正

仪器的测尺长度是在一定的气象条件下推算出来的。野外实际测距时的气象条件不同于制造仪器时确定仪器测尺频率所选取的基准（参考）气象条件，故测距时的实际测尺长度就不等于标称的测尺长度，使测距值产生与距离长度成正比的系统误差。所以在测距时应同时测定当时的气象元素：温度和气压，利用厂家提供的气象改正公式计算距离改正值。如某测距仪的气象改正 ΔS（单位为 mm）为：

$$\Delta S = \left(283.37 - \frac{106.2883P}{273.15 + t}\right) \cdot D'$$

式中　P——气压（hP_a）；

　　　t——温度（℃）；

　　　D'——距离测量值（km）。

目前，所有的测距仪都可将气象参数预置于机内，在测距时自动进行气象改正。另外，气象修正也可用附在仪器使用说明书内的气象改正表，以测距时测定的气温和气压为引数，直接查取气象改正值。

4. 倾斜改正

距离的倾斜观测值经过仪器常数改正和气象改正后得到改正后的斜距

$$D_h = D' + K + \Delta D_R + \Delta S$$

倾斜改正数为

$$\Delta D_h = -\frac{h^2}{2D_h} - \frac{h^4}{8D_h^3} \tag{4-21}$$

式中　h——测距仪与反射棱镜中心之间的高差。

水平距离　　　　　　　　　$D_平 = D_h + \Delta D_h$

当测得斜距的竖角 δ 后，可按下式计算水平距离

$$D_平 = D'\cos\delta \tag{4-22}$$

5. 归算到大地水准面上的改正

将水平距离归算到大地水准面上的改正为　　$\Delta D_平 = -D_平 \dfrac{H}{R}$ $\tag{4-23}$

式（4-23）中的 H，当用式（4-22）计算 $D_平$ 时为反射镜面的高程；当用式（4-22）计算 $D_平$ 时为反射镜站与测站的平均高程。

4.3.5　测距仪标称精度

当顾及仪器加常数 K，并将 $c = c_0/n$ 代入式（4-18），相位测距的基本公式可写成

$$D_平 = \frac{c_0}{2nf}\left(N + \frac{\Delta\varphi}{2\pi}\right) + K \tag{4-24}$$

式（4-20）中，c_0、n、f、$\Delta\varphi$ 和 K 的误差，都会使测距产生误差。若对上式作全微分，并应用误差传播定律，则测距误差可表示成

$$M_S^2 = \left(\frac{m_{c0}^2}{c_0^2} + \frac{m_n^2}{n^2} + \frac{m_f^2}{f^2}\right)S + \left(\frac{\lambda}{4\pi}\right)m_{\Delta\varphi}^2 + m_k^2 \tag{4-25}$$

式（4-25）中的测距误差可分成两部分，前一项误差与距离成正比，称为比例误差；后两项与距离无关，称为固定误差。因此，常将上式写成如下形式，作为仪器的标称精度

$$M_S = \pm(A + BS) \tag{4-26}$$

例如，某测距仪的标称精度为 $\pm(3mm + 2 \times 10^{-6} \cdot S)$，说明该测距仪的固定误差 $A = 3mm$，比例误差 $B = 2mm/km$，S 的单位为 km。

目前，测距仪已很少单独生产和使用，而是将其与电子经纬仪组合成一体化的全站仪，全站仪知识将在第 8 章中介绍。

4.4　直线定向

确定直线的方向简称直线定向。为了确定地面点的平面位置，不但要已知直线的长度，并且

要已知直线的方向。一条直线的方向是根据基本方向来确定的，即确定直线与基本方向之间的水平角，称为直线定向。

4.4.1　直线定向的基本方向

作为直线定向用的基本方向有下列三种。

1. 真子午线方向——真北方向

过地球上某点真子午线切线北端所指的方向称为真北方向（见图 4-17）。真子午线方向可用天文观测方法、陀螺经纬仪和 GPS 来测定。

由于地球上各点的真子午线都向两极收敛而会集于两极，所以，虽然各点的真子午线方向都是指向真北和真南，然而在经度不同的点上，真子午线方向互不平行。两点真子午线方向间的夹角称为子午线收敛角。

子午线收敛角可近似地计算如下：图 4-18 中将地球看成是一个圆球，其半径为 R，设 A、B 为位于同一纬度 φ 上的两点，相距为 S。A、B 两点真子午线的切线就是 A、B 两点的真子午线方向，它们与地轴的延长线相交于 D，它们之间的夹角 γ 就是 A、B 两点间的子午线收敛角。

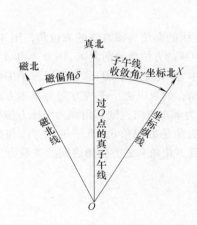

图 4-17　三北方向

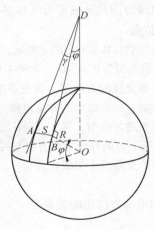

图 4-18　子午线收敛角

由直角三角形 BOD 中可得

$$\gamma = S\rho / BD$$

$$BD = \frac{R}{\tan\varphi}$$

则

$$\gamma = \rho \cdot \frac{S}{R}\tan\varphi \tag{4-27}$$

由式（4-27）可以看出：子午线收敛角随纬度的增大而增大，并与两点间的距离成正比。当 A、B 两点不在同一纬度时，可取两点的平均纬度代入 φ，并取两点的横坐标之差代入 S。

2. 磁子午线方向——磁北方向

磁针自由静止时其北端所指的方向，就是磁子午线方向。磁子午线方向可用罗盘来确定。

由于地磁的两极与地球的两极并不一致，北磁极约位于西经 100.0°北纬 76.1°；南磁极约位于东经 139.4°南纬 65.8°。所以同一地点的磁子午线方向与真子午线方向不一致，其夹角称为磁偏角，用符号 δ 表示（见图 4-17）。磁子午线方向北端在真子午线方向以东时为东偏，δ 定为

"＋"，在西时为西偏，δ 定为"－"。磁偏角的大小随地点、时间而异，在我国磁偏角的变化在＋6°（西北地区）到－10°（东北地区）之间。由于地球磁极的位置在不断地变动，以及磁针受局部吸引等影响，所以磁子午线方向不宜作为精确定向的基本方向。但由于用磁子午线定向方法简便，所以在独立的小区域测量工作中仍可采用。

3. 坐标纵轴方向——坐标北方向

如图 4-17 所示坐标纵轴（X 轴）正向所指的方向，称为坐标北方向。实际上常取与高斯平面直角坐标系中的 X 轴平行的方向为坐标北方向。采用坐标纵轴方向作为基本方向，各点的基本方向都是平行的，所以计算十分方便。

通常取测区内某一特定的子午线方向作为坐标纵轴，在一定范围内部以坐标纵轴方向作为基本方向。图 4-17 中以过 O 点的真子午线方向作为坐标纵轴，所以任意点的真子午线方向与坐标纵轴方向间的夹角就是任意点与 O 点间的子午线收敛角 γ，当坐标纵轴方向的北端偏向真子午线方向以东时，γ 定为"＋"，偏向西时 γ 定为"－"。

4.4.2　确定直线方向的方法

确定直线方向就是确定直线和基本方向之间的夹角。

1. 方位角

由直线一端的基本方向的北端起，按顺时针方向量至直线的夹角为该直线的方位角，用 A 表示。方位角的取值范围为 $0° \sim 360°$，如图 4-19 中 $O1$、$O2$、$O3$ 和 $O4$ 的方位角分别为 A_1、A_2、A_3 和 A_4。

确定一条直线的方位角，首先要在直线的起点作出基本方向（见图 4-20）。如果以真子午线方向作为基本方向，那么得出的方位角称为真方位角，用 A 表示；如果以磁子午线方向为基本方向，则其方位角称为磁方位角，用 A_m 表示；如果以坐标纵轴方向为基本方向，则其角称为坐标方位角，用 α 表示。由于一点的真子午线方向与磁子午线方向之间的夹角是磁偏角 δ，真子午线方向与坐标纵轴方向之间的夹角是子午线收敛角 γ，由图 4-20 可以看出真方位角和磁方位角之间的关系为

$$A_{EF} = A_{mEF} + \delta_E \tag{4-28}$$

真方位用和坐标方位角的关系为

$$A_{EF} = \alpha_{EF} + \gamma_E \tag{4-29}$$

$$\alpha_{EF} = A_{mEF} + \delta_E - \gamma_E \tag{4-30}$$

式（4-30）中 δ 和 γ 的值东偏时为"＋"，西偏时为"－"。

2. 象限角

直线与基本方向北端或南端构成的锐角称为直线的象限角，如图 4-21 所示。

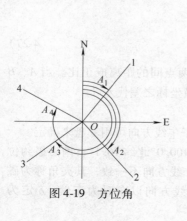

图 4-19　方位角

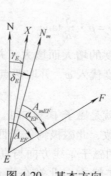

图 4-20　基本方向

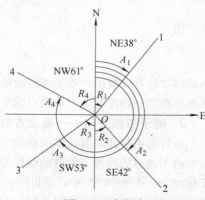

图 4-21　象限角

4.5　坐标方位角正算与反算原理

4.5.1　直线的正坐标方位角与反坐标方位角

一条直线有正反两个方向，由于起始点的不同而存在着两个值，若在直线起点量得的直线方向称为直线的正方向，反之在直线终点量得该直线的方向称为直线的反方向。如图 4-22 所示，$\alpha_{1,2}$ 表示直线 P_1P_2 方向的坐标方位角，则 $\alpha_{2,1}$ 表示直线 P_2P_1 方向的坐标方位角。$\alpha_{1,2}$ 和 $\alpha_{2,1}$ 互称为正、反坐标方位角。若 $\alpha_{1,2}$ 为正坐标方位角，则 $\alpha_{2,1}$ 为反坐标方位角。反之，$\alpha_{2,1}$ 为正坐标方位角，则 $\alpha_{1,2}$ 为反坐标方位角。

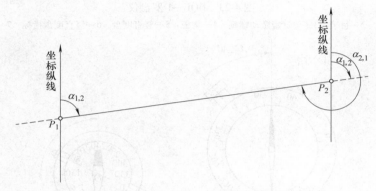

图 4-22　直线的正、反坐标方位角

由于在同一高斯平面直角坐标系内，各点处坐标北方向均是平行的，所以一条直线的正反坐标方位角相差 180°，即

$$\alpha_{1,2} = \alpha_{2,1} \pm 180° \tag{4-31}$$

4.5.2　方位角测量

1. 罗盘仪的构造

罗盘仪是测量直线磁方位角或磁象限角的一种仪器，通常用于独立测区的近似定向，以及线路和森林勘测定向，它主要由望远镜（或照准觇板）、磁针和度盘三部分组成，图 4-23 为 DQL—1 罗盘仪。

（1）望远镜　望远镜用于瞄准目标，它由物镜、目镜、十字丝组成，参照经纬仪望远镜使用。望远镜一侧为竖直度盘，可以测量竖直角。

（2）罗盘盒　罗盘盒如图 4-23b 所示。罗盘盒内有磁针和刻度盘。磁针支承在度盘中心的顶针上，可以自由转动，静止时所指方向即为磁子午线方向；为保护磁针和顶针，不用时应旋紧制动螺旋，可将磁针托起压紧在玻璃盖上。一般磁针南端装有铜箍，以克服磁倾角，使磁针转动时保持水平。

刻度盘安装在度盘盒内，随望远镜一起转动。刻度盘上最小刻为 1° 或 0.5°，每 10° 一注记，自 0° 起按逆时针方向注记至 360°，且过 0° 和 180° 的直线和望远镜视准轴方向一致。由于观测时随望远镜转动的不是磁针（磁针永指南北），而是刻度盘向相反的方向转动，为了直接读取磁方位角，所以刻度以逆时针注记，称为方位罗盘仪（见图 4-24）。此外，罗盘盒内还装有两个水准管或一圆水准器，以使度盘水平。

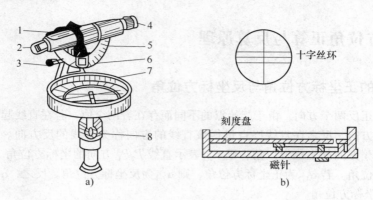

图 4-23　DQL—1 罗盘仪

1—望远镜制动螺旋　2—目镜　3—望远镜微动螺旋　4—物镜　5—竖直度盘　6—竖直度盘指标　7—罗盘盒　8—球臼

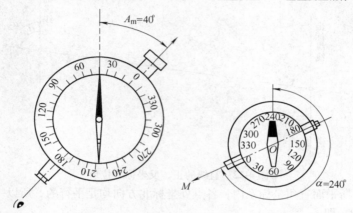

图 4-24　罗盘仪

（3）基座　基座是球臼结构，安在三脚架上，松开球臼螺旋，可摆动罗盘盒使水准器气泡居中，此时刻度盘已处于水平位置，旋紧接头螺旋。

2. 用罗盘仪测定磁方位角

用罗盘仪测量直线的磁方位角时，首先，将罗盘仪安置在直线的起点，对中、整平；然后，用望远镜照准直线的另一端点的标杆；最后，松开磁针制动螺旋，将磁针放下，当磁针静止后，即可进行读数。读数规则如下：如果观测时物镜靠近 0°，目镜靠近 180°，则用磁针的北端直接读出直线的磁方位角，反之则用磁针的南端读出。如图 4-24 所示，左侧磁针读得磁方位角为 40°，右侧磁针读得磁方位角为 240°。

使用罗盘仪测量时应注意使磁针能自由旋转，勿触及盒盖或盒底；测量时应避开钢轨、高压线等，仪器附近不要有铁器。

方位角除了用罗盘可测定外，还可用陀螺经纬仪测量直线的真方位角，而用天文方法测量真方位角会受到天气、时间和地点等许多条件的限制，观测和计算也较麻烦，用陀螺经纬仪可以避免这些缺点，特别是用于某些地下工程中。

陀螺经纬仪是由陀螺仪和经纬仪组合而成的一种定向用仪器。陀螺是一个悬挂着的能作高速旋转的转子。当转子高速旋转时，陀螺仪有两个重要的特性：一是陀螺仪定轴性，即在无外力作用下，陀螺轴的方向保持不变；另一是陀螺仪的进动性，即在陀螺轴受外力作用时，陀螺轴将按一定的规律产生进动。因此，在转子高速旋转和地球自转的共同作用下，陀螺轴可以在测站的真北方向两侧作有规律的往复转动，从而可以得出测站的真北方向。陀螺经纬仪由经纬仪、陀螺仪和电源箱三大部分组成。国产 JT—15 型陀螺经纬仪，其陀螺方位角的测定精度为 ± 15″，经纬仪属 DJ₆ 级，详细情况读者可查阅相关资料。

思考题与习题

4-1　为什么要确定直线的方向？怎样来确定直线的方向？

4-2　定向的基本方向有哪几种？确定直线与基本方向之间的关系有哪些方法？

4-3　什么是子午线收敛角？它的大小和正负号与什么有关？

4-4　在图 4-25 中，过 I 点的真子午线方向为坐标纵轴方向，在图上标出 IJ、JK、KI 三条直线的真方位角和坐标方位角，并列出各边真方位角和坐标方位角的关系式。

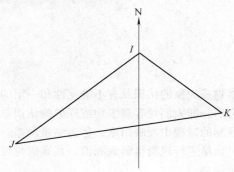

图 4-25

4-5　不考虑子午线收敛角，计算表 4-3 中空白部分。

表 4-3　方位角和象限角的换算

直线名称	正方位角	反方位角	正象限角	反象限角
AB				SW24°32′
AC			SE52°56′	
AD		60°12′		
AE	38°14′			

第5章　测量误差的基本知识

【重点与难点】

重点： 1. 测量误差、观测值、精度、中误差的概念。

　　　　 2. 系统误差与偶然误差消除或减弱的方法。

　　　　 3. 算术平均值计算及其中误差。

　　　　 4. 误差传播定律与应用。

难点： 权及加权平均值。

5.1　概述

人类对自然界任何客观事物或现象的认识总有不确定性和一定的局限性，但都在不断地接近客观事物的本质而不能使之穷尽，即人们对客观事物或现象的认识总会存在不同程度的误差。这种误差在对变量进行观测和量测的过程中反映出来，称为测量误差。测量中的被观测量客观上都有一个真实值，简称真值。对该量进行观测得到观测值。其真值与观测值之差，称为真误差。本章主要讨论普通测量中的测量误差。

5.1.1　观测与观测值的分类

1. 同精度观测和不同精度观测

按测量时所处的条件，观测可分为同精度观测和不同精度观测。测量工作的观测条件包括观测者、测量仪器、外界条件。在相同的观测条件下，即用同一精度等级的仪器、设备，用相同的方法和在相同的外界条件下，由具有大致相同技术水平的人所进行的观测称为同精度观测，其观测值称为同精度观测值或等精度观测值。反之，则称为不同精度观测，其观测值称为不同（不等）精度观测值。例如，两人用 DJ_6 经纬仪各自测得的一测回水平角度属于同精度观测值；若一人用 DJ_2、另一人用 DJ_6 或他们的测回数各不相同，各自所测得的均值则属于不同精度观测值。

2. 直接观测和间接观测

按观测量与未知量之间的关系，观测可分为直接观测和间接观测，相应的观测值称为直接观测值和间接观测值。为确定某未知量而直接进行的观测，被观测量就是所求未知量本身，称为直接观测，其观测值称为直接观测值。通过被观测量与未知量的函数关系来确定未知量的观测值称为间接观测，其观测值称为间接观测值。例如，距离测量，用钢尺直接丈量属于直接观测；用视距测量则属于间接观测。

3. 独立观测和非独立观测

按各观测值之间相互独立或依存的关系可分为独立观测和非独立观测。各观测量之间无任何依存关系，是相互独立的观测称为独立观测，其观测值称为独立观测值。若各观测量之间存在一定的几何或物理条件的约束，则称为非独立观测，其观测值称为非独立观测值。如对某一单个未知量进行重复观测，各次观测是独立的，各观测值属于独立观测值。如观测某平面三角形的三个内角，因三角形内角和应满足180°这个几何条件，则属于非独立观测，三个内角的观测值属于非独立观测值。

5.1.2　测量误差及其来源

1. 观测误差

研究测量误差的来源、性质及其产生和传播的规律，解决测量工作中遇到的实际问题而建立起来的概念和原理的体系，称为测量误差理论。

在实际的测量工作中发现：当对某一个确定的量进行多次观测时，所得到的各个结果之间往往存在着一些差异，如重复观测两点的高差，或者是多次观测一个角或丈量若干次一段距离，其结果都互有差异。另一种情况是，当对若干个量进行观测时，如果已经知道在这几个量之间应该满足某一理论值，实际观测结果往往不等于其理论上的应有值。例如，为求一个平面三角形的三个内角，对三角形三个内角进行观测，但三个实测内角之和往往与真值180°产生差异，则第三个内角的观测是"多余观测"。这些"多余观测"导致的差异事实上就是测量误差，即

$$真误差 = 真值 - 观测值 \tag{5-1}$$

换句话说，测量误差正是通过"多余观测"产生的差异反映出来的。这种差异是测量工作中经常而又普遍发生的现象，这是由于观测值中包含有各种误差的缘故。

2. 测量误差的来源

产生测量误差的原因有很多，其误差产生的来源主要有以下三方面：

（1）测量仪器　测量工作所使用的测量仪器都具有一定限度的精密度，从而使观测值的精密度受到限制。例如，在用只刻有厘米分化的普通水准尺进行水准测量时，就难以保证估读的毫米值完全准确。同时，仪器因装配、搬运、磕碰等原因改变了水准仪轴系固有的几何关系，自身存在着误差，如水准仪的视准轴不平行于水准管轴等，就会使观测结果产生误差。

（2）观测者　由于观测者的视觉、听觉等感觉器官的鉴别能力的局限性，在仪器安置、照准、读数等工作中都会产生误差。同时，观测者的技术水平、工作态度及观测时的身体状况等，也会对观测结果的质量产生直接影响。

（3）外界环境条件　测量工作都是在一定的外界环境条件下进行的，如温度、湿度、风力、大气折光等因素，这些因素的差异和变化都会对测量结果产生影响，带来误差。

测量工作由于受到上述三方面因素的影响，观测结果总会产生这样或那样的观测误差，即在测量工作中，观测误差是不可避免的。测量外业工作的责任就是要在一定观测条件下，确保观测成果具有较高的质量，将观测误差减少或控制在允许的限度内。

5.1.3　测量误差的种类

按测量误差对测量结果影响性质的不同，测量误差可分为系统误差、偶然误差和粗差。

1. 系统误差

在相同的观测条件下，对某一量进行的一系列观测中，数值大小和正负号固定不变或按一定的规律变化的误差，称为系统误差。

系统误差具有累积性，它随着单一观测值观测次数的增多而累积。系统误差的存在，必将给观测结果带来系统的偏差，反映了观测结果的准确度。准确度是指观测值对真值的偏离程度或接近程度。

为了提高观测成果的准确度，首先要根据数理统计的原理和方法判断一组观测值中是否有系统误差，其大小是否在允许的范围以内，然后采用适当的措施，消除或减弱系统误差的影响，通常有以下三种方法：

1）测定系统误差的大小，对观测值加以改正。如用钢尺量距时，通过对钢尺的检定求出尺长改正数，对观测结果加尺长改正数和温度变化改正数，来消除尺长误差和温度变化引起的误差这两种系统误差。

2）采用对称观测的方法。采用此方法，可使系统误差在观测值中以相反的符号出现，使之加以抵消。如水准测量时，采用前、后视距相等的对称观测，以消除由于视准轴不平行于水准管轴所引起的系统误差；经纬仪测角时，用盘左、盘右两个观测值取中数的方法，可以消除视准轴误差等系统误差的影响。

3）检校仪器。将仪器存在系统误差降低到最小限度，或限制在允许的范围内，以减弱其对观测结果的影响。如经纬仪照准部水准管轴不垂直于竖轴的误差对水平角的影响，可通过精确检校仪器并在观测中仔细整平的方法来减弱其影响。

系统误差的计算和消除，取决于我们对它的了解程度。用不同的测量仪器和测量方法，系统误差的存在形式不同，消除系统误差的方法也不同，必须根据具体情况进行检验、定位和分析研究，采取不同的措施，使系统误差减小到可以忽略不计的程度。

2. 偶然误差

在相同的观测条件下，对某量进行一系列观测，单个误差的出现没有一定的规律性，其数值的大小和符号都不固定，表现出偶然性，这种误差称为偶然误差，又称为随机误差。

例如，用经纬仪测角时，就单一观测值而言，由于受照准误差、读数误差、外界条件变化所引起的误差、仪器自身不完善引起的误差等的综合影响，测角误差的大小和正负号都不能预知，具有偶然性。所以，测角误差属于偶然误差。

偶然误差反映了观测结果的精密度。精密度是指在同一观测条件下，用同一观测方法对某一量多次观测时，各观测值之间相互的离散程度。

3. 粗差

由于观测者使用仪器不正确或观测不当、疏忽大意，如测错、读错、听错、算错等造成的错误，或因外界条件发生意外的显著变动引起的差错，称为粗差。粗差的数值往往偏大，使观测结果显著偏离真值。粗差就是错误，因此，一旦发现含有粗差的观测值，应将其从观测成果中剔除出去。一般地讲，只要严格遵守测量规范，工作中仔细谨慎，并对观测结果作必要的检核，粗差是可以发现和避免的。

在观测过程中，系统误差和偶然误差往往是同时存在的。当观测值中有显著的系统误差时，偶然误差就居于次要地位，观测误差呈现出系统的性质；反之，呈现出偶然的性质。因此，对一组剔除了粗差的观测值，首先应寻找、判断和排除系统误差，或将其控制在允许的范围内，然后根据偶然误差的特性对该组观测值进行数学处理，求出最接近未知量真值的估值，称为最或是值；同时，评定观测结果质量的优劣，即评定精度。这项工作在测量上称为测量平差，简称平差。本章主要讨论偶然误差及其平差。

5.1.4 偶然误差的特性及其概率密度函数

由前所述，偶然误差单个出现时不具有规律性，但在相同条件下重复观测某一量时，所出现的大量的偶然误差却具有一定的规律性。这种规律性可根据概率原理，用统计学的方法来分析研究。

例如，在相同的观测条件下，对 358 个三角形的内角进行了观测。由于观测值含有偶然误差，致使每个三角形的内角和不等于 180°。设三角形内角和的真值为 X，观测值为 L，其观测值与真值之差为真误差 Δ，用下式表示为

$$\Delta_i = 180° - (a_i + b_i + c_i) \tag{5-2}$$

式中　a_i、b_i、c_i——三角形三个内角的各次观测值($i = 1, 2, \cdots, 358$)

由式(5-2)计算出 358 个三角形内角和的真误差，并取误差区间为 $d\Delta_i = 0.2''$，将误差的大小和正负号，分别统计出它们在各误差区间内的个数 V 和频率(相对个数)V/n，结果列于表 5-1。

表 5-1　偶然误差的区间分布

误差区间 $d\Delta('')$	正 误 差		负 误 差		合 计	
	个数 V	频率 V/n	个数 V	频率 V/n	个数 V	频率 V/n
0.0 ~ 0.2	45	0.126	46	0.128	91	0.254
0.2 ~ 0.4	40	0.112	41	0.115	81	0.226
0.4 ~ 0.6	33	0.092	33	0.092	66	0.184
0.6 ~ 0.8	23	0.064	21	0.059	44	0.123
0.8 ~ 1.0	17	0.047	16	0.045	33	0.092
1.0 ~ 1.2	13	0.036	13	0.036	26	0.073
1.2 ~ 1.4	6	0.017	5	0.014	11	0.031
1.4 ~ 1.6	4	0.011	2	0.006	6	0.017
1.6 以上	0	0	0	0	0	0
	181	0.505	177	0.495	358	1.000

从表 5-1 中可看出，最大误差不超过 1.6″，小误差比大误差出现的频率高，绝对值相等的正、负误差出现的个数近于相等。通过大量试验统计结果可以统计出在相同条件下进行独立观测而产生的一组偶然误差具有如下四个统计特性：

1）有界性。在一定的观测条件下，偶然误差的绝对值不会超过一定的限度。

2）单峰性。绝对值小的误差比绝对值大的误差出现的可能性大。

3）对称性。绝对值相等的正误差与负误差出现的机会相等。

4）补偿性。当观测次数无限增多时，偶然误差的算术平均值趋近于零，即

$$\lim_{n \to \infty} \frac{[\Delta]}{n} = 0 \tag{5-3}$$

式中　$[\Delta]$——测量误差的和。

上述第四个特性说明，偶然误差具有抵偿性，它是由第三个特性导出的。

如果将表 5-1 中所列数据用图 5-1 表示，可以更直观地看出偶然误差的分布情况。图 5-1 中横坐标表示误差的大小，纵坐标表示各区间误差出现的频率除以误差区间的间隔值。当误差个数足够多时，如果将误差的区间间隔无限缩小，则图 5-1 中各长方形顶边所形成的折线将变成一条光滑的曲线，称为误差分布曲线。在概率论中，把这种误差分布称为正态分布。

掌握了偶然误差的特性，就能根据带有偶然误差的观测值求出未知量的最可靠值，并衡量其精度。由于偶然误差本身的特性，它不能用计算改正和改变观测方法来简单加以消除，同时，也可应用误差理论来研究最合理的测量工作方案和观测方法，以减弱偶然误差对测量结果的影响。

因为偶然误差对观测值的精度有较大影响，为了提高精度，削弱其影响，一般采用以下措施：

1）在必要时或仪器设备允许的条件下适当提高仪器等级。

2）进行多余观测。如平面三角形内角和观测，三个内角都要观测，以检查其内角和是否等于 180°，从而根据闭合差评定测量精度和分配闭合差。

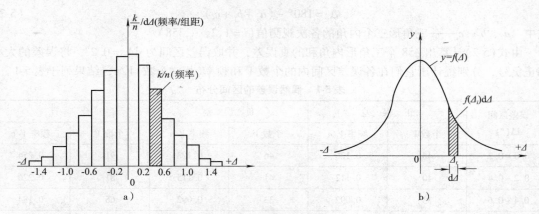

图 5-1 误差分布图

a）误差统计直方图 b）误差正态分布曲线

3）求最可靠值。一般情况下，未知量真值无法求得，通过多余观测，求出观测值的最或是值，即最可靠值。最常见的方法是求得观测值的算术平均值。

学习误差理论知识的目的，是使我们能够了解误差产生的规律，正确处理观测成果，求出未知量的最可靠值，并衡量其精度；同时采用正确的观测方法，以符合精度要求。

5.2 衡量精度的指标

在测量中，用精度来评价观测成果的优劣。精确度是准确度与精密度的总称。准确度主要取决于系统误差的大小；精密度主要取决于偶然误差的分布。对基本排除系统误差，而以偶然误差为主的一组观测值，用精密度来评价该组观测值质量的优劣。精密度简称精度。衡量观测值精度的常用标准有中误差、允许误差、相对误差等。

5.2.1 中误差

在等精度观测列中，各真误差平方和的平均数的平方根，称为中误差，也称均方误差，即

$$m = \pm \sqrt{\frac{\Delta_1^2 + \Delta_2^2 + \cdots + \Delta_n^2}{n}} = \pm \sqrt{\frac{[\Delta\Delta]}{n}} \tag{5-4}$$

【例 5-1】 设有两组等精度观测列，其真误差分别为

第一组：$-3''$、$+3''$、$-1''$、$-3''$、$+4''$、$+2''$、$-1''$、$-4''$。

第二组：$+1''$、$-5''$、$-1''$、$+6''$、$-4''$、$0''$、$+3''$、$-1''$。

试求这两组观测值的中误差。

【解】 第一组 $m_1 = \left(\pm \sqrt{\frac{9+9+1+9+16+4+1+16}{8}} \right)'' = 2.9''$

第二组 $m_2 = \left(\pm \sqrt{\frac{1+25+1+36+16+0+9+1}{8}} \right)'' = 3.3''$

比较 m_1 和 m_2 可知，第一组观测值的精度要比第二组高。

必须指出，在相同的观测条件下所进行的一组观测，由于它们对应着同一种误差分布，因此，对于这一组中的每一个观测值，虽然各真误差彼此并不相等，有的甚至相差很大，但它们的精度均相同，即都为同精度观测值。

5.2.2　允许误差

由偶然误差的第一特性可知，在一定的观测条件下，偶然误差的绝对值不会超过一定的限值。这个限值就是允许误差或称极限误差。此限值有多大呢？根据误差理论和大量的实践证明，在一系列的同精度观测误差中，真误差绝对值大于中误差的概率约为32%；大于2倍中误差的概率约为5%；大于3倍中误差的概率约为0.3%。也就是说，大约300多次的观测中，才可能出现1次大于3倍中误差的偶然误差。因此，通常以3倍中误差作为偶然误差的极限值，即

$$\Delta_允 = 3\,|m| \tag{5-5}$$

在测量工作对精度要求较高时，一般取2倍中误差作为观测值的允许误差，即

$$\Delta_允 = 2\,|m| \tag{5-6}$$

当某观测值的误差超过了允许的2倍中误差时，将认为该观测值含有粗差，而应舍去不用或重测。

5.2.3　相对误差

在距离丈量观测中，对于某些观测结果，有时单靠中误差还不能完全反映观测精度的高低。例如，分别丈量了100m和200m两段距离，中误差均为±0.02m。虽然两者的中误差相同，但就单位长度而言，两者精度并不相同，后者显然优于前者。为了客观反映实际精度，常采用相对误差。

观测值中误差 m 的绝对值与相应观测值 S 的比值称为相对中误差。它是一个无名数，常用分子为1的分数表示，即

$$K = \frac{|m|}{S} = \frac{1}{\dfrac{S}{|m|}} \tag{5-7}$$

丈量100m和200m两段距离，中误差均为±0.02m，则第一段的相对误差为

$$K_1 = \frac{0.02\text{m}}{100\text{m}} = \frac{1}{5000}$$

第二段的相对误差为

$$K_2 = \frac{0.02\text{m}}{200\text{m}} = \frac{1}{10000}$$

显然第二段精度高于前者。

对于真误差或允许误差，有时也用相对误差来表示。例如，距离测量中的往返测较差与距离值之比就是所谓的相对真误差，即

$$\frac{|D_往 - D_返|}{D_平} = \frac{1}{\dfrac{D_平}{\Delta D}} \tag{5-8}$$

与相对误差对应，真误差、中误差、允许误差都是绝对误差。

5.3　误差传播定律

当对某量进行了一系列的观测后，观测值的精度可用中误差来衡量。但在实际工作中，往往会遇到某些量的大小并不是直接测定的，而是由观测值通过一定的函数关系间接计算出来的。例如，水准测量中，在一测站上测得后、前视读数分别为 a、b，则高差 $h = a - b$，这时高差 h 就是

直接观测值 a、b 的函数。当 a、b 存在误差时，h 也受其影响而产生误差，这就是所谓的误差传播。阐述观测值中误差与观测值函数中误差之间关系的定律称为误差传播定律。

本节就以下四种常见的函数来讨论误差传播的情况。

5.3.1 倍数函数

设有函数

$$Z = kx \tag{5-9}$$

式中　k——常数；

　　x——直接观测值，其中误差为 m_x。

求观测值函数 Z 的中误差 m_Z，设 x 和 Z 的真误差分别为 Δ_x 和 Δ_Z，由式(5-7)知 $\Delta_Z = k\Delta_x$，若对 x 共观测了 n 次，则

$$\Delta_{Z_i} = k\Delta_{x_i} \qquad (i = 1, 2, \cdots, n)$$

将上式两端平方后相加，并除以 n，得

$$\frac{[\Delta_Z^2]}{n} = k^2 \frac{[\Delta_x^2]}{n} \tag{5-10}$$

按中误差定义可知

$$m_Z^2 = \frac{[\Delta_Z^2]}{n}$$

$$m_x^2 = \frac{[\Delta_x^2]}{n}$$

所以式(5-9)可写为

$$m_Z^2 = k^2 m_x^2$$

或

$$m_Z = km_x \tag{5-11}$$

即观测值倍数函数的中误差，等于观测值中误差乘倍数(常数)。

【例 5-2】　已知观测视距间隔的中误差 $m_l = \pm 1\text{cm}$，$k = 100$，则平距的中误差 $m_D = 100m_l = \pm 1\text{m}$。

5.3.2 和差函数

设有函数

$$Z = x \pm y \tag{5-12}$$

式中，x、y 为独立观测值，它们的中误差分别为 m_x 和 m_y，设真误差分别为 Δ_x 和 Δ_y，由式(5-12)可得

$$\Delta_Z = \Delta_x \pm \Delta_y$$

若对 x、y 均观测了 n 次，则

$$\Delta_{Z_i} = \Delta_{x_i} \pm \Delta_{y_i} \qquad (i = 1, 2, \cdots, n)$$

将上式两端平方后相加，并除以 n 得

$$\frac{[\Delta_Z^2]}{n} = \frac{[\Delta_x^2]}{n} + \frac{[\Delta_y^2]}{n} \pm 2\frac{[\Delta_x\Delta_y]}{n}$$

上式 $[\Delta_x\Delta_y]$ 中各项均为偶然误差。根据偶然误差的特性，当 n 越大时，上式中最后一项将趋近于零，于是上式可写为

$$\frac{[\Delta_z^2]}{n} = \frac{[\Delta_x^2]}{n} + \frac{[\Delta_y^2]}{n} \tag{5-13}$$

根据中误差定义，可得

$$m_z^2 = m_x^2 + m_y^2 \tag{5-14}$$

即观测值和差函数的中误差平方，等于两观测值中误差的平方之和。

【例 5-3】　在 $\triangle ABC$ 中，$\angle C = 180° - \angle A - \angle B$，$\angle A$ 和 $\angle B$ 的观测中误差分别为 $3''$ 和 $4''$，则 $\angle C$ 的中误差 $m = \pm\sqrt{m_A^2 + m_B^2} = \pm 5''$。

5.3.3　线性函数

设有线性函数

$$z = k_1 x_1 \pm k_2 x_2 \pm \cdots \pm k_n x_n \tag{5-15}$$

式中 x_1、x_2、$\cdots$、x_n 为独立观测值，k_1、k_2、$\cdots$、k_n 为常数，则综合式(5-11)和式(5-14)可得

$$m_z{}^2 = (k_1 m_1)^2 + (k_2 m_2)^2 + \cdots + (k_n m_n)^2 \tag{5-16}$$

【例 5-4】　有一函数 $Z = 2x_1 + x_2 + 3x_3$，其中 x_1、x_2、x_3 的中误差分别为 $\pm 3\text{mm}$、$\pm 2\text{mm}$、$\pm 1\text{mm}$，则 $m_z = (\pm\sqrt{6^2 + 2^2 + 3^2})\text{mm} = \pm 7.0\text{mm}$。

5.3.4　一般函数

设有一般函数

$$z = f(x_1, x_2 \cdots x_n) \tag{5-17}$$

式(5-17)中 x_1、x_2、$\cdots$、x_n 为独立观测值，已知其中误差为 $m_i(i = 1, 2, \cdots, n)$。

当 x_i 具有真误差 Δ_i 时，函数 Z 则产生相应的真误差 Δ_z，因为真误差 Δ 是一微小量，故将式(5-17)取全微分，将其化为线性函数，并以真误差符号"Δ"代替微分符号"d"，得

$$\Delta_z = \frac{\partial f}{\partial x_1}\Delta_{x_1} + \frac{\partial f}{\partial x_2}\Delta_{x_2} + \cdots + \frac{\partial f}{\partial x_n}\Delta_{x_n}$$

式中 $\frac{\partial f}{\partial x_i}$，是函数对 x_i 取的偏导数并用观测值代入算出的数值，它们是常数，因此，上式变成了线性函数，按式(5-16)得

$$m_z^2 = \left(\frac{\partial f}{\partial x_1}\right)^2 m_1^2 + \left(\frac{\partial f}{\partial x_2}\right)^2 m_2^2 + \cdots + \left(\frac{\partial f}{\partial x_n}\right)^2 m_n^2 \tag{5-18}$$

式(5-18)是误差传播定律的一般形式。前述的(5-11)、(5-14)、(5-16)式都可看着式(5-18)的特例。

【例 5-5】　某一斜距 $S = 106.28\text{m}$，斜距的竖角 $\delta = 8°30'$，中误差 $m_s = \pm 5\text{cm}$、$m_\delta = \pm 20''$，求改算后的平距的中误差 m_D。

【解】　$D = S\cos\delta$

全微分化成线性函数，用"Δ"代替"d"，得

$$\Delta_D = \cos\delta\Delta_s - S\sin\delta\Delta_\delta$$

应用式(5-18)后，得

$$m_D^2 = \cos^2\delta m_s^2 + (S\sin\delta)^2 \left(\frac{m_\delta}{\rho''}\right)^2$$

$$= (0.989)^2 \times (\pm 5)^2 \text{cm}^2 + (10628 \times \sin 8.5°)^2 \times \left(\frac{20}{206265}\right)^2 \text{cm}^2$$

$$= 24.45 \text{cm}^2 + 0.02 \text{cm}^2 = 24.47 \text{cm}^2$$

$$m_D = 4.9 \text{cm}$$

注：在上式计算中，$\left(\dfrac{m_\delta}{\rho''}\right)$ 是将角值的单位由秒化为弧度。

5.4 算术平均值及其中误差

设在相同的观测条件下对某量进行了 n 次等精度观测，观测值为 L_1、L_2、$\cdots$、L_n，其真值为 X，真误差为 Δ_1、Δ_2、$\cdots$、Δ_n。由式(5-1)可写出观测值的真误差公式为

$$\Delta_i = L_i - X \qquad (i = 1, 2, \cdots, n)$$

将上式相加后，得

$$[\Delta] = [L] - nX$$

故

$$X = \frac{[L]}{n} - \frac{[\Delta]}{n}$$

若以 x 表示上式中右边第一项的观测值的算术平均值，即

$$x = \frac{[L]}{n}$$

则

$$X = x - \frac{[\Delta]}{n} \tag{5-19}$$

式(5-19)右边第二项是真误差的算术平均值。由偶然误差的统计性可知，当观测次数 n 无限增多时，$\dfrac{[\Delta]}{n} \to 0$，则 $x \to X$，即算术平均值就是观测量的真值。

在实际测量中，观测次数总是有限的。根据有限个观测值求出的算术平均值 x 与其真值 X 仅差一微小量 $\dfrac{[\Delta]}{n}$。故算术平均值是观测量的最可靠值，通常也称为最或是值。

由于观测值的真值 X 一般无法知道，故真误差 Δ 也无法求得。所以不能直接应用式(5-4)求观测值的中误差，而是利用观测值的最或是值 x 与各观测值之差 V 来计算中误差，V 被称为改正数，即

$$V = x - L \tag{5-20}$$

实际工作中利用改正数计算观测值中误差的实用公式称为贝塞尔公式，即

$$m = \pm\sqrt{\frac{[VV]}{n-1}} \tag{5-21}$$

利用 $[V] = 0$，$[VV] = [LV]$ 检核式，可作计算正确性的检核。

在求出观测值的中误差 m 后，就可应用误差传播定律求观测值算术平均值的中误差 M，推导如下

$$x = \frac{[L]}{n} = \frac{L_1}{n} + \frac{L_2}{n} + \cdots + \frac{L_n}{n}$$

应用误差传播定律有

$$M_x^2 = \left(\frac{1}{n}\right)^2 m^2 + \left(\frac{1}{n}\right)^2 m^2 + \cdots + \left(\frac{1}{n}\right)^2 m^2 = \frac{1}{n} m^2$$

$$M_x = \pm \frac{m}{\sqrt{n}} \tag{5-22}$$

由式(5-22)可知，增加观测次数能削弱偶然误差对算术平均值的影响，提高其精度。但因观测次数与算术平均值中误差并不是线性比例关系，所以，当观测次数达到一定数目后，即使再增加观测次数，精度却提高得很少。因此，除适当增加观测次数外，还应选用适当的观测仪器和观测方法，选择良好的外界环境，才能有效地提高精度。

【例5-6】 对某段距离进行了5次等精度观测，观测结果列于表5-2，试求该段距离的最或是值、观测值中误差及最或是值中误差。

【解】 计算见表5-2。

表 5-2 等精度观测计算

序号	L/m	V/cm	VV/cm	精 度 评 定
1	251.52	−3	9	
2	251.46	+3	9	
3	251.49	0	0	$m = \left(\pm \sqrt{\dfrac{20}{4}} \right) mm = 2.2mm$
4	251.48	−1	1	$M = \pm \dfrac{m}{\sqrt{n}} = \sqrt{\dfrac{[VV]}{n~(n-1)}} = \sqrt{\dfrac{20}{5 \times 4}} = 1cm$
5	251.50	+1	1	
	$x = \dfrac{[L]}{n} = 251.49$	$[V] = 0$	$[VV] = 20$	

最后结果可写成 $x = 251.49 \pm 0.01m$。

5.5 权及加权平均值

当各观测量的精度不相同时，不能按算术平均值式(5-19)和中误差式(5-21)及式(5-22)来计算观测值的最或是值和评定其精度。计算观测量的最或然值应考虑到各观测值的质量和可靠程度，显然对精度较高的观测值，在计算最或然值时应占有较大的比重，反之，精度较低的应占较小的比重，为此的各个观测值要给定一个数值来比较它们的可靠程度，这个数值在测量计算中被称为观测值的权。显然，观测值的精度越高，中误差就越小，权就越大，反之亦然。

在测量计算中，给出了用中误差求权的定义公式

$$P_i = \frac{\mu^2}{m_i^2} \qquad (i = 1, 2, \cdots, n) \tag{5-23}$$

式中 P——观测值的权；

μ——任意常数；

m——各观测值对应的中误差。

在用式(5-23)求一组观测值的权 P_i 时，必须采用同一 μ 值。

当取 $P = 1$ 时，μ 就等于 m，即 $\mu = m$，通常称数字为1的权为单位权，单位权对应的观测值为单位权观测值。单位权观测值对应的中误差 μ 为单位权中误差。

当已知一组非等精度观测值的中误差时，可以先设定 μ 值，然后按式(5-23)计算各观测值的权。

【例5-7】 已知三个角度观测值的中误差分别为 $m_1 = \pm 3''$、$m_2 = \pm 4''$、$m_3 = \pm 5''$，它们的权分别为：

$$P_1 = \mu^2/m_1^2 \qquad P_2 = \mu^2/m_2^2 \qquad P_3 = \mu^2/m_3^2$$

若设 $\mu = \pm 3''$，则 $P_1 = 1$，$P_2 = 9/16$，$P_3 = 9/25$。

若设 $\mu = \pm 1''$，则 $P'_1 = 1/9$，$P'_2 = 1/16$，$P'_3 = 1/25$。

【例 5-8】 中 $P_1 : P_2 : P_3 = P'_1 : P'_2 : P'_3 = 1 : 0.56 : 0.36$。可见，$\mu$ 值取得不同，权值也不同，但不影响各权之间的比例关系。当 $\mu = \pm 3''$ 时，P_1 就是该问题中的单位权，$m_1 = \pm 3''$ 就是单位权中误差。

中误差是用来反映观测值的绝对精度，而权是用来比较各观测值相互之间的精度高低。因此，权的意义在于它们之间所存在的比例关系，而不在于它本身数值的大小。

对某量进行了 n 次非等精度观测，观测值分别为 L_1、L_2、$\cdots$、L_n，相应的权为 P_1、P_2、$\cdots$、P_n，则加权平均值 x 就是非等精度观测值的最或是值，计算公式为

$$x = \frac{P_1 L_1 + P_2 L_2 + \cdots + P_n L_n}{P_1 + P_2 + \cdots + P_n} = \frac{[PL]}{[P]} \tag{5-24}$$

显然，当各观测值为等精度时，其权为 $P_1 = P_2 = \cdots = P_n = 1$，式 (5 - 24) 就与求算术平均值的式 (5-19) 一致。

设 L_1、$\cdots$、L_n 的中误差为 m_1、$\cdots$、m_n，则根据误差传播定律，由式 (5-24) 可导出加权平均值的中误差为

$$M^2 = \frac{P_1^2}{[P]^2} m_1^2 + \frac{P_2^2}{[P]^2} m_2^2 + \cdots + \frac{P_n^2}{[P]^2} m_n^2 \tag{5-25}$$

而 $m_i^2 = \dfrac{M^2}{P_i}$。

由式 (5-23) 有，$P_i m_i^2 = \mu^2$，代入式 (5 - 25) 得

$$M_x^2 = \frac{\mu^2}{[P]^2} (P_1 + P_2 + \cdots + P_n) = \frac{\mu^2}{[P]}$$

$$M_x = \pm \frac{\mu}{\sqrt{[P]}} \tag{5-26}$$

实际计算时，上式中的单位权中误差 μ 一般用观测值的改正数来计算，其公式为

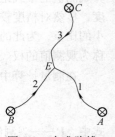

$$\mu = \pm \sqrt{\frac{[PVV]}{n-1}} \tag{5-26}$$

【例 5-9】 如图 5-2 所示，从已知水准点 A、B、C 经三条水准路线，测得 E 点的观测高程 H_i 及水准路线长度 S_i。求 E 点的最或是高程及其中误差。

【解】 计算见表 5-3。

图 5-2 水准路线

表 5-3 非等精度观测平差计算

路线	E 点高程 H/m	路线长 /km	$P = \dfrac{1}{S}$	V/mm	PVV	精 度 评 定
1	527.459	4.5	0.22	10	22.00	
2	527.484	3.2	0.31	-15	69.75	$\mu = \left(\pm \sqrt{\dfrac{122}{2}} \right)\text{mm} = 7.81\,\text{mm}$
3	527.458	4.0	0.25	11	30.25	$M_F = \left(\pm \dfrac{7.81}{\sqrt{0.78}} \right)\text{mm} = 8.84\,\text{mm}$
	$x = 527.469$		0.78		122	

最后结果可写成 $H_E = (527.469 \pm 0.009)$ m。

思考题与习题

5-1 应用测量误差理论可以解决测量工作中的哪些问题?

5-2 测量误差的主要来源有哪些? 偶然误差具有哪些特性?

5-3 什么是中误差? 什么是允许误差? 什么是相对误差?

5-4 什么是等精度观测? 什么是非等精度观测? 权的定义和作用是什么?

5-5 什么是误差传播定律?

5-6 某圆形建筑物直径 $D = 34.50$ m,$m_D = \pm 0.01$ m,求建筑物周长及中误差。

5-7 用长 30m 的钢尺丈量 310 尺段,若尺段中误差为 ± 5mm,求全长 L 及其中误差。

5-8 对某一距离进行了 6 次等精度观测,其结果为 398.772m,398.784m,398.776m,398.781m,398.802m,398.779m。试求其算术平均值、一次丈量中误差、算术平均值中误差和相对中误差。

5-9 测得一正方形的边长 $a = 65.37$ m ± 0.03 m。试求正方形的面积及其中误差。

5-10 用同一台经纬仪分三次观测同一角度,其结果为 $\beta_1 = 30°24'36''$(6 测回),$\beta_2 = 30°24'34''$(4 测回),$\beta_3 = 30°24'38''$(8 测回)。试求单位权中误差、加权平均值中误差、一测回观测值的中误差。

第6章 控制测量

【重点与难点】

重点：1. 平面控制测量、高程控制测量及其布网原则、形式和等级。
　　　2. 导线布设形式与导线外业，导线坐标正算与坐标反算。
　　　3. 导线测量坐标计算与内业成果整理。
　　　4. 三角高程测量。
难点：三等、四等水准测量。

6.1　概述

控制测量的作用是限制测量误差的传播和积累，保证必要的测量精度，使分区的测图能拼接成整体，整体设计的工程建筑物能分区施工放样。控制测量贯穿在工程建设的各阶段：在工程勘测的测图阶段，需要进行控制测量；在工程施工阶段，要进行施工控制测量；在工程竣工后的营运阶段，为建筑物变形观测需要进行的专用控制测量。

控制测量分为平面控制测量和高程控制测量，平面控制测量确定控制点的平面位置(X, Y)，高程控制测量确定控制点的高程(H)。

平面控制网常规的布设方法有三角网、三边网和导线网。三角网是测定三角形的所有内角以及少量边，通过计算确定控制点的平面位置。三边网则是测定三角形的所有边长，各内角通过计算求得。导线网是把控制点连成折线多边形，测定各边长和相邻边夹角，计算它们的相对平面位置。

在全国范围内布设的平面控制网，称为国家平面控制网。国家平面控制网采用逐级控制、分级布设的原则，分一、二、三、四等，国家一、二等三角网如图6-1所示。国家平面控制网主要由三角测量法布设，在西部困难地区采用导线测量法。一等三角锁沿经线和纬线布设成纵横交叉的三角锁系，锁长200～250km，构成许多锁环。一等三角锁内由近于等边的三角形组成，边长为20～30km。二等三角测量有两种布网形式，一种是由纵横交叉的两条二等基本锁将一等锁环

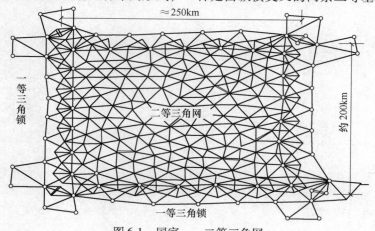

图6-1　国家一、二等三角网

划分成4个大致相等的部分，这4个空白部分用二等补充网填充，称为纵横锁系布网方案。另一种是在一等锁环内布设全面二等三角网，称为全面布网方案。二等基本锁的边长为20~25km，二等网的平均边长为13km。一等锁的两端和二等网的中间，都要测定起算边长、天文经纬度和方位角。所以国家一、二等网合称为天文大地网。我国天文大地网于1951年开始布设，1961年基本完成，1975年修补测工作全部结束，全网约有5万个大地点。

在城市地区为满足大比例尺测图和城市建设施工的需要，布设城市平面控制网。城市平面控制网在国家控制网的控制下布设，按城市范围大小布设不同等级的平面控制网，分为二、三、四等三角网，一、二级及图根小三角网或三、四等，一、二、三级和图根导线网。城市三角测量和导线测量的主要技术要求见表6-1、表6-2。

表 6-1 城市三角测量的主要技术要求

等 级	平均边长/km	测角中误差(″)	起始边相对中误差	最弱边边长相对中误差	测回数			三角形最大闭合差(″)
					DJ$_1$	DJ$_2$	DJ$_6$	
二等	9	±1	1/300000	1/120000	12	—	—	±3.5
三等	5	±1.8	首级 1/200000	1/80000	6	9		±7
四等	2	±2.5	首级 1/200000	1/45000	4	6		±9
一级小三角	1	±5	1/40000	1/20000		2	6	±15
二级小三角	0.5	±10	1/20000	1/10000	—	1	2	±30
图根	最大视距的1.7倍	±20	1/10000					±60

注：1. 当最大测图比例尺为1:1000时，一、二级小三角边长可适当放长，但最长不大于此表中规定的2倍。

2. 图根小三角方位角闭合差为±40″$\sqrt{n}$，n为测站数

表 6-2 导线测量的主要技术要求

测量等级	导线长度/km	边 数	每边测距中误差/mm	单位权中误差(″)	方位角闭合差(″)	导线全长相对闭合差
三等	18	≤9	≤±14	≤±1.8	±3.6$\sqrt{n}$	1/52000
四等	18	≤12	≤±10	≤±2.5	±5$\sqrt{n}$	1/35000
一级	6	≤12	≤±14	≤±5.0	±10$\sqrt{n}$	1/17000
二级	3.6	≤12	≤±11	≤±8.0	±16$\sqrt{n}$	1/11000
三级	1.5	≤12	≤±15	≤±10	±24$\sqrt{n}$	1/6000
图根	≤1.0M				±60$\sqrt{n}$	1/2000

注：1. n为测站数，M为测图比例尺分母。

2. 图根测角中误差为±30″，首级控制为±30″，方位角闭合差一般为±60″$\sqrt{n}$，首级控制为±40″$\sqrt{n}$。

在小于10 km^{2}的范围内建立的控制网，称为小区域控制网。在这个范围内，水准面可视为水平面，不需要将测量成果归算到高斯平面上，而是采用直角坐标，直接在平面上计算坐标。在建

立小区域平面控制网时，应尽量与已建立的国家或城市控制网联测，将国家或城市高级控制点的坐标作为小区域控制网的起算和校核数据。如果测区内或测区周围无高级控制点，或者是不便于联测时，也可建立独立平面控制网。

20 世纪 80 年代末，卫星全球定位系统(GPS)开始在我国用于建立平面控制网，目前已成为建立平面控制网的主要方法。应用 GPS 卫星定位技术建立的控制网称为 GPS 控制网，根据我国1992 年颁布的 GPS 测量规范要求，GPS 相对定位的精度，划分为 A、B、C、D、E 五级，见表 6-3。我国国家 A 级和 B 级 GPS 大地控制网分别由 30 个点和 800 个点构成，平均边长相应为650 km 和 150 km。它不仅在精度方面比已往的全国性大地控制网大体提高了两个量级，而且其三维坐标体系是建立在有严格动态定义的国际公认的 ITRF 框架之内。

表 6-3　GPS 相对定位的精度指标

测量分级	常量误差 a_0/mm	比例误差系数 b_0/(mm/km)	相邻点距离/km
A	≤5	≤0.1	100 ~ 2 000
B	≤8	≤1	15 ~ 250
C	≤10	≤5	5 ~ 40
D	≤10	≤10	2 ~ 15
E	≤10	≤20	1 ~ 10

高程控制测量就是在测区布设高程控制点，即水准点，用精确方法测定它们的高程，构成高程控制网。高程控制测量的主要方法有水准测量和三角高程测量。

国家高程控制网是用精密水准测量方法建立的，所以又称为国家水准网。国家水准网的布设也是采用从整体到局部，由高级到低级，分级布设逐级控制的原则。国家水准网分为 4 个等级。一等水准网是沿平缓的交通路线布设成周长约 1500km 的环形路线。一等水准网是精度最高的高程控制网，它是国家高程控制的骨干，也是地学科研工作的主要依据。二等水准网布设在一等水准环线内，形成周长为 500 ~ 750km 的环线。它是国家高程控制网的全面基础。三、四等级水准网是直接为地形测图或工程建设提供高程控制点。三等水准一般布置成附合在高级点间的附合水准路线，长度不超过 200km。四等水准均为附合在高级点间的附合水准路线，长度不超过 80km。

城市高程控制网是用水准测量方法建立的，称为城市水准测量。按其精度要求分为二、三、四、五等水准和图根水准。根据测区的大小，各级水准均可首级控制。首级控制网应布设成环形路线，加密时宜布设成附合路线或结点网。水准测量主要技术要求见表 6-4。

在丘陵或山区，高程控制量测边可采用三角高程测量。光电测距三角高程测量现已用于(代替)四、五等水准测量。

表 6-4　水准测量主要技术要求

等级	每公里高差中误差/mm	路线长度/km	水准仪的型号	水准尺	检测已测测段高差之差	往返较差、附合或环线闭合差	
					平 地/mm	平 地/mm	山 地/mm
二等	2	—	DS_1	因瓦	≤6 $\sqrt{L_i}$	4 $\sqrt{L}$	4 $\sqrt{L}$
三等	6	≤50	DS_1	因瓦	≤20 $\sqrt{L_i}$	12 $\sqrt{L}$	3.5 $\sqrt{n}$ 或 15 $\sqrt{L}$
			DS_3	双面			
四等	10	≤16	DS_3	双面	≤30 $\sqrt{L_i}$	20 $\sqrt{L}$	6.0 $\sqrt{n}$ 或 25 $\sqrt{L}$

（续）

等级	每公里高差中误差/mm	路线长度/km	水准仪的型号	水准尺	检测已测测段高差之差	往返较差、附合或环线闭合差	
					平 地/mm	平 地/mm	山 地/mm
五等	15	—	DS$_3$	单面	$\leq 40\sqrt{L_i}$	$30\sqrt{L}$	$45\sqrt{L}$
图根	20	≤ 5	DS$_{10}$			$40\sqrt{L}$	$12\sqrt{n}$

注：1. 结点之间或结点与高级点之间，其路线的长度、不应大于此表中规定的 0.7 倍。

2. L 为往返测段，附合或环线的水准路线长度以 km 为单位；n 为测站数。

6.2 导线测量

6.2.1 导线的布设形式

导线是由若干条直线连成的折线，每条直线称为导线边，相邻两直线之间的水平角称为转折角。测定了转折角和导线边长之后，即可根据已知坐标方位角和已知坐标算出各导线点的坐标。按照测区的条件和需要，导线可以布置成下列几种形式：

1）附合导线。如图 6-2 所示，导线起始于一个已知控制点，而终止于另一个已知控制点。控制点上可以有一条边或几条边是已知坐标方位角的边，也可以没有已知坐标方位角的边。

2）闭合导线。如图 6-3 所示，由一个已知控制点出发，最后仍旧回到这一点，形成一个闭合多边形。在闭合导线的已知控制点上必须有一条边的坐标方位角是已知的。

3）支导线。如图 6-4 所示，从一个已知控制点出发，既不符合到另一个控制点，也不回到原来的始点。由于支导线没有检核条件，故一般只限于地形测量的图根导线中采用。

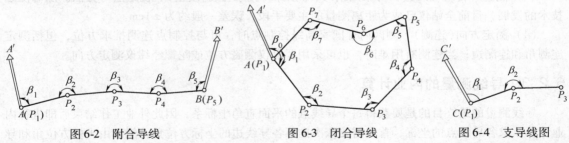

图 6-2 附合导线　　　　　图 6-3 闭合导线　　　　图 6-4 支导线图

闭合导线和附合导线在外业测量与内业计算中都能校核，它们是布设导线的主要形式。支导线没有校核条件，差错不容易发现，故支导线的点数不宜超过 2 个，一般仅作补点使用。此外，根据测区的具体条件，导线还可以布设成具有结点或多个闭合环的导线网。一级及一级以上等级的导线平差计算应采用严密平差法；一级以下等级的导线平差计算采用近似平差法。

导线测量按测定边长的方法分为经纬仪导线(钢尺量距导线)、视距导线及电磁波测距导线等。

6.2.2 导线测量的外业观测

导线测量的外业包括踏勘、选点、埋石、造标、测角、测边、测定方向(连测)。

（1）踏勘、选点及埋设标志　踏勘是为了了解测区范围，地形及控制点情况，以便确定导线的形式和布置方案；选点应考虑便于导线测量、地形测量和施工放样。选点的原则为：

1）相邻导线点间必须通视良好，地势较平坦，便于测角和量距。

2）等级导线点应便于加密图根点，导线点应选在地势高、视野开阔，便于测图和放样。

3）导线边长大致相同，导线边长一般为50～500m，平均边长应符合规范要求。

4）密度适宜、点位均匀、土质坚硬、易于保存和寻找，安置仪器方便。

选好点后应直接在地上打入木桩。桩顶钉一小铁钉或划"＋"作点的标志。必要时在木桩周围浇筑混凝土（见图6-5a）。如导线点需要长期保存，则应埋设混凝土桩或标石（见图6-5b）。埋桩后应统一进行编号。为了便于后期查找，应量出导线点至附近明显地物的距离，绘出草图，注明尺寸，称为点之记（见图6-5c）。

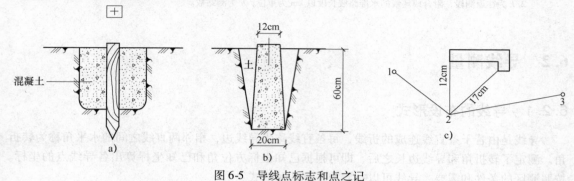

图6-5 导线点标志和点之记

（2）测角 可测左角，也可测右角，在导线前进方向左侧的称为左角，右侧的称为右角。对于附合导线应统一观测左角或右角（公路测量一般观测右角）；对于闭合导线，则观测内角，当采用顺时针编号时，闭合导线的右角即为内角，反之，左角为内角。导线的左角或右角通常采用测回法进行观测。各级导线的测角精度要求见表6-2。对于图根导线，一般用DJ$_6$级经纬仪或全站仪测一个测回，盘左或盘右测得角值的较差不大于40″时，则取其平均值作为观测结果。

（3）测边 传统导线边长可采用钢尺、测距仪（气象、倾斜改正）、视距法等方法。随着测绘技术的发展，目前全站仪已成为距离测量的主要手段，误差一般约为±1cm。

（4）测定方向（连测） 测区内有国家高级控制点时，可与控制点连测推求方位，包括测定连测角和连测边；当连测有困难时，也可采用罗盘仪测磁方位或陀螺经纬仪测定方向。

6.2.3 导线测量的内业计算

导线测量的最终目的是要获得每个导线点的平面直角坐标系，因此外业工作结束后即进行内业计算。求各导线点的坐标，首先需要依次推算各导线边的坐标方位角；然后由坐标方位角和导线边长推算两相邻导线点的坐标增量，最后推算出各导线点的坐标。

1. 坐标的正算和反算

如图6-6所示，已知一点A的坐标x_A、y_A、边长D_{AB}和坐标方位角α_{AB}，求B点的坐标x_B、y_B，称为坐标正算问题。由图6-6可知B点坐标

$$\left.\begin{array}{c}x_B = x_A + \Delta x_{AB}\\y_B = y_A + \Delta y_{AB}\end{array}\right\} \tag{6-1}$$

式（6-1）中Δx称为纵坐标增量，Δy称为横坐标增量，是边长在坐标轴上的投影，即

$$\Delta x_{AB} = D_{AB}\cos\alpha_{AB}, \quad \Delta y_{AB} = D_{AB}\sin\alpha_{AB} \tag{6-2}$$

Δx、Δy的正负取决于$\cos\alpha$、$\sin\alpha$的符号，要根据α的大小、所在象限来判别，如图6-7所示，按式（6-1）又可写成

$$x_B = x_A + D_{AB}\cos\alpha_{AB}, \quad y_B = y_A + D_{AB}\sin\alpha_{AB} \tag{6-3}$$

如图 6-6 所示，设已知两点 A、B 的坐标，求边长 D_{AB} 和坐标方位角 α_{AB}，称为坐标反算，则可得

$$\alpha_{AB} = \tan^{-1}\frac{\Delta y_{AB}}{\Delta x_{AB}} \tag{6-4}$$

$$D_{AB} = \sqrt{\Delta x_{AB}^2 + \Delta y_{AB}^2} \tag{6-5}$$

式中，$\Delta x_{AB} = x_B - x_A$，$\Delta y_{AB} = y_B - y_A$。

由式(6-4)求得的 α 可在四个象限之内，它由 Δy 和 Δx 的正、负符号确定，即

在第一象限时　$\alpha = \tan^{-1}\dfrac{\Delta y}{\Delta x}$

在第二象限时　$\alpha = 180° + \tan^{-1}\dfrac{\Delta y}{\Delta x}$

在第三象限时　$\alpha = 180° + \tan^{-1}\dfrac{\Delta y}{\Delta x}$

在第四象限时　$\alpha = 360° + \tan^{-1}\dfrac{\Delta y}{\Delta x}$

实际上，由图 6-7 可知，$R = \arctan\left|\dfrac{\Delta y}{\Delta x}\right|$，根据 R 所在的象限，将象限角换算为方位角，也可得到同样结果。

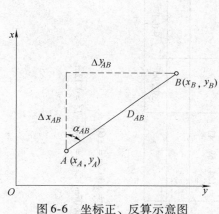

图 6-6　坐标正、反算示意图

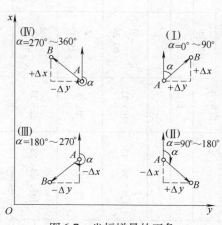

图 6-7　坐标增量的正负

【例 6-1】　已知 $x_A = 1874.43\text{m}$，$y_A = 43579.64\text{m}$，$x_B = 1666.52\text{m}$，$y_B = 43667.85\text{m}$，求 α_{AB}。

【解】　由已知坐标得

$\Delta y_{AB} = (43667.85 - 43579.64)\text{m} = 88.21\text{m}$　　$\Delta x_{AB} = (1666.52 - 1874.43)\text{m} = -207.91\text{m}$

由 α 在第三象限，则

$$\alpha_{AB} = 180° + \arctan\frac{88.21}{-207.91} = 180° - 22°59'24'' = 157°00'36''$$

2. 闭合导线的坐标计算

导线计算的目的是推算各导线点的坐标 (x_i, y_i)。下面结合实例介绍闭合导线的计算方法。计算前必须按技术要求对观测成果进行检查和核算。然后将观测的内角、边长填入表 6-5 中的第 2、6 栏，起始边方位角和起点坐标值填入第 5、11、12 栏顶上格（带有双横线的值）。对于四等以下导线角值取至秒，边长和坐标取至 mm，图根导线、边长和坐标取至 cm，并绘出导线草图，在表 6-5 内进行计算。

表 6-5 闭合导线坐标计算表

点号	观测角 (°′″)	改正数 (″)	改正后的角值 (°′″)	坐标方位角 (°′″)	边长/m	增量计算值 Δx′/m	增量计算值 Δy′/m	改正后的增量值 Δx/m	改正后的增量值 Δy/m	坐标 x/m	坐标 y/m
	2	3	4	5	6	7	8	9	10	11	12
1	107 48 30	+13	107 48 43							500.00	500.00
				124 59 43	105.22	−3 −60.34	+2 +86.20	−60.37	+86.22		
2	73 00 20	+12	73 00 32							439.63	586.22
				52 48 26	80.18	−2 +48.47	+2 +63.87	+48.45	+63.89		
3	89 33 50	+12	89 34 02							488.08	650.11
				305 48 58	129.34	−3 +75.69	+2 −104.88	+75.66	−104.86		
4	89 36 30	+13	89 36 43							563.74	545.25
				215 23 00	78.16	−2 −63.72	+1 −45.26	−63.74	−45.25		
1				124 59 43						500.00	500.00
Σ	359 59 10	50	360 00 00		392.90	+0.1	−0.07	0.00	0.00		

导线略图

辅助计算

$f_\beta = \sum\beta - (4-2)\times180° = -50''$ $f_{\beta限} = \pm30''\sqrt{n} = \pm60''$

$f_x = \sum\Delta x_{测} = +0.10\text{m}$ $f_y = \sum\Delta y_{测} = -0.07\text{m}$ $f_D = \sqrt{f_x^2 + f_y^2} = 0.12\text{m}$

$K = \dfrac{f_D}{\sum D} = \dfrac{1}{3200}$ 允许相对闭合差 $k_允 = \dfrac{1}{2000}$

（1）角度闭合差的计算与调整 n 边形内角和的理论值 $\sum\beta_{理} = (n-2) \cdot 180°$，由于测角误差，使得实测内角和 $\sum\beta_{测}$ 与理论值不符，其差称为角度闭合差，以 f_β 表示，即

$$f_\beta = \sum\beta_{测} - \sum\beta_{理} = \sum\beta_{测} - (n-2) \cdot 180° \tag{6-6}$$

其允许值 $f_{\beta容}$ 参照表6-2中"方位角闭合差"栏。当 $f_\beta \leq f_{\beta允}$ 时，可进行闭合差调整，将 f_β 以相反的符号平均分配到各观测角去，其角度改正数为

$$v_\beta = -\frac{f_\beta}{n} \tag{6-7}$$

当 f_β 不能整除时，则将余数凑整到测角的最小位分配到短边大角上去。改正后的角值为

$$\beta_i = \beta'_i + v_\beta \tag{6-8}$$

调整后的角值（填入表6-5中第4栏）必须满足：$\sum\beta = (n-2) \cdot 180°$，否则表示计算有误。

（2）各边坐标方位角推算 根据导线点编号，导线内角（即右角）改正值和起始边，即可按 $\alpha_{前} = \alpha_{后} - \beta_{右} + 180°$，依次计算 α_{23}、α_{34}、α_{41}，直到回到起始边 α_{12}。（填入表6-5第5栏）。经校核无误，可继续往下计算。

（3）坐标增量计算及其他闭合差调整 根据各边长及其方位角，即可按式（6-2）计算出相邻导线点的坐标增量（填入第7、8栏）。如图6-8所示，闭合导线纵横坐标增量的总和的理论值应等于零，即

$$\sum\Delta x_{理} = 0, \quad \sum\Delta y_{理} = 0 \tag{6-9}$$

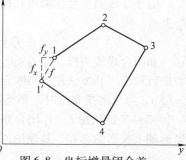

图6-8 坐标增量闭合差

由于量边误差和改正角值的残余误差，其计算的观测值 $\sum\Delta x_{测}$、$\sum\Delta y_{测}$ 不等于零，与理论值之差，称为坐标增量闭合差，即

$$\begin{cases} f_x = \sum\Delta x_{测} - \sum\Delta x_{理} = \sum\Delta x_{测} \\ f_y = \sum\Delta y_{测} - \sum\Delta y_{理} = \sum\Delta y_{测} \end{cases} \tag{6-10}$$

由于 f_x、f_y 的存在，使得导线不闭合而产生 f，称为导线全长闭合差，即

$$f = \sqrt{f_x^2 + f_y^2} \tag{6-11}$$

f 值与导线长短有关。通常以导线全长相对闭合差 k 来衡量导线的精度，即

$$k = \frac{f}{\sum D} = \frac{1}{\dfrac{\sum D}{f}} \tag{6-12}$$

式中，$\sum D$ 为导线全长（即第6栏总和）。

当 k 在允许值（见表6-2）范围内，可将以 f_x、f_y 相反符号按边长成正比分配到各增量中去，其改正数为

$$v_{xi} = \left(-\frac{f_x}{\sum D}\right)D_i, \quad v_{yi} = \left(-\frac{f_y}{\sum D}\right)D_i \tag{6-13}$$

按增量的取位要求，改正数凑整至 cm 或 mm（填入表6-5第7、8栏相应增量计算值尾数的上方），凑整后的改正数总和必须与反号的增量闭合差相等。然后将表6-5中第7、8栏相应的增量计算值加改正数计算改正后的增量（填入表6-5中第9、10栏）

（4）坐标计算 根据起点已知坐标和改正后的增量。按式（6-1）依次计算2、3、4点直至回到1点的坐标（填入表6-5中第11、12栏）。

3. 附合导线的坐标计算

（1）角度闭合差的计算及其调整 如图6-9所示，附合导线是附合在两条已知坐标方位角的边上，也就是说 α_{AB}、α_{CD} 是已知的（通过坐标反算获得）。由于已测出各转折角（左角或右角），所以附合导线是从 A 点出发，中间经过1、2、3点，最后附合到 C 点，即 $A-1-2-3-C$ 为附合

导线，它与已知导线的连接角为 β_A 和 β_C，按方位角推算是从 α_{BA} 出发，经各转折角 β_i 可以推导出 CD 边的坐标方位角 α'_{CD}，则有

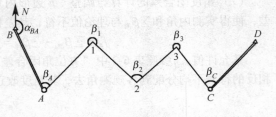

$$\alpha_{A1} = \alpha_{BA} + \beta_A - 180°$$
$$\alpha_{12} = \alpha_{A1} + \beta_1 - 180°$$
$$\alpha_{23} = \alpha_{12} + \beta_2 - 180°$$
$$\alpha_{3C} = \alpha_{23} + \beta_3 - 180°$$
$$\alpha'_{CD} = \alpha_{3C} + \beta_C - 180° = \alpha_{BA} + \sum\beta - 5 \times 180°$$

图 6-9　附合导线计算

如果写成通项公式，即为

$$\alpha'_{\text{终}} = \alpha_{\text{起}} + \sum\beta_{\text{左}} - n \times 180° \tag{6-14}$$
$$\alpha'_{\text{终}} = \alpha_{\text{起}} - \sum\beta_{\text{右}} + n \times 180°$$

式中，n 为所测左角或右角个数，除了各转折角 β_1、β_2、β_3 总数外，还包括连接角 β_A 和 β_C 的个数。

由于导线测量存在测角和量距误差，致使 $\alpha'_{CD} \neq \alpha_{CD}$，二者之差称为附合导线角度闭合差，用 f_β 表示，则

$$f_\beta = \alpha'_{CD} - \alpha_{CD} = \alpha_{BA} + \sum\beta - 5 \times 180° - \alpha_{CD} \tag{6-15}$$

和闭合导线一样，当 $f_\beta < f_{\beta容}$ 时，说明附合导线角度测量是符合要求的，这时要对角度闭合差进行调整。其方法是：当附合导线测的是左角时，则将闭合差反符号平均分配，即每个角改正 $-f_\beta/n$。当测的是右角时，则将闭合差同符号平均分配，即每个角改正 f_β/n。具体算例见表 6-6。

（2）坐标增量 f_x、f_y 闭合差中 $\sum\Delta x_{理}$、$\sum\Delta y_{理}$ 的计算　由附合导线图可知，导线各边在纵横坐标轴上投影的总和，其理论值应等于终、始点坐标之差，即

$$\sum\Delta x_{理} = x_{终} - x_{始}, \quad \sum\Delta y_{理} = y_{终} - y_{始} \tag{6-16}$$

6.3　交会定点

交会定点是加密控制点常用的方法，它可以采用在数个已知控制点上设站，分别向待定点观测方向或距离，也可以在待定点上设站向数个已知控制点观测方向或距离，然后计算待定点的坐标。交会定点方法有前方交会法、后方交会法和测边交会法等。下面介绍前方交会法和测边交会法。

6.3.1　前方交会法

如图 6-10 所示，在已知点 A、B 上设站测定待定点 P 与控制点的夹角 α、β，即可得到 AP 边的方位角 $\alpha_{AP} = \alpha_{AB} - \alpha$，$BP$ 边的方位角 $\alpha_{BP} = \alpha_{BA} + \beta$。$P$ 点的坐标可由两已知直线 AP 和 BP 交会求得，直线 AP 和 BP 的点斜式方程为：

$$x_P - x_A = (y_P - y_A)\cot\alpha_{AP}$$
$$x_P - y_P\cot\alpha_{AP} + y_A\cot\alpha_{AP} - x_A = 0 \quad (\text{a})$$

和

$$x_P - x_B = (y_P - y_B)\cot\alpha_{BP}$$
$$x_P - y_P\cot\alpha_{BP} + y_B\cot\alpha_{BP} - x_B = 0 \quad (\text{b})$$

图 6-10　前方交会

式（b）减去式（a）得

$$y_P = \frac{y_A\cot\alpha_{AP} - y_B\cot\alpha_{BP} - x_A + x_B}{\cot\alpha_{AP} - \cot\alpha_{BP}} \tag{6-17}$$

表6-6 附合导线坐标计算表

点号	观测角 (° ′ ″)	改正数 (″)	改正后的角值 (° ′ ″)	坐标方位角 (° ′ ″)	边长/m	增量计算值		改正后的增量值		坐标	
						Δx′/m	Δy′/m	Δx/m	Δy/m	x/m	y/m
1	2	3	4	5	6	7	8	9	10	11	12
A′				93 56 15							
A(P1)	186 35 22	-3	186 35 19	100 31 34	86.09	-15.73	+84.64 (-1)	-15.73	+84.63	167.81	219.17
P2	163 31 14	-4	163 31 10	84 02 44	133.06	+13.80	+132.34 (-1)	+13.80	+132.33	152.08	303.80
P3	184 39 00	-3	184 38 57	88 41 41	155.64	+3.55 (-1)	+155.60 (-2)	+3.54	+132.33→+155.58	165.88	436.13
P4	194 22 30	-3	194 22 27	103 04 08	155.02	-35.05	+151.00 (-2)	-35.05	+150.98	169.42	591.71
B(P5)	163 02 47	-3	163 02 44	86 06 52		-33.43	+523.58	-33.44	+523.52	134.37	742.69
B′											
Σ	892 10 53		982 10 37		529.81						

导 线 略 图

辅 助 计 算

$f_\beta = \alpha_{A'A} + \sum \beta + n \cdot 180° - \alpha_{BB'} = +16''$ $f_{\beta限} = \pm 30''\sqrt{n} = \pm 67''$

$f_x = \sum \Delta x_{测} - \sum \Delta x_{理} = +0.01m$ $f_y = \sum \Delta y_{测} - \sum \Delta y_{理} = +0.06m$

$f_D = \sqrt{f_x^2 + f_y^2} = 0.06m$ $K = \dfrac{f_D}{\sum D} = \dfrac{1}{8800}$ 允许相对闭合差 $k_允 = \dfrac{1}{2000}$

则
$$x_P = x_A + (y_P - y_A)\cot\alpha_{AP} \qquad (6-18)$$

前方交会中，由未知点至相邻两起始点方向间的夹角称为交会角。交会角过大或过小，都会影响 P 点位置测定精度，要求交会角一般应大于30°并小于150°。一般测量中，都布设三个已知点进行交会，这时可分两组计算 P 点坐标，设两组计算 P 点坐标分别为 (x'_P, y'_P)，(x''_P, y''_P)。当两组计算 P 点的坐标较差 ΔD（单位：mm）在允许限差内，即

$$\Delta D = \sqrt{(x'_P - x''_P)^2 + (y'_P - y''_P)^2} \leq 0.2M$$

式中　M——测图比例尺分母。

最后取它们的平均值作为 P 点的最后坐标。

6.3.2　测边交会法

除测角交会法外，还可测边交会定点，通常采用三边交会法，如图6-11所示。图6-11中 A、B、C 为已知点，a、b、c 为测定的边长。

由已知点反算边的方位角和边长为 α_{AB}、α_{CB} 和 D_{AB} 和 D_{CB}。在 $\triangle ABP$ 中，有

$$\cos A = \frac{D_{AB}^2 + a^2 - b^2}{2S_{AB}a}$$

则

$$\alpha_{AP} = \alpha_{AB} - A$$

$$x'_P = x_A + a\cos\alpha_{AP}, \quad y'_P = y_A + a\sin\alpha_{AP} \qquad (6-19)$$

同样，在 $\triangle CBP$ 中，

$$\cos C = \frac{D_{CB}^2 + c^2 - b^2}{2S_{CB}c}$$

$$\alpha_{CP} = \alpha_{CB} + C$$

$$x''_P = x_C + c\cos\alpha_{CP}, \quad y''_P = y_C + c\sin\alpha_{CP} \qquad (6-20)$$

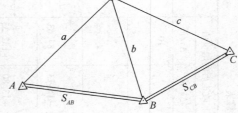

图6-11　测边交会

按式(6-19)和式(6-20)计算的两组坐标，其坐标较差在允许限差内，则取它们的平均值作为 P 点的最后坐标。

6.3.3　后方交会法

测角后方交会计算坐标的方法很多，下面介绍一种用于编程计算的方法。

设 A、B、C 为3个已知点构成的三角形的3个内角，α、β、γ 为未知点 P 的3个角，其对边分别为 BC、CA、AB。在图6-12a 和图6-12b 中 $\alpha + \beta + \gamma = 360°$；在图6-12c 中，$\alpha$、$\beta$ 取负

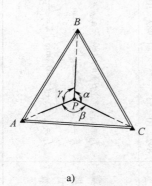

a)

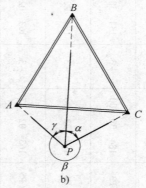

b)

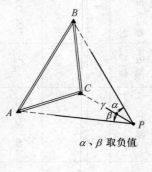

α、β 取负值

c)

图6-12　后方交会角度编号

值，$\alpha + \beta + \gamma = 0°$。

$$P_A = \frac{1}{\cot A - \cot \alpha}, \quad P_B = \frac{1}{\cot B - \cot \beta}, \quad P_A = \frac{1}{\cot C - \cot \gamma}$$

$$x_P = \frac{P_A x_A + P_B x_B + P_C x_C}{P_A + P_B + P_C}, \quad y_P = \frac{P_A y_A + P_B y_B + P_C y_C}{P_A + P_B + P_C} \tag{6-21}$$

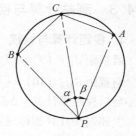

P 点坐标解算出来后，可通过坐标反算求得 P 点至 3 个已知点 A、B、C 的坐标方位角 α_{PA}、α_{PB}、α_{PC}，然后用下列等式作检核计算

$$\alpha = \alpha_{PC} - \alpha_{PB}, \quad \beta = \alpha_{PA} - \alpha_{PC}, \quad \gamma = \alpha_{PB} - \alpha_{PA}$$

在用后方交会进行定点时，还应注意危险圆的问题。如图 6-13 所示，当 P、A、B、C 四点共圆时，根据圆的性质，P 点无论在何处，α、β 的值都由这个圆确定，即 P 点有多个解，不是唯一值，这就是后方交会中的危险圆。在后方交会时，一定要使 P 点远离危险圆。

图 6-13　后方交会危险圆

6.4　三、四等水准测量

6.4.1　主要技术要求

三、四等水准网作为测区的首级控制网，一般应布设成闭合环线，然后用附合水准路线和结点网进行加密。只有在山区等特殊情况下，才允许布设支线水准。

水准路线一般尽可能沿铁路、公路以及其他坡度较小、施测方便的路线布设。尽可能避免穿越湖泊、沼泽和江河地段。水准点应选土质坚实、地下水位低、易于观测的位置。凡易被淹没、潮湿、振动和沉陷的地方，均不宜作水准点位置。水准点选定后，应埋设水准标石和水准标志，也可和平面控制点共享。三、四等水准测量的主要技术要求可参照表 6-7 的规定。

表 6-7　三、四等水准测量技术要求

等级	水准仪	水准尺	视线高度 /m	视线长度 /m	前后视距 差/m	前后视距 累计差/m	红黑面读数 差/mm
三	DS₃	双面	≥0.3	≤75	≤3.0	≤6.0	≤2
四	DS₃	双面	≥0.2	≤100	≤5.0	≤10.0	≤3

等级	红黑面高差 之差/mm	观测次数		往返较差、附合或闭合路线闭合差	
		与已知点连测	附合或闭合路线	平地/mm	山地/mm
三	≤3.0	往返各一次	往返各一次	$\pm 12\sqrt{L}$	$\pm 4\sqrt{n}$
四	≤5.0	往返各一次	往一次	$\pm 20\sqrt{L}$	$\pm 6\sqrt{n}$

注：计算往返较差时，L 为单程路线长，以 km 计；n 为单程测站数。

6.4.2　测站观测程序

三、四等水准测量采用成对黑红双面尺观测，测站的观测程序（见表 6-8）如下：

1）安置水准仪，粗平。

2）瞄准后视尺黑面，读取下、上、中丝的读数，记入手簿（1）（2）（3）栏。

3）瞄准前视尺黑面，读取下、上、中丝的读数，记入手簿（4）（5）（6）栏。

4）瞄准前视尺红面，读取中丝的读数，记入手簿（7）栏。

5）瞄准后视尺红面，读取中丝的读数，记入手簿(8)栏。

以上观测程序归纳为"后—前—前—后"，即"黑—黑—红—红"。四等水准测量也可以按"后—后—前—前"的程序观测。

上述观测完成后，应立即进行测站计算与检核，满足表6-7的限差要求后，方可移站。

6.4.3 测站计算与检核

1. 视距计算与检核

后视距 $d_{后}$：$(9) = [(1) - (2)] \times 100$

前视距 $d_{前}$：$(10) = [(4) - (5)] \times 100$；前后视距差 Δd：$(11) = (9) - (10)$

前后视距累计差 $\sum \Delta d$：$(12) = $ 上站$(12) + $ 本站(11)

上述四项计算指标应符合表6-7的要求。因此每站安置仪器，尽量使 $\sum d_{后} = \sum d_{前}$。

2. 读数检核

设后视、前视尺的红、黑面零点常数分别为 $K_1 = 4787$，$K_2 = 4687$，同一尺的黑、红面读数之差为

前视尺　　$(13) = (6) + K_2 - (7)$

后视尺　　$(14) = (3) + K_1 - (8)$

(13)、(14) 值均应满足表6-7的要求，即三等水准不大于 2mm，四等水准不大于 3mm。否则应重新观测。满足上述要求即可进行高差计算。

3. 高差的计算与检核

黑面高差　$h_{黑}$：$(15) = (3) - (6)$

红面高差　　$h_{红}$：$(16) = (8) - (7)$

红黑面高差之差(较差)　　$\Delta h = h_{红} - h_{黑}$：$(17) = (15) - [(16) \pm 100\text{mm}] = (14) - (13)$

表6-8　三等、四等水准测量记录、计算表(双面尺法)

测站编号	后尺 下丝 上丝	前尺 下丝 上丝	方向及尺号	标尺读数/mm		K+黑－红/mm	高差中数/m	备注
	后视距	前视距		黑面	红面			
	视距差 d/m	$\sum d$/m						
	(1)	(4)	后	(3)	(8)	(14)		
	(2)	(5)	前	(6)	(7)	(13)		
	(9)	(10)	后—前	(15)	(16)	(17)	(18)	
	(11)	(12)						
1	1614	0774	后—K$_1$	1384	6171	0		K为水准尺常数，如 K_1 = 4787mm，则 K_2 = 4687mm。
	1156	0326	前—K$_2$	0551	5239	−1		
	45.8	44.8	后—前	+0.833	+0.932	+1	+0.8325	
	+1.0	+1.0						
2	2188	2252	后—K$_2$	1934	6622	−1		
	1682	1758	前—K$_1$	2008	6796	−1		
	50.6	49.4	后—前	−0.074	−0.174	0	−0.0740	
	+1.2	+2.2						
3	1922	2066	后—K$_1$	1726	6512	+1		
	1529	1668	前—K$_2$	1866	6554	−1		
	39.3	39.8	后—前	−0.140	−0.042	+2	−0.1410	
	−0.5	+1.7						

（续）

测站编号	后尺	下丝	前尺	下丝	方向及尺号	标尺读数/mm		K+黑−红/mm	高差中数/m	备注
		上丝		上丝		黑面	红面			
	后视距		前视距							
	视距差 d/m		∑d/m							
4	2041		2220		后—K₂	1832	6520	−1		
	1622		1790		前—K₁	2007	6793	+1		
	41.9		43.0		后—前	−0.175	−0.273	−2	−0.1740	
	−1.1		+0.6							K 为水准尺常数，如 $K_1 = 4787$mm，则 $K_2 = 4687$mm。
5	1531		2820		后—K₁	1304	6093	−2		
	1057		2349		前—K₂	1585	7271	+1		
	45.6		47.1		后—前	−1.281	−1.178	−3	−1.2795	
	−1.5		−0.9							
每页计算检核										

（17）对于三等水准测量应不大于3mm，四等水准测量应不大于5mm。上式中100mm为前、后视尺红面的零点常数 K 的差值。正负号可将（15）和（16）相比较确定，当（15）小于（16）接近100mm 时，取负号；反之取正号。上述计算与检核满足要求后，取平均值作为测站高差。即

$$(18) = [(15) + (16) \pm 100\text{mm}] / 2$$

平均值（18）应与黑面高差（15）接近。

高差部分按页分别计算后视红、黑面读数总和与前视读数总和之差，它应等于红、黑面高差之和。

对于测站数为偶数

$$\sum[(3) + (8)] - \sum[(6) + (7)] = \sum[(15) + (16)] = 2\sum(18)$$

对于测站数为奇数

$$\sum[(3) + (8)] - \sum[(6) + (7)] = \sum[(15) + (16)] = 2\sum(18) \pm 100\text{mm}$$

视距部分，后视距总和与前视距总和之差应等于末站视距差累计值。校核无误后，可计算水准路线的总长度 L，$L = \sum(9) + \sum(10)$。

6.4.4 成果计算

在完成一段单程测量后，须立即计算其高差总和。完成一段往返观测后，应立即计算闭合差，进行成果检核。其高差闭合差应符合表6-7的规定。然后对闭合差进行调整，最后按调整后的高差计算各水准点的高程。

6.5 三角高程测量

6.5.1 三角高程测量原理

三角高程测量是根据两点间的水平距离或斜距离以及竖直角按照三角公式来求出两点间的高

差，如图 6-14 所示，已知 A 点高程 H_A，欲求 B 点高程 H_B，在 A 点安置经纬仪或测距仪，量取望远镜旋转轴到 A 点桩顶的高度（仪器高）为 i，在 B 点设置觇标或棱镜，用望远镜横丝瞄准 B 点标尺高度 l 或安置棱镜的高度 l（称为觇标高），望远镜瞄准觇标或棱镜的竖直角为 α，根据 AB 两点的水平距离 D，可得 AB 间高差为

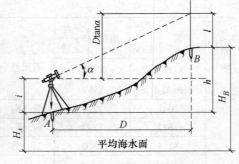

图 6-14 三角高程测量原理

$$h_{AB} = D\tan\alpha + i - l \qquad (6\text{-}22)$$

若用全站仪测得的斜距 S 计算，AB 间高差则为 $h_{AB} = S\sin\alpha + i - l$

B 点的高程为

$$H_B = H_A + D\tan\alpha + i - l \text{ 或 } H_B = H_A + S\sin\alpha + i - l \qquad (6\text{-}23)$$

此外，当 AB 距离较长（ >300 m）时，上式还须加上地球曲率和大气折光的合成影响，称为球气差 f，即

$$f = 0.43D^2/R \qquad (6\text{-}24)$$

式中　D——两点间水平距离

　　　R——地球半径，取 6371km。

为了消除或削弱球气差的影响，通常三角高程进行对向观测。由 A 向 B 观测得 h_{ab}，为直觇；由 B 向 A 观测得 h_{ba}，为反觇，当直、反觇观测两高差的较差在允许值内，则取其绝对值的平均值、符号以直觇为准作为高差结果。

6.5.2　三角高程测量的观测与计算

三角高程控制网一般是在平面网的基础上，布设成三角高程网或高程导线。为保证三角高程网的精度，应采用四等水准测量联测一定数量的水准点，作为高程起算数据。三角高程网中任一点到最近高程起算点的边数，当平均边长为 1 km 时，不超过 10 条，平均边长为 2 km 时，不超过 4 条。竖直角观测是三角高程测量的关键工作，对竖直角观测的要求见表 6-9。为减少垂直折光变化的影响，应避免在大风或雨后初晴时观测，也不宜在日出后和日落前 2h 内观测，在每条边上均应作对向观测。觇标高和仪器高用钢尺丈量两次，读至毫米，其较差对于四等三角高程不应大于 2mm，对于五等三角高程不大于 4mm。

表 6-9　光电测距三角高程测量主要技术要求

等　级	仪　器	竖直角测回数（中丝法）	指标差较差/(″)	竖直角较差/(″)	对向观测高差较差/mm	附合路线或环线闭合差/mm
四等	DJ_2	3	≤ 7	≤ 7	$40\sqrt{D}$	$20\sqrt{\sum D}$
五等	DJ_2	2	≤ 10	≤ 10	$60\sqrt{D}$	$30\sqrt{\sum D}$
图根	DJ_6	2	≤ 25	≤ 25	$400D$	$40\sqrt{\sum D}$

注：D 为光电测距边长度（km）

光电测距三角高程测量的精度较高，且可提高工效，故应用较广。高程路线应起、闭于高级水准点，高程网或高程导线的边长应不大于 1 km，边数不超过 6 条。竖直角用 DJ_2 级经纬仪，在四等高程测 3 个测回，五等测 2 个测回。距离应采用标称精度不低于（5 mm + 5×10^{-6}）的测距仪，四等高程测往返各一测回，五等测一个测回。光电测距三角高程测量的各项技术要求见表 6-9。

三角高程路线各边的高差计算见表 6-10。高差计算后再计算路线闭合差，并进行闭合差的分配和高程的计算。

表 6-10 三角高程路线高差计算表

测站点	Ⅲ 10	401	401	402	402	Ⅲ 12
觇点	401	Ⅲ 10	402	401	Ⅲ 12	402
觇法	直	反	直	反	直	反
α	+3°24′15″	-3°22′47″	-0°47′23″	+0°46′56″	+0°27′32″	-0°25′58″
S/m	577.157	577.137	703.485	703.490	417.653	417.697
$h' = S\sin\alpha/m$	+34.271	-34.024	-9.696	+9.604	+3.345	-3.155
i/m	1.565	1.537	1.611	1.592	1.581	1.601
l/m	1.695	1.680	1.590	1.610	1.713	1.708
$f = 0.43\dfrac{D^2}{R}/m$	0.022	0.022	0.033	0.033	0.012	0.012
$h = h' + i - l + f/m$	+34.163	-34.145	-9.642	+9.618	+3.225	-3.250
$h_{平均}/m$	+34.154		-9.630		+3.238	

三角高程测量的观测与计算如下：

1）先安置仪器于测站，量仪高 i；立标杆或反射棱镜于测点，量取标杆或反射棱镜高度 l，读数至毫米。

2）用经纬仪或测距仪（全站仪）采用测回法观测竖直角 1～3 个测回，前后半测回之间的高差较差要符合表 6-9 的要求，则取其平均值作为最后的观测结果。

3）高差及高程的计算公式应采用式(6-22)～(6-24)进行计算。采用对向观测法且对向观测高差较差符合表 6-9 的要求时，取其平均值作为高差结果。

测距仪或全站仪三角高程测量的主要技术要求见表 6-9。采用全站仪进行三角高程测量时，可先将球气差改正数参数及其他参数输入仪器，然后直接测定测点高程。

思考题与习题

6-1 名词解释。

坐标正算、坐标反算、坐标增量、导线全长相对闭合差、前方交会、球气差、对向观测

6-2 为什么要建立控制网？控制网可分为哪几种？

6-3 导线测量外业有哪些工作？选择导线点应注意哪些问题？

6-4 导线与高级控制点连接有何目的？

6-5 在没有高级控制点连接的情况下，采用哪种导线形式为好？

6-6 角度闭合差在什么条件下进行调整？调整的原则是什么？

6-7 四等水准在一个测站上的观测程序是什么？有哪些限差要求？

6-8 坐标增量的正负号与坐标象限角和坐标方位角有何关系？

6-9 完成表 6-11（观测角为右角）。

表 6-11　附合导线坐标计算表

点号	观测角（改正数） (° ′ ″)	改正后的角值 (° ′ ″)	坐标方位角 (° ′ ″)	边长/m	增量计算值/m		改正后的增量值/m		坐标/m	
					Δx	Δy	Δx	Δy	x	y
1	2	3	4	5	6	7	8	9	10	11
A										
			317 52 06							
B	267 29 58								4028.53	4006.77
				133.84						
2	203 29 46									
				154.71						
3	184 29 36									
				80.74						
4	179 16 06									
				148.93						
5	81 16 52									
				147.16						
C	147 07 34								3671.03	3619.24
D			334 42 42							
Σ										
辅助计算	$f_\beta =$ 　　　　　　$F_\beta = \pm 40''\sqrt{n} =$ 　　　　　　$f_x =$ 　　　　$f_y =$ $f = \sqrt{f_x^2 + f_y^2} =$ 　　　　$K = f/\sum d =$									

6-10　如图 6-15 所示，已知 A 点坐标为 $x_A = 37477.54$ mm，$y_A = 16307.24$ mm，B 点坐标为 $x_B = 37327.20$ mm，$y_B = 16078.90$ mm，C 坐标为 $x_C = 37163.69$，$y_C = 16046.65$。观测角 $\alpha = 319°18'03''$，$\beta_1 = 75°19'02''$，$\beta_2 = 59°11'35''$，$\gamma = 69°06'23''$。试计算 P 点的坐标。

6-11　某高程路线上 AB 的平距为 85.7m，由 A 到 B 观测时，竖直角观测值为 $-12°00'09''$，仪器高为 1.561m，觇标高为 1.949m。由 B 到 A 观测时，竖直角观测值为 $+12°22'23''$，仪器高为 1.582m，觇标高为 1.803m。已知 A 点高程为 500.123m，试计算 A、B 两点间的高差及 B 点高程。

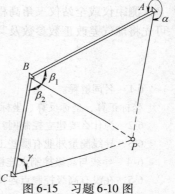

图 6-15　习题 6-10 图

第 7 章　大比例尺地形图的测绘与应用

【重点与难点】

重点：1. 概念：比例尺、比例尺精度、地物、地貌、等高线、碎步测量。

　　　2. 等高线特性与典型地貌表示方法。

　　　3. 用平板仪测绘大比例尺地形图(含碎步测量的方法)。

　　　4. 大比例尺地形图的基本应用与工程应用。

难点：1. 碎步测量。

7.1　地形图的基本知识

地物是指地面上天然或人工形成的物体，如湖泊、河流、海洋、房屋、道路、桥梁等；地貌是指地表高低起伏的形态，如山地、丘陵和平原等；地物和地貌总称为地形。地形图是按一定的比例尺，用规定的符号表示地物、地貌的平面位置和高程的正射投影图。

7.1.1　地形图的比例尺

地形图上一段直线长度与地面上相应线段的实际长度之比，称为地形图的比例尺。比例尺分为数字比例尺和图示比例尺两种。

1. 数字比例尺

数字比例尺用分子为 1 的分数表达，分母为整数。设图中某一线段长度为 d，相应实地的水平长度为 D，则图的比例尺为

$$\frac{d}{D} = \frac{1}{\dfrac{D}{d}} = \frac{1}{M} = 1 : M \tag{7-1}$$

式中　M——比例尺分母，M 越大，比例尺的值就越小；M 越小，比例尺的值就越大，如数字比例尺 $1:500 > 1:1000$。

通常称比例尺为 $1:500$、$1:1000$、$1:2000$、$1:5000$ 的地形图为大比例尺地形图；称比例尺为 $1:1$万、$1:2.5$万、$1:5$万、$1:10$万的地形图为中比例尺地形图；称比例尺为 $1:20$万、$1:50$万、$1:100$万的地形图为小比例尺地形图。我国规定 $1:1$万、$1:2.5$万、$1:5$万、$1:10$万、$1:25$万、$1:50$万、$1:100$万 7 种比例尺地形图为国家基本比例尺地形图。地形图的数字比例尺注记在南面图廓外的正中央，如图 7-1 所示。

中比例尺地形图是国家的基本地图，由国家专业测绘部门负责测绘，目前均用航空摄影测量方法成图，小比例尺地形图一般由中比例尺地图缩小编绘而成。

城市和工程建设一般需要大比例尺地形图，其中比例尺为 $1:500$ 和 $1:1000$ 的地形图一般用平板仪、经纬仪或全站仪等测绘；比例尺为 $1:2000$ 和 $1:5000$ 的地形图一般用由 $1:500$ 或 $1:1000$ 的地形图缩小编绘而成。大面积 $1:500 \sim 1:5000$ 的地形图也可以用航空摄影测量方法成图。

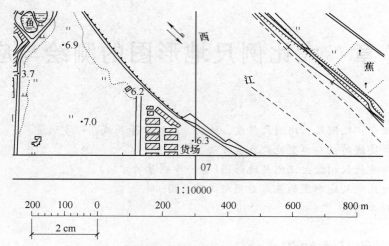

图 7-1　地形图上的数字比例尺和图示比例尺

2. 图示比例尺

图示比例尺绘制在数字比例尺的下方，以便用分规直接在图上量取直线段的水平距离，同时可以抵消在图上量取长度时图纸伸缩的影响。如图 7-1 为 1:10000 的图示比例尺，以 2cm 为基本单位，最左端的一个基本单位分成 10 等分。从图示比例尺上可直接读得基本单位的 1/10，估读到 1/100。

3. 地形图比例尺的选择

在城市和工程建设的规划、设计和施工中，需要用到的比例尺是不同的，具体见表 7-1 中。

表 7-1　地形图比例尺的选用

比 例 尺	用　途
1:10000	城市总体规划、厂址选择、区域布置、方案比较
1:5000	
1:2000	城市详细规划及工程项目初步设计
1:1000	建筑设计、城市详细规划、工程施工设计、竣工图
1:500	

图 7-2 为 1:500 地形图样图，图 7-3 为 1:1000 地形图样图，两幅地形图中的内容主要以城区平坦地区的地物为主。图 7-4 为 1:2000 丘陵地区农村地形图样图。

4. 比例尺的精度

人的肉眼能分辨的图上最小距离是 0.1mm，如果地形图的比例尺为 1:M，则将图上 0.1mm 所表示的实地水平距离 $0.1M(\text{mm})$ 称为比例尺的精度。根据比例尺的精度，可以确定测绘地形图的距离测量精度。例如，测绘 1:1000 比例尺的地形图时，其比例尺的精度为 0.1m，故量距的精度只需到 0.1m，因为小于 0.1m 的距离在图上表示不出来。另外，当设计规定了在图上量出的实地最短长度时，根据比例尺的精度，可以反算出测图比例尺。如欲使图上能量出的实地最短线段长度为 0.05m，则所采用的比例尺不得小于 $\dfrac{0.1\text{mm}}{0.05\text{m}}=\dfrac{1}{500}$。

表 7-2 为不同比例尺地形图的比例尺精度，其规律是，比例尺越大，表示地物和地貌的情况

越详细，精度就越高。对同一测区，采用较大比例尺测图往往比采用较小比例尺测图的工作量和经费支出都数倍增加。例如，根据国家测绘总局 2009 年颁布的《测绘工程产品价格》规定，对于困难类别为最高的Ⅲ类测区，1：1000 地形图的取费标准是 66181.92 元/km²；而 1：500 地形图的取费标准则是 179387.50 元/km²。

表 7-2 大比例尺地形图的比例尺精度

比 例 尺	1：500	1：1000	1：2000	1：5000
比例尺的精度/m	0.05	0.1	0.2	0.5

城区居民地

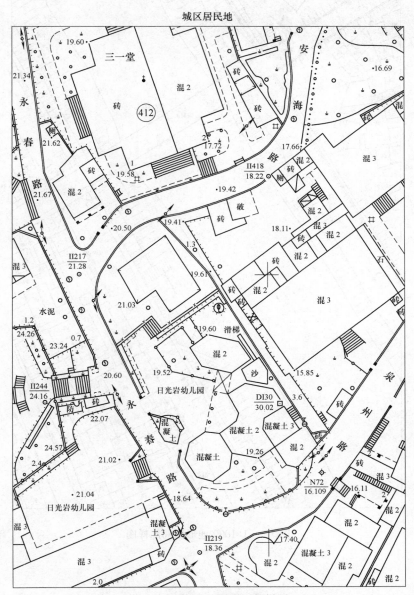

图 7-2 1：500 地形图局部样图

选用点数，大约为5～8点。实际上由此类高差点的选取需根据地形图的各种比例尺进行选取，各图幅内点密度及其分布，应根据1:2000地形图中甲类工程坐标点的实际情况进行选取，甲类点可的具体要求为，对于1000点的点密度为，数据或高0.6km²，为2点/km²，而1:500地图幅内点可的高差则为1:9000，60平方公里。

城镇居民地

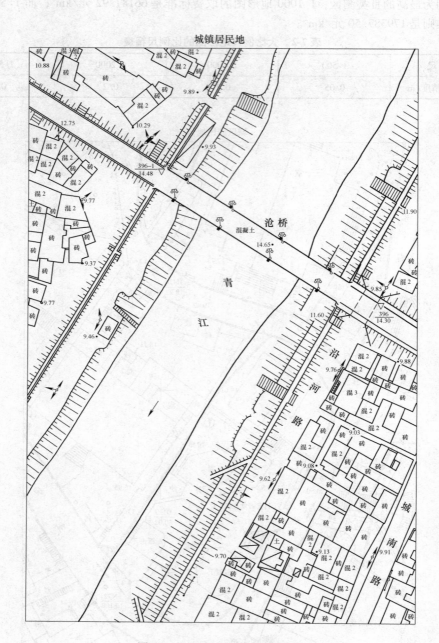

图 7-3　1:1000 地形图局部样图

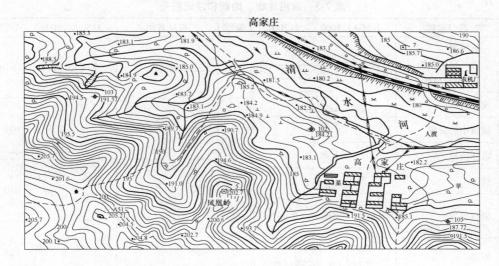

图 7-4　1∶2000 丘陵地形图局部样图

7.1.2　大比例尺地形图图式

地形是地物和地貌的总称，地形图图式就是表示地物和地貌的符号和方法。一个国家的地形图图式是统一的，它属于国家标准。我国当前使用的、最新的大比例尺地形图图式是由国家测绘总局组织制定的、国家技术监督局发布的、1996 年 5 月 1 日开始实施的 GB/T 7929—1995《1∶500　1∶1000　1∶2000 地形图图式》。

地形图图式中的符号有三类：地物符号、地貌符号和注记符号。

1. 地物符号

地物符号分为比例符号、非比例符号和半比例符号。

（1）比例符号　可以按测图比例尺缩小，用规定符号画出的地物符号称为比例符号，如房屋、较宽的道路、稻田、花圃、湖泊等。表 7-3 中，除编号 14b 和 15 以外，编号 1 到 26 都是比例符号。

（2）非比例符号　有些地物，如三角点、导线点、水准点、独立树、路灯、检修井等，其轮廓较小，无法将其形状和大小按照地形图的比例尺绘到图上，则不考虑其实际大小，而是采用规定的符号表示。这种符号称为非比例符号。表 7-3 中，编号 28 到 44 都是非比例符号。

（3）半比例符号　对于一些带状延伸地物，如小路、通信线、管道、垣栅等，其长度可按比例缩绘，而宽度无法按比例表示的符号称为半比例符号。表 7-3 中，编号 47 到 56 都是半比例符号，编号 14b 和 15 也是半比例符号。

2. 地貌符号

地貌形态多种多样，一个地区可按其起伏的变化分为以下四种地形类型：地势起伏小，地面倾斜角在 3°以下，比高不超过 20m 的，称为平坦地；地面高低变化大，倾斜角在 3°～10°，比高不超过 150m 的，称为丘陵地；高低变化悬殊，倾斜角为 10°～25°，比高在 150m 以上的，称为山地；绝大多数倾斜角超过 25°的，称为高山地。地形图上表示地貌的主要方法是等高线。

表7-3　常用地物、地貌和注记符号

编号	符号名称	1:500 1:1000　1:2000	编号	符号名称	1:500 1:1000　1:2000
1	一般房屋 　混—房屋结构 　3—房屋层数	混3　[斜纹]　2　1.6	20	人工草地	2.0　∧ 3.0　10.0 ∧　∧10.0
2	简单房屋	[斜线方框]	21	菜地	↙ 2.0 ↙ 2.0　10.0 ↙　↙10.0
3	建筑中的房屋	建	22	苗圃	•1.0 苗　10.0 •　•10.0
4	破坏房屋	破	23	果园	1.6 ·· 3.0 ○ 梨　10.0 ○　○10.0
5	棚房	∠45° 1.6	24	有林地	•1.6 • 松6 ○　○
6	架空房屋	混凝土 4 •1.0 混凝土 4 [斜纹] 混凝土 1.0	25	稻田、田埂	0.2 ↓ 3.0 1.0　10.0 ↓　10.0
7	廊房	混凝土 3 [斜纹] •••1.0　•••1.0	26	灌木林 　a. 大面积的 　b. 独立灌木丛 　c. 狭长的	a •• 1.0 •• •• 0.6 •• b 6.0 c.1 ••••••• c.2 10.0　3.0
8	柱廊 　a. 无墙壁的 　b. 一边有墙壁的	○••○ ○ ○ •1.0			
9	门廊	混5 • ••1.0	27	等级公路 　2—技术等级 代码 　（G301）—国道 路线编号	0.2 0.4 2(G301)
10	檐廊	混凝土 4			
11	悬空通廊	混凝土 4 混凝 土 4 [斜纹]	28	等外公路	0.2
12	建筑物下的通道	混凝土 3 [斜纹]	29	乡村路 　a. 依比例尺的 　b. 不依比例尺的	4.0　1.0 a 8.0 0.2 2.0 b 0.3
13	台阶	0.6 1.0　1.0			
14	门墩 　a. 依比例尺的 　b. 不依比例尺的	a 1.0 b	30	小路	4.0　1.0 0.3
15	门顶	1.0	31	内部道路	1.0 1.0 ○
16	支柱（架）、墩 　a. 依比例尺的 　b. 不依比例尺的	a 0.6 ::▯:: 1.0 □ ○ b 1.0　1.0	32	阶梯路	1.0
17	打谷场、球场	球			
18	旱地	1.0 :: 2.0　10.0 ∥　∥10.0			
19	花圃	1.6 :: 1.6　10.0 ↓　↓10.0			

（续）

编号	符号名称	1:500 1:1000　　1:2000	编号	符号名称	1:500 1:1000　　1:2000
33	三角点 凤凰山—点名 394.468—高程	△ 凤凰山 394.468 3.0	49	电信检修井 a. 电信入口 b. 电信手孔	a ⊕∷2.0 b ⊠∷2.0 2.0
34	导线点 I16—等级、点名 84.46—高程	⊡ I16 84.46 2.0	50	电力检修井	⊘∷2.0
35	埋石图根点 16—点号 84.46—高程	1.6 ✧ 16 84.46 2.6	51	污水篦子	⊜∷2.0　2.0 ∷1.0
36	不埋石图根点 25—点号 62.74—高程	1.6 ∷○ 25 62.74	52	消火栓	1.6 2.0 ∷○ 3.6
37	水准点 II京石 5—等级、 点名、点号 32.804—高程	2.0 ∷○ II京石 5 32.804	53	水龙头	2.0 ∷I 3.6
38	GPS 控制点 B14—级别、点号 495.267—高程	△ B14 495.267 3.0	54	独立树 a. 阔叶 b. 针叶	1.6　　　1.6 a 2.0 ∷○ 3.6　b ∱ 3.6 1.0　　　1.0
39	加油站	1.6 ∷○ 3.6 1.0	55	围墙 a. 依比例尺的 b. 不依比例尺的	a ══ 10.0 ══ 10.0　0.6 b ──── 0.3
40	照明装置 a. 路灯 b. 杆式照射灯	2.0　　　1.6 a 1.6 ∷□∷ 1.0 b 4.0 ∷□∷ 1.6 1.0　　　1.0	56	栅栏、栏杆	10.0　10 ○──○─┤
41	假石山	4.0 ⬭ 2.0 1.0	57	篱笆	10.0　1.0 ∷∷∷
42	喷水池	⊕ 3.6 1.0	58	活树篱笆	6.0　1.0 0.6 ●○○○○●○○○●○
43	纪念碑 a. 依比例尺的 b. 不依比例尺的	a ⊡ b 1.6 1.6 ∷⊥∷ 4.0 3.0	59	铁丝网	10.0　1.0 ─×─×─
44	塑像 a. 依比例尺的 b. 不依比例尺的	a ⊡ b 1.0 ∷⊥∷ 4.0	60	电杆及地面上的配电线	4.0　　1.0 ∷○∷──∷●∷──
45	亭 a. 依比例尺的 b. 不依比例尺的	a ⌂ b 3.0 1.6 ∷⌂∷ 3.0 1.6	61	电杆及地面上的通信线	4.0 ∷○∷◀──◀∷●∷
46	旗杆	1.6 ⊟ 1.0 4.0 0.6 1.0	62	陡坎 a. 未加固的 b. 已加固的	a ┴┴┴┴┴┴┴ 2.0 b ━━━━ 4.0 ━━━
47	上水检修井	⊖∷2.0	63	散数、行数 a. 散数 b. 行数	○∷1.6 10.0 ∷○∷ 1.0 ○　○
48	下水（污水）、雨水检修井	⊕∷2.0	64	地类界、地物范围线	1.6 ∴∴∴∴∴ 0.3
			65	等高线 a. 首曲线 b. 计曲线 c. 间曲线	a ～～ 0.15 1.0　～ 0.3 b ～～ c ～── 6.0 ～ 0.15
			66	等高线注记	～ 25 ～
			67	一般高程点及注记 a. 一般高程点 b. 独立性地物的高程	a　　　b 0.5∴ 163.2　⊥75.4

（1）等高线的定义 等高线是地面上高程相等的相邻各点所连的闭合曲线。如图 7-5 所示，设想有一座高出水面的小岛，与某一静止的水面相交形成的水涯线为一闭合曲线，曲线的形状随小岛与水面相交的位置而定，曲线上各点的高程相等。例如，当水面高为 70m 时，曲线上任一点的高程均为 70m；若水位继续升高至 80m、90m，则水涯线的高程分别为 80m、90m。将这些水涯线垂直投影到水平面 H 上，并按一定的比例尺缩绘在图纸上，这就将小岛用等高线表示在地形图上了。这些等高线的形状和高程，客观地显示了小岛的空间形态。

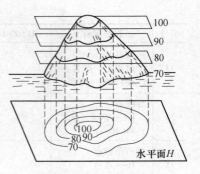

图 7-5 等高线的绘制

（2）等高距与等高线平距 地形图上相邻等高线间的高差，称为等高距，用 h 表示，图 7-5 中，$h=10$m。同一幅地形图的等高距是相同的，因此，地形图的等高距也称为基本等高距。大比例尺地形图常用的基本等高距为 0.5m、1m、2m，5m 等。等高距越小，用等高线表示的地貌细部就越详尽；等高距越大，地貌细部表示的越粗略。但是，当等高距过小时，图上的等高线过于密集，将会影响图面的清晰度。因此，在测绘地形图时，要根据测图比例尺、测区地面的坡度情况和按国家规范要求选择合适的基本等高距，见表 7-4。

表 7-4　地形图的基本等高距　　　　　　　　　　　　　　（单位：m）

比例尺 地形类别	1:500	1:1000	1:2000	1:5000
平坦地	0.5	0.5	1	2
丘　陵	0.5	1	2	5
山　地	1	1	2	5
高山地	1	2	2	5

相邻等高线间的水平距离称为等高线平距，用 d 表示，它随着地面的起伏情况而改变。相邻等高线之间的地面坡度为

$$i = \frac{h}{dM} \tag{7-2}$$

式中　M——地形图的比例尺分母。

在同一幅地形图上，等高线平距越大，表示地貌的坡度越小；反之，坡度越大（见图 7-6）。因此，可以根据图上等高线的疏密程度判断地面坡度的陡缓。

（3）等高线的分类

1）首曲线。按规范规定的基本等高距描绘的等高线称为首曲线，线粗 0.15mm 的细实线，如图 7-7 所示。

2）计曲线。为了便于读图，每隔四条首曲线加粗的一条等高线称为计曲线，线粗 0.3mm 粗实线。在计曲线的适当位置注记高程，注记时等高线断开，字头朝向高处。

3）间曲线和助曲线。在个别地方，为了显示局部地貌特征，可按 1/2 基本等高距用虚线加绘半距等高线，称为间曲线，线粗 0.15mm 长虚线。按 1/4 基本等高距用虚线加绘的等高线，称为助曲线，线粗 0.15mm 短虚线。

（4）典型地貌的等高线 地球表面高低起伏的形态千变万化，但经过仔细研究分析就会发现它们都是由几种典型的地貌综合而成的。了解和熟悉典型地貌的等高线，有助于正确地识读、应用和测绘地形图。典型地貌主要有山头和洼地、山脊和山谷、鞍部、陡崖和悬崖等。

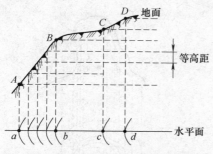

图 7-6　等高线平距与地面坡度的关系

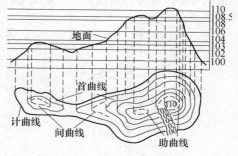

图 7-7　等高线的分类

1）山头和洼地。图 7-8a 和图 7-8b 分别表示山头和洼地的等高线，它们都是一组闭合曲线，其区别在于：山头的等高线由外圈向内圈高程逐渐增加，洼地的等高线外圈向内圈高程逐渐减小，这样就可以根据高程注记区分山头和洼地。也可以用示坡线来指示斜坡向下的方向。在山头、洼地的等高线上绘出示坡线，有助于地貌的识别。

2）山脊和山谷。山坡的坡度和走向发生改变时，在转折处就会出现山脊或山谷地貌（见图 7-9）。山脊的等高线均向下坡方向凸出，两侧基本对称。山脊线是山体延伸的最高棱线，也称分水线。山谷的等高线均凸向高处，两侧也基本对称。山谷线是谷底点的连线，也称集水线。在土木工程、规划及设计中，要考虑地面的水流方向、分水线、集水线等问题。因此，山脊线和山谷线在地形图测绘及应用中具有重要的作用。

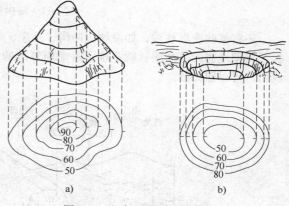

图 7-8　山头和洼地的等高线

3）鞍部。相邻两个山头之间呈马鞍形的低凹部分称为鞍部。鞍部是山区道路选线的重要位置。鞍部左右两侧的等高线是近似对称的两组山脊线和两组山谷线（见图 7-10）。

图 7-9　山脊和山谷的等高线

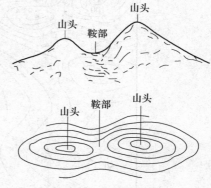

图 7-10　鞍部的等高线

4）陡崖和悬崖。陡崖是坡度在 70°以上的陡峭崖壁，有石质和土质之分。如果用等高线表示，将是非常密集或重合为一条线，因此采用陡崖符号来表示，如图 7-11a 和图 7-12b 所示。悬崖是上部凸出、下部凹进的陡崖。悬崖上部的等高线投影到水平面时，与下部的等高线相交，下部凹进的等高线部分用虚线表示，如图 7-11c 所示。

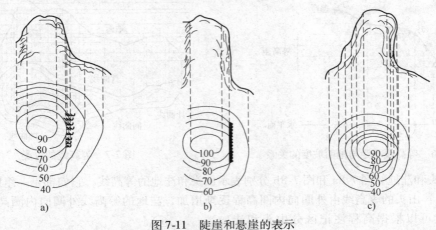

图 7-11　陡崖和悬崖的表示

还有某些变形地貌，如滑坡、冲沟、悬崖、崩崖等，其表示方法可参见《地形图图式》。掌握了典型地貌的等高线，就不难了解地面复杂的综合地貌。图 7-12 是某地区的综合地貌和等高线图，可对照阅读。

图 7-12　综合地貌和等高线

（5）等高线的特性　通过研究等高线表示地貌的规律性，可以归纳出等高线的特性，它对于正确地测绘地貌并勾画等高线以及正确使用地形图都有很大帮助。

1）同一条等高线上各点的高程相等。

2）等高线是闭合曲线，不能中断（间曲线除外），如果不在同一幅图内闭合，则必定在相邻的其他图幅内闭合。

3）等高线只有在陡崖或悬崖处才会重合或相交。

4）等高线经过山脊或山谷时改变方向，因此，山脊线与山谷线应和改变方向处的等高线的切线垂直相交，如图 7-9 所示。

5）在同一幅地形图内，基本等高距是相同的，因此，等高线平距大表示地面坡度小；等高线平距小则表示地面坡度大；平距相等则坡度相同。倾斜平面的等高线是一组间距相等且平行的直线。

3. 注记

有些地物除了用相应的符号表示外，对于地物的性质、名称等在图上还需要用文字和数字加以注记，如房屋的结构、层数（编号 1、6、7，见表 7-3）、地名（见图 7-3）、路名（见图 7-3）、单位名、计曲线的高程（编号 65）、碎部点高程（编号 57a）、独立性地物的高程（编号 67b）以及河流的水深、流速等。

7.1.3　地形图的矩形分幅编号与图廓注记

1. 矩形分幅与编号

各种比例尺的地形图都应进行统一的分幅与编号，以便进行测绘、管理和使用。地形图的分幅方法分为两大类，一类是按经纬线分幅的梯形分幅法，另一类是按坐标格网分幅的矩形分幅法。

梯形分幅法适用于中、小比例尺的地形图，例如 1:100 万比例尺的图，一幅图的大小为经差 6°，纬差 4°，编号采用横行号与纵行号组成。梯形分幅法在工程测量中应用较少，将在本章末介绍，读者可自学掌握。这里重点介绍适用于大比例尺地形图的矩形分幅法，它是按统一的直角坐标格网划分的。图幅大小一般采用 50cm×50cm 的正方形分幅，而 1:5000 比例尺地形图常采用的 40cm×40cm 正方形分幅。其图幅大小、对应的实地面积以及包含关系等，见表 7-5。

表 7-5　大比例尺地形图的图幅大小、对应的实地面积以及包含关系等

比例尺	图幅大小/ （cm×cm）	实地面积/ （km²）	一幅 1:5000 的 图幅包含的 图幅数	每平方公里 包含的图幅数	图廓坐标值
1:5000	40×40	4	1	0.25	1km 的整倍数
1:2000	50×50	1	4	1	1km 的整倍数
1:1000	50×50	0.25	16	4	0.5km 的整倍数
1:500	50×50	0.0625	64	16	0.05km 的整倍数

此外，根据需要也采用其他规格的分幅，如 1:500、1:1000、1:2000 大比例尺地形图可以采用 40cm×50cm 的矩形分幅。

大比例尺地形图矩形分幅的编号方法主要有：

（1）图幅西南角坐标公里数编号法　如图 7-13 所示，1:5000 图幅西南角的坐标 $x = 32.0$km，$y = 56.0$km，因此，该图幅编号为"32 – 56"。编号时，对于 1:5000 取至 1km，对于 1:1000、

1:2000 取至 0.1km，对于 1:500 取至 0.01km。

（2）以 1:5000 编号为基础并加罗马数字的编号法
如图 7-13 所示，以 1:5000 地形图西南坐标公里数为基础图号，后面再加罗马数字Ⅰ，Ⅱ，Ⅲ，Ⅳ组成。一幅 1:5000 地形图可分成 4 幅 1:2000 地形图，其编号分别为 32－56－Ⅰ、32－56－Ⅱ、32－56－Ⅲ 及 32－56－Ⅳ。一幅 1:2000 地形图又分成 4 幅 1:1000 地形图，其编号为 1:2000 图幅编号后再加罗马数字Ⅰ，Ⅱ，Ⅲ，Ⅳ。1:500 地形图编号按同样方法编号。注意罗马数字Ⅰ、Ⅱ、Ⅲ、Ⅳ排列均是先左后右，不是顺时针排列。

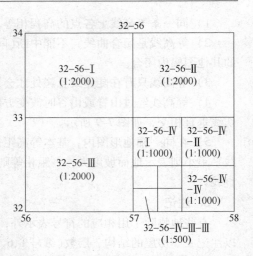

图 7-13　大比例尺地形图矩形分幅

（3）数字顺序编号法　带状测区或小面积测区，可按测区统一用顺序进行标号，一般从左到右，而后从上到下用数字 1，2，3，4，…编定，如图 7-14 所示，其中"新镇－14"为测区新镇的第 14 幅图编号。

（4）行列编号法　行列编号法的横行是指以 A，B，C，D，…编排，由上到下排列；纵列以数字 1，2，3，…从左到右排列。编号是"行号—列号"，如图 7-15 所示，"C－4"为其中第 3 行、第 4 列的一幅图幅编号。

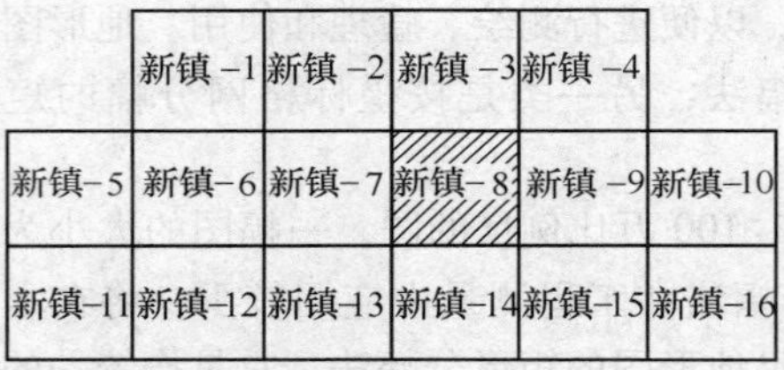

新镇－1	新镇－2	新镇－3	新镇－4	
新镇－5	新镇－6	新镇－7	新镇－8	新镇－9	新镇－10
新镇－11	新镇－12	新镇－13	新镇－14	新镇－15	新镇－16

图 7-14　数字顺序编号法

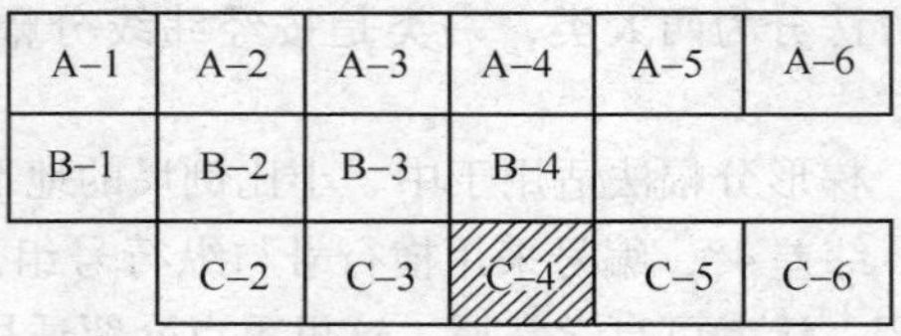

A－1	A－2	A－3	A－4	A－5	A－6
B－1	B－2	B－3	B－4		
	C－2	C－3	C－4	C－5	C－6

图 7-15　行列编号法

（5）象限行列编号法　北京市大比例尺地形图采用象限行列编号法，把北京市分成四个象限，每个象限内再按行列编号。如图 7-16 所示，把北京市分为 4 个象限，顺时针排列Ⅰ、Ⅱ、Ⅲ和Ⅳ。在每个象限内，以纵 4km，横 5km 为 1:1万比例尺的一幅图，如编号Ⅱ－2－1 表示在第 2 象限第 2 列第 1 行（见图 7-16a）。各象限内行列均自原点向外延伸。1:5000 比例尺的图幅大小是把 1:1万图幅分为 4 个象限，如图 7-16b 箭头所指的编号为Ⅱ－2－1(1)。1:2000 比例尺图幅大小是把 1:1万图幅分成 25 幅，图 7-16c 箭头所指的编号为Ⅱ－2－1－[15]。1:1000 比例尺图幅大小是把 1:1万图幅分成 100 幅，箭头所指编号为Ⅱ－2－1－73。1:500 比例尺图幅大小是把一幅 1:1000 图幅再分为 4 幅，它的编号是Ⅱ－2－1－73(4)，如图 7-16d 所示。

2. 图廓注记

1:500、1:1000、1:2000 等大比例尺地形图的图廓及图外注记（见图 7-17），主要包括如下内容：

（1）图名、图号　图名即本幅图的名称，一般以所在图幅内的主要地名来命名。图名选取有困难时，也可不注图名，仅注图号。图号即图的编号。图名和图号应注写在图幅上部中央，图名在上，图号在下。

（2）图幅接合表（接图表）　图幅接合表绘在图幅左上角，说明本图幅与相邻图幅的关系，供索取相邻图幅时用。图幅接合表可采用图名注出，也可采用图号（仅注有图号时）注出。

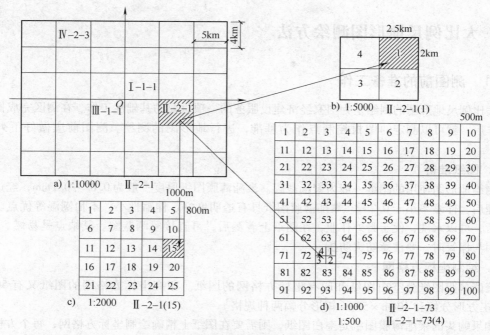

图 7-16　象限行列编号法

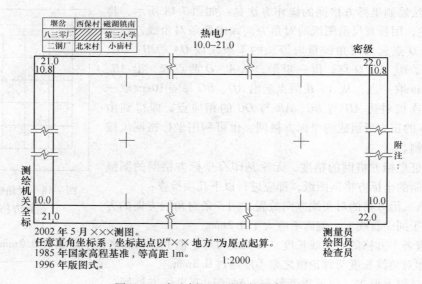

图 7-17　大比例尺地形图的图廓注记

（3）内、外图廓和坐标网线　图廓是地形图的边界，采用矩形分幅的大比例尺地形图只有内图廓和外图廓。内图廓就是地形图的边界线，也是坐标格网线。在内图廓外四角处注有坐标值，在内图廓的内侧，每隔10cm绘有5mm长的坐标短线，并在图幅内绘制为每隔10cm的坐标格网交叉点。外图廓是图幅最外边的粗线，一般起装饰作用。

（4）其他图外注记　在外图廓的左下方应注记测图日期、测图方法、平面和高程坐标系统、等高距及地形图图式的版别。在外图廓下方中央应注写比例尺。在外图廓的左侧偏下位置应注明测绘单位的全称。

7.2 大比例尺地形图测绘方法

7.2.1 测图前的准备工作

大比例尺地形图的测绘是为国家经济建设服务的一项重要的基础性工作。在测区完成控制测量工作后，就可以测定的图根控制点作为基准，进行地形图的测绘。测图前应做好下列准备工作。

1. 图纸准备

测绘地形图使用的图纸一般为聚酯薄膜。聚酯薄膜图纸厚度一般为 $0.07 \sim 0.1\,mm$，经过热定型处理后，伸缩率小于 $0.2‰$。聚酯薄膜图纸具有透明度好、伸缩性小、不怕潮湿等优点。图纸弄脏后，可以水洗，便于野外作业，在图纸上着墨后，可直接复晒蓝图。其缺点是易燃、易折，在使用与保管时，要注意防火防折。

2. 绘制坐标方格网

聚酯薄膜图纸分空白图纸和印有坐标方格网的图纸。印有坐标方格网的图纸又有 50cm × 50cm 正方形分幅和 40cm × 50cm 矩形分幅两种规格。

如果购买的聚酯薄膜图纸是空白图纸，则需要在图纸上精确绘制坐标方格网，每个方格的尺寸为 10cm × 10cm。绘制方格网的方法有对角线法、坐标格网尺法及使用 Auto CAD 绘制等。

对角线法绘制坐标方格网的操作方法是：如图 7-18 所示，将 2H 铅笔削尖，用长直尺沿图纸的对角方向画出两条对角线，相交于 O 点；自 O 点起沿对角线量取等长的 4 条线段 OA、OB、OC、OD，连接 A、B、C、D 点，得一矩形；从 A、D 两点起，沿 AB、DC 每隔 10cm 取一点；从 A、B 两点起沿 AD、BC 每隔 10cm 取一点。再分别连接对边 AD 与 BC、AB 与 DC 的相应点，即得到由 10cm × 10cm 的正方形组成的坐标方格网。也可利用坐标格网尺按上述方法绘制。

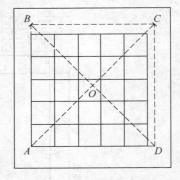

图 7-18　对角线法绘制坐标方格网

为了保证坐标方格网的精度，无论是印有坐标方格网的图纸还是自己绘制的坐标方格网图纸，都应进行以下几项检查：

1）将直尺沿方格的对角线方向放置，同一条对角线方向的方格角点应位于同一直线上，偏离不应大于 0.2mm。

2）检查各个方格的对角线长度，其长度与理论值 14.14cm 之差不应超过 0.2mm。

3）图廓对角线长度与理论值之差不应超过 0.3mm。

如果超过限差要求，应该重新绘制，对于印有坐标方格网的图纸，则应予以作废。

3. 展绘控制点

根据图根平面控制点的坐标值，将其点位在图纸上标出，称为展绘控制点。展点前，根据地形图的分幅位置，将坐标格网线的坐标值注记在图框外相应的位置，如图 7-19 所示。

展点时，先根据控制点的坐标，确定其所在的方格。如 A 点的坐标 $x_A = 764.30m$，$y_A = 566.15m$，由图 7-19 可以查看出，A 点在方格 $klmn$ 内。分别从 l、k 点向右量取 $\Delta y_{kA} = （566.15m -$

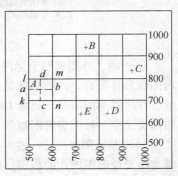

图 7-19　展绘控制点

500m)/1000 = 6.615cm，得 d、c 两点；从 k、n 点分别向上量取 $\Delta x_{kA} = (764.30\text{m} - 700\text{m})/1000 = 6.430\text{cm}$，定出 a、b 两点。连接点 a、b 和点 c、d 得到的交点，即为 A 点的位置。同法，可将其余控制点 B、C、D、E 展绘在图上。

展绘完图幅内的全部控制点后，要进行检查。检查的方法是，在图7-19上分别量取已展绘控制点间的长度，如线段 AB、BC、CD、DE、EA 的长度，其值与已知值（由坐标反算的长度除以地形图比例尺的分母）之差应不超过 ±0.3mm，否则应重新展绘。

表7-6 一般地区解析图根点的密度

测图比例尺	图幅尺寸/cm	解析图根点/个
1:500	50×50	8
1:1000	50×50	12
1:2000	50×50	15

为了保证地形图的精度，测区内应有一定数目的图根控制点。《城市测量规范》规定，测区内解析图根点的个数应不少于表7-6的要求。

7.2.2 经纬仪测绘法

地形图的测绘又称为碎部测量。它是依据已知点的平面位置和高程，使用测绘仪器和方法来测定碎部点的平面位置和高程并按测图比例尺缩绘在图纸上的工作。

大比例尺地形图的测绘方法有解析测图法和数字测图法。解析测图法又分为经纬仪测绘法、经纬仪联合光电测距仪测绘法、大平板仪测绘法和小平板仪与经纬仪联合测绘法，本节只介绍目前通常使用的经纬仪测绘法。

1. 碎部点的选择

碎部点指地物、地貌的特征点。碎部点选择得正确恰当是否是影响成图质量和测图效率的关键因素。

（1）地物的特征点 地物的特征点指决定地物形状的地物轮廓线上的转折点、交叉点、弯曲点及独立地物的中心等，如房角点、道路转折点、交叉点、河岸线转弯点、窨井中心点等。连接这些特征点，便可得到与实地相似的地物形状。一般规定主要地物凸凹部分在图上大于0.4mm 均要表示出来。在地形图上小于0.4m，可以用直线连接。

（2）地貌的特征点 对于地貌，其形状更是千变万化的，地性线（即山脊线、山谷线、山脚线）是构成各种地貌的骨骼，骨骼绘正确了，地貌形状自然能绘得相似。因此，其碎部点应注意选在地性线的起止点、倾斜变换点、方向变换点上，如图7-20所示。这些主要碎部点应按其延伸的顺序测定，不能漏失一点；否则，勾绘等高线时将产生很大的错误。在坡度无显著变化的坡面或较平坦的地面，为了较精确地勾绘等高线，也应在比例尺图上每隔2~3cm 测定一点。

图7-20 地貌碎部点的选择

碎部点的间距和碎部点的最大视距应符合表7-7的规定。城市建筑区的最大视距，见表7-8。

表 7-7　碎部点间距和碎部点最大视距

测图比例尺	地形点最大间距/m	最大视距/m	
		主要地物点	次要地物点和地形点
1∶500	15	60	100
1∶1000	30	100	150
1∶2000	50	180	250
1∶5000	100	300	350

表 7-8　城市建筑区碎部点最大视距

测图比例尺	最大视距/m	
	主要地物点	次要地物点和地形点
1∶500	50(量距)	70
1∶1000	80	120
1∶2000	120	200

2. 一个测站点的测绘工作

经纬仪测绘法是将经纬仪安置在测站上，测定碎部点的方向与已知方向之间的夹角，并用视距测量方法测出测站点至碎部点的高程。它的实质是按极坐标法进行定点测图。绘图板安置于测站旁，根据测定数据，用量角器(又称半圆仪)和比例尺把碎部点的平面位置展绘在图纸上，并在点的右侧注明其高程，最后再对照实地描绘地物和地貌。一个测站上的测绘工作步骤如下：

（1）安置仪器　如图 7-21 所示，将经纬仪安置于测站点 A 上，对中、整平，并量出仪器高度 i。

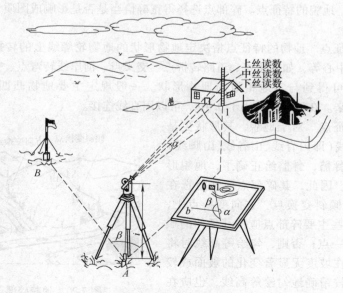

图 7-21　经纬仪测绘法

（2）定向　用经纬仪盘左位置瞄准另一控制点 B，设置水平度盘读数为 $0°00'00''$。B 点称为后视点，AB 方向称为起始方向(也称零方向或后视方向)。在小平板上固定好图纸，并安置在测站附近，注意使图纸上控制边方向与地面上相应控制边方向大致相同。连接图上对应的控制点 a、b，并适当延长 ab 线，ab 即为图上起始方向线。然后用小针通过量角器圆心插在 a 点，使量角器圆心固定在 a 点上。

（3）立尺　立尺员将视距尺依次立在地物和地貌的碎部点上。立尺前，立尺员应根据实地情况及本测站实测范围，按照"概括全貌、点少、能检核"的原则选定立尺点，并与观测员、绘图员共同商定跑尺路线。比如在平坦地区跑尺，可由近及远，再由远及近地跑尺，立尺结束时处于测站附近。在丘陵或山区，可沿地性线或等高线跑尺。

（4）观测　观测员转动经纬仪照准器，瞄准 1 点视距尺，读尺间隔、中丝读数 v、竖盘读数及水平角。同法依次观测周围各碎部点。工作中间每测 20～30 个点和结束前，观测员应继续转动经纬仪至起始方向进行归零检查，归零差不应大于 $4'$。

（5）记录与计算　记录员将测得的尺间隔、中丝读数、竖盘读数及水平角等数据依次填入地形测量手簿（见表 7-9）中。对特殊的碎部点，如道路交叉口、山顶、鞍部等，还应在备注中加以说明，以备查用。最后根据测得数据按视距测量计算公式计算水平距离 D 和高程 H。

表 7-9　地形碎部测量手册

测站：A　　　　后视点：B　　　　仪器高 $i = 1.42$m　　　　指标差 $x = 0$

测站高程 $H_A = 27.40$m　　　视线高 $H_视 = H_A + i = 28.82$m

点号	视距 Kl /m	中丝读数 v /m	竖盘读数 L (° ′)	竖直角 α (° ′)	水平角 β (° ′)	水平距离 D /m	高程 H /m	备注
1	76.0	1.42	93　28	−3　28	114　00	75.7	22.81	
2	51.4	1.55	91　45	−1　45	172　40	51.4	25.70	房角
3	37.5	1.60	93　00	−3　00	327　36	37.4	25.26	电杆
4	25.7	2.42	87　26	+2　34	16　24	25.7	27.55	

（6）展绘碎部点　绘图员转动量角器，将量角器上等于水平角值（如碎部点 1 的水平角 $\beta_1 = 114°00'$）的刻画线对准起始方向线 ab，如图 7-22 所示。此时量角器的零方向便是碎部点 1 的方向（见图 7-22）。然后在零方向线上，利用比例尺（见图 7-23）按所测的水平距离定出点 1 的位置，用铅笔在图上标定，并在点的右侧注明其高程。同法，将其余各碎部点的平面位置及高程绘于图上。

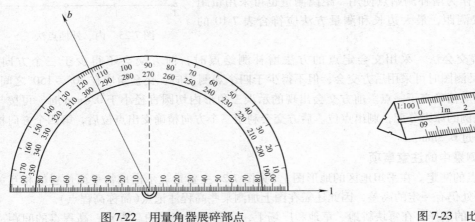

图 7-22　用量角器展碎部点　　　　　　　图 7-23　比例尺

仪器搬到下一站时，应先观测前站所测的某些明显碎部点，以检测由两站测得该点的平面位置和高程是否相符。如相差较大，则应查明原因，纠正错误，再继续进行测绘。

经纬仪测绘法利用光电测距仪进行测距的话，表7-7、表7-8中测站至测点的最大距离的规定可适当放宽。

3. 增补测站点

地形图测绘时应充分利用已布设测定的控制点和图根点。当图根点的密度不够时，可以根据具体情况采用支导线法、内、外插点法和图解交会法增补测站点，以满足测图的需要。

（1）支导线法　如图7-24所示，从图根导线点 B 测定支导线点1。在 B 点用 DJ_6（或 DJ_2）经纬仪观测 BA 与 $B1$ 之间的水平夹角 β 一测回；用视距（或量距、光电测距仪测距）测定水平距离 D_{B1}；用经纬仪视距测量方法测出高差 h_{B1}；将仪器搬到1点，用同样的方法返测水平距离 D_{1B} 和高差 h_{1B}。距离往返的相对误差不得大于 1/200，高差往返的较差不超过 1/7 基本等高距。成果满足限差要求后，取往返距离和高差的平均值作为施测成果，并求出1点的高程，然后将支导线点1展绘于图纸上，即可作为增补的测站点的使用。表7-10规定了支导线的最大边长及其测量方法。

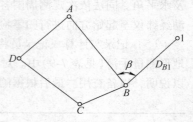

图7-24　支导线法

表7-10　支导线的最大边长及其测量方法

比例尺	最大边长/m	测量方法
1:500	50	实量
1:1000	100	实量
1:1000	70	视距
1:2000	160	实量
1:2000	120	视距

（2）内、外插点法　如图7-25所示，在图根点 A、B 的连线上选定点1，称为内插点。或在 A、B 连线的延长线上选定点2，称为外插点。用经纬仪视距测量方法从 B 点和1点（或2点）分别测出 D_{B1}、h_{B1}、D_{1B}、h_{1B}（或 D_{B2}、h_{B2}、D_{2B}、h_{2B}）。距离往返相对误差不得大于 1/200，高差往返的较差不超过 1/7 基本等高距。取往返距离和高差的平均值，依此求出1点（或2点）的高程，并展绘于图纸上，作为增补测站点使用。距离测量也可采用量距和光电测距仪测距，最大边长和测量方法应符合表7-10的要求。

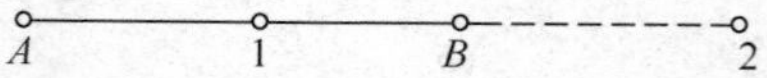

图7-25　内、外插点法

（3）图解交会法　采用交会定点的方法增补测绘点时，前方交会不得少于三个方向，1:2000比例尺测图时可采用后方交会，但不得少于四个观测方向。交会角应在 30°~150° 之间。所有交会方向应精确交于一点。前方交会出现的示误三角形内切圆直径小于 0.4mm 时，可按与交会边长成比例的原则分配，刺出点位。后方交会利用三个方向精确交出点位后，第四个方向检查误差不得超过 0.3mm。

4. 碎部测量中的注意事项

1）高程点的测定。在平坦地区的地形图上（见图7-2）主要是表示出地物平面位置的相互关系，但地面各处仍有一定的高差，因此还需在图上加测某些高程注记点（简称高程点）。

① 高程点的选择：在每块耕地、草地和广场上，应测定代表性的高程点，高程点的间距一

般为图上 5～10cm；在主要道路中心线上每隔图上 10cm 应测定高程点，在路的交叉口、转折处、坡度变化处、桥面上应测定高程点；范围较大的土堆、洼坑的顶部和底部应测定高程点；铁路路轨的顶部、土堤、防洪墙的顶部应测定高程点。

② 高程点的测定方法。根据图根控制点的高程，用水准测量或视距测量的方法测定高程点的高程。用水准测量方法时，安置一次水准仪可以测定若干个高程点，因此可以采用"仪器视线高程减前视读数"的方法。

2）在测站上，测绘开始前，对测站周围地形的特点、测绘范围、跑尺路线和分工等应有统一的认识，以便在测绘过程中配合默契，做到既不重测，又不漏绘。

3）立尺员在跑尺过程中，除按预定的分工路线跑尺外，还应有其本身的主动性和灵活性，务必使测绘方便为宜；为了减少差错，对隐蔽或复杂地区的地形，应画出草图、注明尺寸、查明有关名称和量测陡坎、冲沟等，及时交给绘图员作为绘图时的依据之一。

4）测区地形情况不同，跑尺方法也不一样。平坦地区的特点是等高线稀少、地物多且较复杂，测图工作的重点是测绘地物，因此，跑尺时既要考虑少跑弯路，又要顾及绘图时连线的方便，以免出现差错。在水网或道路密集地区，宜一个地物一个地物地立尺，如采用一人跑沟、一人测路，或先测沟、再跑路，对重要地物，尽量逐一测完，不留单点，避免图上紊乱。在山区测图时，立尺员可沿地性线跑尺，如从山脊线的山脚开始，沿山脊线往上立尺，测至山顶后，再沿山谷线往下施测。这种跑尺路线便于图上连线，但跑尺者体力消耗较大，因此，可由两人跑尺，一人负责山腰上部，一人位于山腰下部，基本保持平行前进。

5）在测图过程中，对地物、地貌要做好合理的综合取舍。

6）加强检查，及时修正，只有确认无误后才能迁站。

7）保持图面清洁，图上宜用洁净布绢覆盖，并随时使用软毛排刷刷净图面。

7.2.3 地形图的绘制

外业工作中，把碎部点展绘在图上后，就可以对照实地进行地形图的绘制工作了。主要内容就是地物、地貌的勾绘，以及大测区地形图的拼接、检查和整饰工作。

1. 地物描绘

（1）一般原则 凡能依比例表示的地物，将其水平投影位置的几何形状相似地描绘在地形图上，如双线河流、运动场等，或是将它们的边界位置表示在图上，边界内再绘上相应的地物符号，如森林、草地、沙漠等。对不能依比例表示的地物，则用相应的地物符号表示在地物的中心位置上，如水塔、烟囱、纪念碑、单线道路、单线河流等。

（2）居民地的测绘 房屋只要测出它的几个房角位置，即可确定其位置。测图比例尺不同，居民地的测绘在综合取舍方面也不一样。居民地的外轮廓应准确测绘，其内部的主要街道及较大的空地应区分出来。散列式的居民地、独立房屋应分别测绘。

（3）道路的测绘

1）铁路。测绘铁路时，标尺应立于铁轨中心线上。对 1:2000 或更大比例尺，如图 7-26 所示路堤部分的断面，可测定下列点位，特征点 1 用于测绘铁路的平面位置；特征点 2、3 用于测绘路堤部分的路肩位置；特征点 4、5 用于测绘路堤的坡足或边沟位置。有时特征点 2、3 可以不立尺而是量出铁路中心至它们的距离直接在图上绘出。铁路线的高程应测铁轨面高度。图 7-27b 所示是路堑部分的断面，与路堤比较可以看出除 1、2、3、4、5 点要立尺之外，在 6、7 点路堑的上边缘也要立尺。铁路的直线部分立尺可稍稀一些，曲线及道岔部分立尺要密一些，以便正确地表示铁路的实际位置。铁路两旁的附属建筑物如信号灯、扳道房、里程碑等，要按实际位置测出。

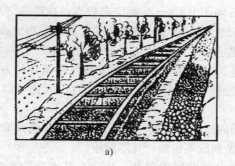

图 7-26　铁路及路堤

图 7-27　铁路及路堑

2）公路。公路在图上一律按实际位置测绘。在测量方法上有的将标尺立于公路路面中心，有的将标尺交错立在路面两侧，也可将标尺立在路面的一侧，实测路面的宽度，作业时可视具体情况而定。公路的转弯处，交叉处，标尺点应密一些，公路两旁的附属建筑物都应按实际位置测出，公路和路堤及路堑的测绘方法与铁路相同。大车路和通往居民地的小路应按实际位置测绘，田间劳动的小路一般不测绘，上山小路应视其重要程度选择测绘。由于小路弯曲较多，立标尺点时要注意弯曲部分的取舍，使标尺点不致太密，又要正确表示小路的位置。人行小路若与田埂重合，应绘小路不绘田埂。与大车路、公路或铁路相连的小路应根据测区道路网的情况决定取舍。

要注意道路与道路的相交情况；上下相交要绘出桥梁、路堑（或路堤），各绘至桥梁处；平面相交要按级别进行描绘，例如铁路与公路相遇，铁路符号完整，公路符号绘至铁路符号边；公路与公路相遇，则各自绘至符号边；单线路与双线路相遇，则单线路绘至双线路符号，如图 7-28 所示。

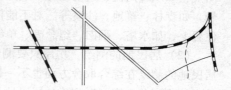

图 7-28　道路的描绘

（4）境界、管线及垣栅的测绘　境界是指行政区划的界线，实地是根据界标、界桩及地物来定出界线的位置。描绘境界，应由高级至低级进行，当两种界线重合时只绘高一级的界线；要连续地全部绘出，当与线状符号相交时，在相交处间断境界符号，但与河流、运河相交时不间断。描绘管线时，要绘出有方位意义的电杆及电架。对管线要加注说明注记。描绘垣栅时一般先绘垣栅的主轴线，后绘其余部分。这三种符号都是半比例符号，要精确地按定位线位置描绘。

（5）水系的测绘　水系包括河流、渠道、湖泊、池塘等地物，无特殊要求时均以岸边为界。河流的两岸一般不大规则，在保证精度的前提下，对于小的弯曲和岸边不甚明显的地段可适当取舍。对于在图上只能以单线表示的小沟，不必测绘其两岸，测出其中心位置即可。两岸有堤的规则渠道可比照公路进行测绘。对那些田间临时性的渠不必测出，以免影响图面清晰。湖泊的边界经人工整理、筑堤、修有建筑物的地段是明显的，在自然耕地的地段大多不明显，测绘时要根据具体情况和用图单位的要求确定。在不明显地段确定湖岸线时，可采用调查平水位的边界或根据农作物的种植位置等方法来定。

（6）植被的测绘　植被测绘应测出各类植物的边界，用地类界符号表示其范围，再加注植物符号和说明。地类界与道路、河流等重合时，则可不绘出地类界；与境界、高压线等重合时，地类界应移位绘出。地物测绘过程中，若发现图上绘出的地物与地面情况不符，（如本应为直角的房屋角，但图上不成直角；在一直线上的电杆，但图上不在一直线上），要认真检查产生这种现象的原因，如属于观测错误，则必须立即纠正；如不是观测错误，可能是由于各种误差的积累所引起的，或在两个测站观测了同一个地物的不同部位所引起。当这些不符的现象在图上小于规范规定的地物误差时，则可以采用分配的办法予以消除，使地物的形状与地面相似。

2. 等高线勾绘

在地形图上，地貌主要以等高线来表示。所以地貌的勾绘，即等高线的勾绘。图7-29a 表示碎部测量后，图板展绘若干个碎部点的情况。勾绘等高线时，首先用铅笔画地性线，山脊线用虚线，山谷线用实线，然后目估内插等高线通过的点。图中 ab、ad 以为山脊线，ac、ae 为山谷线。图中，a 点高程为48.5m，b 点高程为43.1m，若等高距为1m，则 ab 间有 44、45、46、47、48 共 5 条等高线通过。由于同一坡度，高差与平距成正比例，先估算一下 1m 等高距相应的平距为多少，ab 两点高差为48.5m − 43.1m = 5.4m，对应平距为 ab（如为38mm），按比例算得高差 1m 平距为7mm。首尾两段高差，a 端为 0.5m（48.5m 与48m 之差），相应平距为 4mm，即距 a 点 4mm 画 48m 等高线。b 端为 0.9m（43.1m 与44m 之差），相应平距为 6mm，即距 b 点 6mm 画 44m 等高线。

实际工作中目估即可，不必做上述计算，方法是先"目估首尾，后等分中间"，如图7-29b 所示。然后对照实际地形，把高程相同的相邻点用光滑曲线相连，便得等高线，如图7-29c 所示。一般先勾绘计曲线，再勾绘首曲线，当一个测站或一小局部碎部测量完成之后，应立即勾绘等高线，以便及时改正错测和漏测。

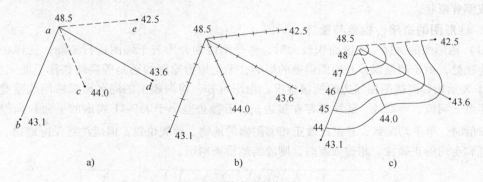

图 7-29　等高线的勾绘

3. 图的注记

名称的注记必须使用国务院公布的简化汉字，各种注记的字义、字体、字大、字向、字序、字位应准确无误，字间隔应均匀，宜根据所指地物的面积和长度妥善配置。

（1）注记的排列形式

1）水平字列。各字中心连线应平行于南、北图廓，由左向右排列。

2）垂直字列。各字中心连线应垂直于南、北图廓，由上而下排列。

3）雁行字列。各字中心连线应为直线且斜交于南、北图廓。

4）屈曲字列。各字字边应垂直或平行于线状地物，且依线状地物的弯曲形状而排列。

（2）注记的字向 注记的字向一般为正向，即字头朝向北图廓。对于雁行字列，如果字中心连线与南、北图廓的交角小于45°，则字向垂直于连线；如果交角大于45°，则字向平行于连线；称为注字的"光线法则"，如图7-30所示。道路名、弄堂和门牌号等应按光线法则进行注记。

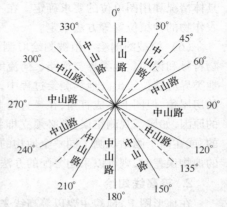

图7-30 雁行字列光线法则

（3）名称注记 城市、集镇、村宅、街道、里弄、新村、公寓等居民地名称和政府机构、企业单位等名称，均应查明注记；一般应采用水平字列，根据图形的特殊情况，也可采用垂直字列或雁行字列。

（4）说明注记 建筑物的结构（如砖木结构、混凝土结构、混合结构、钢结构等）、层次，道路的等级、路面材料，管线的用途、属性，土地的土质和植被种类等，凡属用图形线条和图式符号不能充分说明的地物，需加说明注记。说明注记用的字符应尽可能简单，如对于房屋结构和层次，说明用"砼5"（混凝土结构5层）、"混3"（混合结构3层）、"钢10"（钢结构10层）等。注记的位置应在地物内部适中的位置，不偏于一隅，并以不妨碍地物线条为原则。

（5）数字注记

1）门牌注记宜全部逐号注记，毗邻房屋过密的，可分段注以起、讫号数。

2）对于高程注记数字以米为单位，重要地物高程注记至厘米，如桥、闸、坝、铁路、公路、市政道路、防洪墙等，其余高程点可注记至分米，注记字头一律向北。

3）等高线高程的注记对每一条计曲线应注明高程值；在地势平缓、等高线较稀时，每一条等高线都应注明高程值，数字的排列方向应与曲线平列，字头应向高处，但也应尽量避免注记的数字成倒置形状。

4. 地形图的拼接、检查与整饰

（1）地形图的拼接 测区面积较大时，整个测区划分为若干幅图进行施测，这样在相邻图幅的连接处，由于测量误差和绘图误差的影响，无论地物轮廓线还是等高线往往不能完全吻合。图7-31表示相邻两幅图相邻边的衔接情况，由图可知，将两幅图的同名坐标格网线重叠时，图中的房屋、河流、等高线、陡坎都存在接边差。若接边差小于表7-11规定的平面和高程中误差的 $2\sqrt{2}$ 倍时，可平均配赋，并据此改正相邻图幅的地物、地貌位置，但应注意保持地物、地貌相互位置和走向的正确性。超过限差时，则应实地检查纠正。

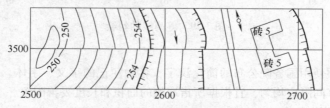

图7-31 地形图的拼接

表 7-11　地物点、地形点平面和高程中误差

地区分类	点位中误差（图上 mm）	邻近地物点间距中误差（图上 mm）	等高线高程中误差			
			平地	丘陵地	山地	高山地
城市建筑区和平地、丘陵地	≤0.5	≤ ±0.4	≤1/3	≤1/2	≤2/3	≤1
山地、高山地和设站施测困难的旧街坊内部	≤0.75	≤ ±0.6				

（2）地形图的检查　为了保证地形图的质量，除施测过程中加强检查外，在地形图测绘完成后，作业人员和作业小组应对完成的成果、成图资料进行严格的自检和互检，确认无误后，方可上交。地形图检查的内容包括内业检查和外业检查。

1）内业检查。

① 图根控制点的密度应符合要求，位置恰当；各项较差、闭合差应在规定范围内；原始记录和计算成果应正确，项目填写齐全。

② 地形图图廓、方格网、控制点展绘精度应符合要求；测站点的密度和精度应符合规定；地物、地貌各要素测绘应正确、齐全，取舍恰当，图式符号运用正确；接边精度应符合要求；图例表填写应完整清楚，各项资料齐全。

2）外业检查。根据内业检查的情况，有计划地确定巡视路线，实地对照查看，检查地物、地貌有无遗漏；等高线是否逼真合理，符号、注记是否正确等。再根据内业检查和巡视检查发现的问题，到野外设站检查，除对发现的问题进行修正和补测外，还要对本测站所测地形进行检查，看原测地形图是否符合要求。仪器检查量为每幅图内容的 10% 左右。

3）地形测图全部工作结束后应提交下列资料：

① 图根点展点图、水准路线图、埋石点之记、测有坐标的地物点位置图、观测与计算手簿、成果表。

② 地形原图、图历簿、接合表、按板测图的接边纸。

③ 技术设计书、质量检查验收报告及精度统计表、技术总结等。

（3）地形图的清绘与整饰　经过拼接，检查且均符合要求后，即可进行图的清绘和整饰工作。清绘和整饰必须按照地形图图式，顺序是先图内后图外，先地物后地貌，先注记后符号。注意等高线不能通过注记和地物。清绘原图应清晰美观，符合图式要求。经过清绘和整饰后，图上内容齐全，线条清晰，取舍合理，注记正确。清绘原图是地形测绘的最后成果，除用于复制外，不应直接使用，而应长期妥善保存。

7.3　地形图的基本应用

7.3.1　地形图的识读

地形图是测绘工作的主要成果，是包含了丰富的自然地理、人文地理和社会经济信息的载体，并且具有可量性、可定向性等特点，在经济建设的各个方面有着广泛的应用。尤其在工程建设中，可借助地形图了解自然和人文地理、社会经济诸方面因素对工程建设的综合影响，使勘测、规划、设计能充分利用地形条件、优化设计和施工方案，更好地节省工程建设费用。利用地形图作底图，可以编绘出一系列专题地图，如地籍图、地质图、水文图、农田水利规划图、土地利用规划图、建筑总平面图、城市交通图和旅游图等。

　　地形图的识读是正确应用地形图的基础，这就要求能将地形图上的每一种注记、符号的含义准确地判读出来。地形图的识读，可按先图外后图内、先地物后地貌、先主要后次要、先注记后符号的基本顺序，并参照相应的《地形图图式》逐一阅读。

　　（1）图外注记识读　读图时，先了解所读图幅的图名、图号、接合图表、比例尺、坐标系统、高程系统、等高距、测图时间、测图类别、图式版本等内容，然后进行地形图内地物和地貌的识读。

　　（2）地物识读　根据地物符号和有关注记，了解地物的分布和地物的位置，因此，熟悉地物符号，是提高识图能力的关键。如图7-32所示，图幅东南部有耀华新村和耀华小学，长冶公路从东南方穿过，路边有两个埋石图根导线点12、13，并有低压电线；图幅西北部的小山头和山脊上有73、74、75三个图根三角点。

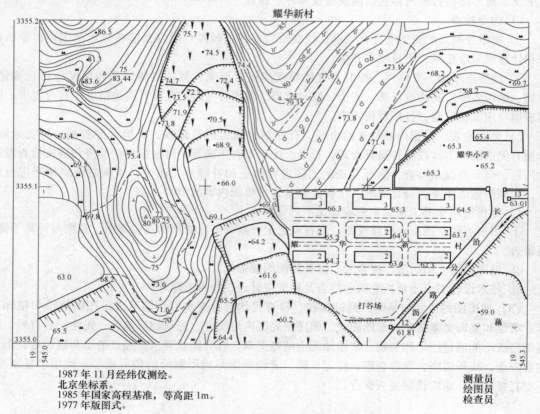

图 7-32　耀华新村地形图部分缩图

　　（3）地貌识读　根据等高线判读出山头、洼地、山脊、山谷、山坡、鞍部等基本地貌，并根据特定的符号判读出冲沟、峭壁、悬崖、崩坍、陡坎等特殊地貌，同时根据等高线的密集程度来分析地面坡度的变化情况。如图7-32所示，该图中从北向南延伸着高差约15m的山脊，西边有座十余米高的小山，西北方向有个鞍部；地面坡度在6°～25°之间，属于山地，另有多处陡坎和斜坡。

　　在地形图上，除读出各种地物和地貌外，还应根据图上配置的各种植被符号或注记说明，了解植被的分布、类别特征、面积大小等。在图7-32中，两山之间种植有水稻，东南角为藕塘，正北方向的山坡为竹林，紧靠竹林的是一片经济林，西南方向的小山头上是一片坟地，其余山坡是旱地。

　　按以上读图的基本程序和方法，可对一幅地形图获得较全面的了解，以达到真正读懂地形图的目的，为用图打下良好的基础。

7.3.2　地形图应用的基本内容

1. 确定点的平面坐标

点的平面坐标可以利用地形图上坐标格网的坐标值来确定。

如图 7-33 所示，欲确定图上 A 点坐标，首先绘出坐标方格 abcd，过 A 点分别作 x、y 轴的平行线，交格网边于 g、e 点，根据图廓内方格网坐标可知，$x_a = 21200$m，$y_a = 40200$m；再量得 ag、ae 的图上长度，根据测图比例尺（1:2000）求得实际水平长度，$D_{ag} = 150.2$m，$D_{ae} = 120.3$m。则

$$x_A = x_a + ag \cdot M = x_a + D_{ag} = (21200 + 150.2)\text{m} = 21350.2\text{m}$$
$$y_A = y_a + ae \cdot M = y_a + D_{ae} = (40200 + 120.3) = 40320.3\text{m}$$

如果为了求得的坐标值更加精确，考虑图纸伸缩的影响，则还需量出 ab 和 ad 的长度，与坐标格网的理论长度 l（一般为 10cm）比较，则 x_A，y_A 应按下式计算

$$\left.\begin{array}{l} x_A = x_a + \dfrac{l}{ab}adM \\ y_A = y_a + \dfrac{l}{ad}aeM \end{array}\right\} \tag{7-3}$$

式中　M——地形图比例尺的分母。

2. 确定点的高程

对于地形图上一点的高程，可以根据等高线及高程注记确定之。如该点正好在等高线上，可以直接从图上读出其高程，如图 7-34 中 q 点高程为 64m。如果所求点不在等高线上，根据相邻等高线间的等高线平距与其高差成正比例原则，按等高线勾绘的内插方法求得该点的高程。如图中所示，过 p 点作一条大致垂直于两相邻等高线的线段 mn，量取 mn 的图上长度 d_{mn}，然后再量取 mp 中的图上长度 d_{mp}，则 p 点的高程

$$\left.\begin{array}{l} H_p = H_m + h_{mp} \\ h_{mp} = \dfrac{d_{mp}}{d_{mn}}h_{mn} \end{array}\right\} \tag{7-4}$$

式中，$h_{mn} = 1$m，为本图幅的等高距，$d_{mp} = 3.5$mm，$d_{mn} = 7.0$mm，则

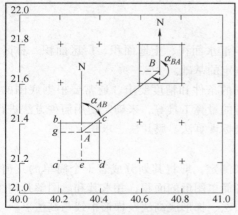

图 7-33　在地形图上量算点的坐标、两点间的水平距离和直线的坐标方位角

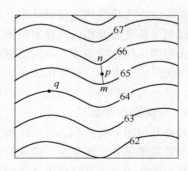

图 7-34　确定点的高程

$$h_{mp} = \frac{d_{mp}}{d_{mn}}h_{mn} = \left(\frac{3.5}{7.0} \times 1\right)\text{m} = 0.5\text{m}$$

$$H_p = H_m + h_{mp} = (65 + 0.5)\text{m} = 65.5\text{m}$$

由于等高线描绘的精度不同，也可以用目估的方法确定图上一点的高程。

3. 确定两点间的水平距离

如图7-33所示，为了消除图纸变形的影响，可根据两点的坐标计算水平距离。首先，按式(7-3)求出图上 A、B 两点的坐标 $(x_A、y_A)$，$(x_B、y_B)$，然后按下式计算水平距离 D_{AB}

$$D_{AB} = \sqrt{\Delta x_{AB}^2 + \Delta y_{AB}^2} = \sqrt{(x_B - x_A)^2 + (y_B - y_A)^2} \tag{7-5}$$

若精度要求不高，也可以用毫米尺量取图上 A、B 两点间距离，再按比例尺换算为水平距离，这样做受图纸变形的影响较大。

4. 确定直线的坐标方位角

如图7-33所示，欲求直线 AB 的坐标方位角。依反正切函数，先求出图上 A、B 两点的坐标 $(x_A、y_A)$，$(x_B、y_B)$，然后按下式计算出直线 AB 坐标方位角

$$\alpha_{AB} = \arctan \frac{\Delta y_{AB}}{\Delta x_{AB}} \tag{7-6}$$

当直线 AB 距离较长时，按式(7-6)可取得较好的结果。也可以用图解的方法确定直线坐标方位角。首先过 A、B 两点精确地作坐标格网 x 方向的平行线，然后用量角器量测直线 AB 的正、反坐标方位角分别为 α_{AB}、α_{BA}，按下式计算

$$\overline{\alpha_{AB}} = \frac{\alpha_{AB} + (\alpha_{BA} \pm 180°)}{2} \tag{7-7}$$

5. 确定两点间的坡度

设地面两点 m、n 间的水平距离为 D_{mn}，高差为 h_{mn}，直线的坡度 i 为其高差与相应水平距离之比

$$i_{mn} = \frac{h_{mn}}{D_{mn}} = \frac{h_{mn}}{d_{mn}M} \tag{7-8}$$

式中 d_{mn}——地形图上 m、n 两点间的长度(m)；

        M——地形图比例尺分母。

坡度 i 常以百分率表示。图7-34中 m、n 两点间高差为 $h_{mn} = 1.0\text{m}$，量得直线 mn 的图上距离为7mm，并设地形图比例尺为 $1:2000$，则直线 mn 的地面坡度为 $i = 7.14\%$。

7.3.3 面积量算

在国民经济建设和工程设计中，经常需要测定汇水面积、土地面积、厂区面积、林区面积、水域面积等各类型面积，而且面积测定还是体积测定的基础。

面积测定的方法很多，不同的方法适用于不同的条件和精度要求。通常要根据底图的精度、待量图的形状和大小、测定精度要求以及可能配备的量算工具等，来确定使用何种方法进行面积量算。常用的面积测定方法有几何图形图解法、坐标计算法、膜片法、求积仪法。

1. 几何图形图解法

具有几何图形的面积，可用图解几何图形法来测定，即将其划分成若干个简单的几何图形，从图上量取图形各几何要素，按几何公式来计算各简单图形的面积，并求其和。图解几何图形法测定面积的常用方法有三角形底高法、三角形三边法、梯形底高法及梯形中线与高法。

1）三角形底高法就是量取三角形的底边长 a 和高 h，按 $S = \frac{1}{2}ah$ 来计算其面积。

2）三角形三边法就是量取三角形的三边之长 a、b、c，然后，按海伦(Heran)公式 $S = \sqrt{L(L-a)(L-b)(L-c)}$[其中 $L = (a+b+c)/2$] 计算其面积。

3）梯形底高法就是量取梯形上底边长 a 和下底边长 b 及高 h，按 $S = \dfrac{1}{2}(a+b)h$ 计算其面积。

4）梯形中线与高法，就是量取梯形的中线长 c 及高 h，按 $S = ch$ 来计算其面积。

当用图解几何图形法量取面积元素时，最好使用复比例尺。若使用一般的刻度尺，应对其刻度进行检验，不符合精度要求的尺子，不能使用。

2. 坐标计算法

当多边形面积较大，且各顶点的坐标已知，则可以根据公式用坐标计算面积。如图7-35所示，$ABCD$ 为任意四边形，各顶点按顺时针方向编号，其坐标分别为 (x_1,y_1)，(x_2,y_2)，(x_3,y_3)，(x_4,y_4) 各顶点向 x 轴投影得 A'、B'、C'、D' 点，则四边形 $ABCD$ 的面积，等于梯形 $C'CDD'$ 的面积加梯形 $D'DAA'$ 减去梯形 $C'CBB'$ 和梯形 $B'BAA'$ 的面积，即

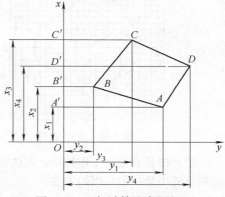

图 7-35　坐标计算法求面积

$$S = \frac{1}{2}\big[(y_3 + y_4)(x_3 - x_4)\big] + \frac{1}{2}\big[(y_4 + y_1)(x_4 - x_1)\big]$$

$$- \frac{1}{2}\big[(y_3 + y_2)(x_3 - x_2)\big] - \frac{1}{2}\big[(y_2 + y_1)(x_2 - x_1)\big]$$

$$= \frac{1}{2}\big[x_1(y_2 - y_4) + x_2(y_3 - y_1) + x_3(y_4 - y_2) + x_4(y_1 - y_3)\big]$$

若多边形有 n 个顶点，则上式可推广为

$$S = \frac{1}{2}\sum_{i=1}^{n} x_i(y_{i+1} - y_{i-1}) \tag{7-9}$$

若将各顶点投影于 y 轴，同理可得

$$S = \frac{1}{2}\sum_{i=1}^{n} y_i(x_{i-1} - x_{i+1}) \tag{7-10}$$

在式(7-9)和式(7-10)中，当 $i=1$ 时，$i-1$ 取 n；当 $i=n$ 时，$i+1$ 取 1。式(7-9)和式(7-10)计算的结果可相互作为计算检核。上述多边形若按逆时针编号，面积值为负号，但最终取值为正。

3. 膜片法

膜片法是利用透明胶片、玻璃、赛璐珞等制成的膜片，在膜片上建立一组有单位面积的方格、平行线等，然后利用这种膜片覆盖图形，然后量算出图形的图上面积值，再根据地形图的比例尺，计算出所测图形的实地面积，根据膜片的不同，可分为以下两种方法。

（1）方格法　如图7-36所示，在透明膜片上绘制有正方形格网，每个小方格的边长为1mm，将其覆盖在待测算面积的图形上，数出图形内整方格数 n_1 和不是整格的方格数 n_2，由此计算总格数 $n = n_1 + \dfrac{1}{2}n_2$，然后用总格数 n 乘以每格所代表的实地面积，即得所求图形的面积。

（2）平行线法　如图7-37所示，欲计算曲线内的面积，可用绘有间距为 d 的平行线透明纸蒙在待测图形上，也可将平行线直接绘在图形上，由此将欲测面积的图形分成若干近似梯形。用尺量出各梯形中间（见图7-37中虚线）长度 c，由下式可计算图上面积 S。

$$S_{图} = c_1 d + c_2 d + \cdots + c_n d$$

则实地面积为

$$S_{实} = \sum_{i=1}^{n} c_i d \times M^2 \tag{7-11}$$

式中 M——地形图比例尺分母。

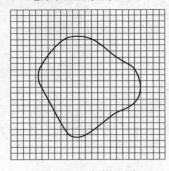

图 7-36   方格法图

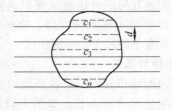

图 7-37   平行线法

膜片法具有量算工作简单，方法容易掌握，又能保证一定的精度的特点。因此，在曲边图形面积量算中是一种常用的方法。

4. 求积仪法

求积仪是一种可在图纸上量算各种不同形状图形面积的仪器。图 7-38 是日本 KP – 90N 型电子求积仪。其由动极轴、计算器和跟踪臂三部分组成。动极轴两端为金属滚轮（动极），可在垂直于动极轴的方向上滚动。计算器与动极轴之间由活动枢纽连接，使得计算器能绕枢纽旋转。跟踪臂与计算器固连在一起，右端是跟踪放大镜，用以走描图形的边界。借助动极的滚动和跟踪臂的旋转，可使描迹放大器红圈中心沿图形边缘运动。仪器底面有一积分轮，它随描迹放大镜的移动而转动，并获得一种模拟量。微型编码器安装在下面，它可将积分轮所得模拟量转换成电量，测量得到的数据经专用电子计算器运算后，直接按 8 位数将面积值显示在显示器上。

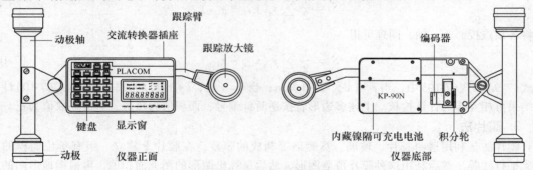

图 7-38   电子求积仪简图

具体量测时，可先将欲测面积的地形图水平固定在图板上，将仪器放在图形轮廓的中间偏左处，动极轴与跟踪臂大致垂直，描迹放大镜大致放在图形中央，然后在图形轮廓线上标记起点，如图 7-39 所示。

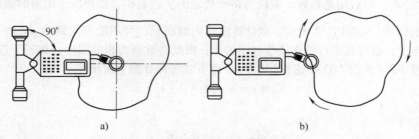

图 7-39   电子求积仪操作示意图

7.4 地形图的工程应用

7.4.1 按指定方向绘制纵断面图

在进行道路、隧道、管线等工程设计时，通常需要了解两点之间的地面起伏情况，这时，可根据地形图中的等高线来绘制断面图。

如图 7-40a 所示，在地形图上作 M、N 两点的连线，与各等高线相交，各交点的高程即为交点所在等高线的高程，而各交点的平距可在图上用比例尺量得。然后在毫米方格纸上画出两条相互垂直的轴线，以横轴 AB 表示平距，以垂直于横轴的纵轴表示高程，在地形图上量取 M 点至各交点及地形特征点的平距，并把它们分别转绘在横轴上，以相应的高程作为纵坐标，得到各交点在断面上的位置。连接这些点，即得到 MN 方向的断面图。

为了更明显地表示地面的高低起伏情况，断面图上的高程比例尺一般比平距比例尺大 5 ~ 20 倍。

若要判断地面上两点是否通视，只需在这两点的断面图上用直线连接两点，如果直线与断面线不相交，说明两点通视，否则，两点之间视线受阻。在图 7-40b 中，M、N 两点互不通视。这类问题的研究，对于架空索道、输电线路、水文观测、测量控制网布设、军事指挥及军事设施的兴建等都有很重要的意义。

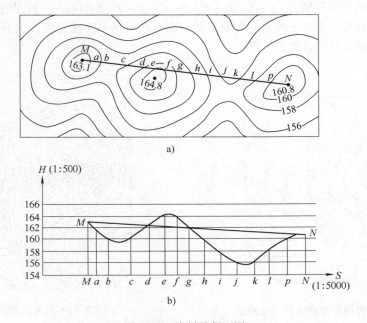

图 7-40　绘制纵断面图

7.4.2 按限制坡度选择最短路线

在山区或丘陵地区进行管线或道路工程设计时，均有指定的坡度要求。在地形图上选线时，先按规定坡度找出一条最短路线，然后综合考虑其他因素，获得最佳设计路线。

如图 7-41 所示，欲在 A、B 两点间选定一条坡度不超过 i 的线路，设图上等高距为 h，地形图的比例尺为 $1:M$，由式(7-8)可得线路通过相邻两条等高线的最短距离为

$$d = \frac{h}{iM}$$

在图上选线时，以 A 点为圆心，以 d 为半径画弧。交 84m 等高线于 1、1′ 两点，再以 1、1′ 两点为圆心，以 d 为半径画弧，交 86m 等高线于 2、2′ 两点，依次画弧直至 B 点。将这些相邻的交点依次连接起来，便可获得两条同坡度线 A, 1, 2, …, B 和 A, 1′, 2′, …, B，最后通过实地调查比较，考虑少占耕地、避开滑坡、土石方工程量小等因素，从中选定一条最合理的路线。

如果起点 A 不是正好在等高线上，应先单独求出起点 A 至第一根等高线的满足限制坡度的最小平距后，再按上述方法作图。在作图过程中，如果出现半径小于相邻等高线平距的情况，即圆弧与等高线不能相交，说明该处的坡度小于指定坡度，此时，路线可按最短距离定线。

7.4.3 确定汇水面积

修筑道路时，有时要跨越河流或山谷，这时就必须建设桥梁或涵洞，兴修水库必须筑坝拦水。而桥梁、涵洞孔径的大小，水坝的设计位置与坝高，水库的蓄水量等，都要根据汇集于这个地区的水流量来确定。汇集水流量的面积称为汇水面积。

由于雨水是沿山脊线（分水线）向两侧山坡分流，所以汇水面积的边界线是由一系列的山脊线连接而成的。如图 7-42 所示，一条公路经过山谷，拟在 P 处架桥或修涵洞，其孔径大小应根据流经该处的流水量决定，而流水量又与山谷的汇水面积有关。由图可以看出，由山脊线和公路上的线段所围成的封闭区域 $A-B-C-D-E-F-G-H-I-A$ 的面积，就是这个山谷的汇水面积。量出该面积的值，再结合当地的气象水文资料，便可进一步确定流经公路 P 处的水量，从而为桥梁或涵洞的孔径设计提供依据。

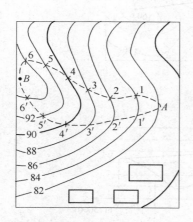

图 7-41 按限制坡度选择最短路线

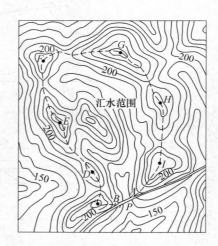

图 7-42 汇水范围的确定

确定汇水面积的边界线时，应注意以下几点：

1）边界线（除公路 AB 段外）应与山脊线一致，且与等高线垂直。

2）边界线是经过一系列的山脊线、山头和鞍部的曲线，并在河谷的指定断面（公路或水坝的中心线）闭合。

7.4.4 场地平整时的填挖边界确定和土方量计算

场地平整有两种情形，其一是平整为水平场地，其二是整理为倾斜面。

1.平整为水平场地

图 7-43 所示为某场地的地形图，假设要求将原地貌按照挖填平衡的原则改造成水平面，土方量的计算步骤如下：

（1）在地形图上绘制方格网　方格网大小取决于地形的复杂程度、地形图比例尺的大小和土方计算的精度要求，一般地，方格边长为图上 2cm。各方格顶点的高程用线性内插法求出，并注记在相应顶点的右上方，如图 7-43 所示。

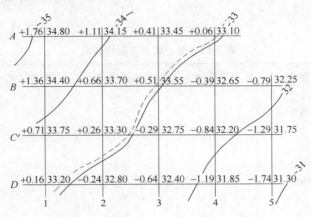

图 7-43　平整为水平场地方格法土方计算

（2）计算挖填平衡的设计高程　先将每一方格顶点的高程相加除以 4，得到各方格的平均高程 H_i，再将每个方格的平均高程相加除以方格总数，就得到挖填平衡的设计高程 H_0，其计算公式为

$$H_0 = \frac{1}{n}(H_1 + H_2 + \cdots + H_n) = \frac{1}{n}\sum_{i=1}^{n} H_i \tag{7-12}$$

由图 10-17 可以看出，方格网的角点 A_1，A_4，B_5，D_1，D_5 的高程只用了一次，边点 A_2，A_3，B_1，C_1，D_2，D_3，… 的高程用了两次，拐点 B_4 的高程用了三次，中点 B_2，B_3，C_2，C_3，… 的高程用了四次，因此，设计高程 H_0 的计算公式可以化为

$$H_0 = \frac{\sum H_{角} + 2\sum H_{边} + 3\sum H_{拐} + 4\sum H_{中}}{4n} \tag{7-13}$$

将图 7-43 中各方格顶点的高程代入式（7-13）中，即可计算出设计高程为 33.04m。在图 7-43 中内插出 33.04m 的等高线（图 7-43 中虚线）即为挖填平衡的边界线。

（3）计算挖、填高度　将各方格顶点的高程减去设计高程 H_0 即得其挖、填高度，其值注明在各方格顶点的右上方，如图 7-43 所示。

$$挖、填高度 = 地面高程 - 设计高程 \tag{7-14}$$

（4）计算挖、填土方量　可按角点、边点、拐点和中点分别计算，计算公式如下

$$\left. \begin{array}{l} 角点：挖（填）高 \times \dfrac{1}{4} 方格面积 \\[3mm] 边点：挖（填）高 \times \dfrac{2}{4} 方格面积 \\[3mm] 拐点：挖（填）高 \times \dfrac{3}{4} 方格面积 \\[3mm] 中点：挖（填）高 \times \dfrac{4}{4} 方格面积 \end{array} \right\} \tag{7-15}$$

由此可计算出每个顶点周围的挖、填土方量，最后再计算挖方量总和及填方量总和，二者应基本相等，这就是"挖填平衡"。

如图7-44所示，设每一方格面积为400m²，计算的设计高程是25.2m，每一方格的挖深或填高数据已分别按式 (7-14) 计算出，并已注记在相应方格顶点的左上方。其挖、填土方量的计算见表7-12。

图7-44　挖填方量计算

表7-12　挖、填土方量计算表

点　号	挖深/m	填高/m	所占面积/m²	挖方量/m³	填方量/m³
A1	+1.2		100	120	
A2	+0.4		200	80	
A3	0		200	0	
A4		−0.4	100		−40
B1	+0.6		200	120	
B2	+0.2		400	80	
B3		−0.4	300		−120
B4		−1.0	100		−100
C1	+0.2		100	20	
C2		−0.4	200		−80
C3		−0.8	100		−80
				∑：420	∑：−420

由计算结果可知，总挖方量等于总填方量，满足"挖填平衡"的要求。

2. 整理为倾斜面

将原地形整理成某一坡度的倾斜面，一般可根据挖、填平衡的原则，绘制出设计倾斜面的等高线。但是，有时要求所设计的倾斜面必须包含某些不能改动的高程点（称设计倾斜面的控制高程点），如已有道路的中线高程点、永久性或大型建筑物的外墙地坪高程等。如图7-45所示，设 A、B、C 三点为控制高程点，其地面高程分别为54.6m，51.3m 和53.7m。要求将原地形整理成通过 A、B、C 三点的倾斜面，其土方量的计算步骤如下：

（1）确定设计等高线的平距　过 A、B 两点作直线，用比例内插法在 AB 直线上求出高程为54m，53m，52m各点的位置，也就是设计等高线应经过 AB 直线上的相应位置，如 d、e、f、g、…点。

（2）确定设计等高线的方向　在 AB 直线上比例内插出一点 k，使其高程等于 C 点的高程53.7m。过 kC 连一直线，则 kC 方向就是设计等高线的方向。

（3）插绘设计倾斜面的等高线　过 d、e、f、g、…各点作 kC 的平行线（见图7-45中的虚线），即为设计倾斜面的等高线。过设计等高线和原同高程的等高线交点的连线，如图中连接1、2、3、4、5等点，就可得到挖、填边界线。图中绘有短线的一侧为填土区，另一侧为挖土区。

（4）计算挖、填土方量　与前面的方法相同，首先在图上绘制方格网，并确定各方格顶点的挖深和填高量。不同之处是各方格顶点的设计高程是根据设计等高线内插求得的，并注记在方格顶点的右下方，其填高和挖深量仍注记在各顶点的左上方。挖方量和填方量的计算和前面的方法相同。

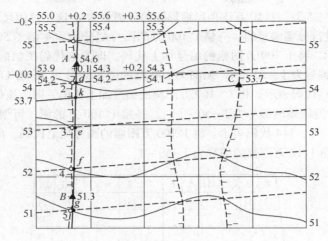

图 7-45　平整为倾斜场地方格法土方计算

7.4.5　地形图梯形分幅与编号有关知识

为了便于测绘、使用和管理地形图，需要统一地对地形图进行分幅和编号。分幅就是将大面积的地形图按照不同比例尺划分成若干幅小区域的图幅。编号就是将划分的图幅，按比例尺大小和所在的位置，用文字符号和数字符号进行编号。地形图的分幅方法有两种：一种是经纬网梯形分幅法或国际分幅法；另一种是坐标格网正方形或矩形分幅法。前者用于国家基本比例尺地形图，后者用于工程建设大比例尺地形图。

1. 地形图的分幅与编号

（1）1∶100 万比例尺地形图的分幅和编号　1∶100 万地形图分幅和编号是采用国际标准分幅的经差 6°、纬差 4° 为一幅图。如图 7-46 所示，从赤道起向北或向南至纬度 88° 止，按纬差每 4° 划作 22 个横列，依次用 A，B，…，V 表示；从经度 180° 起向东按经差每 6° 划作一纵行，全球共划分为 60 纵行，依次用 1，2，…，60 表示。每幅图的编号由该图幅所在的"列号 – 行号"组成。如北京某地的经度为 116°26′08″、纬度为 39°55′20″，所在 1∶100 万地形图的编号为 J–50。

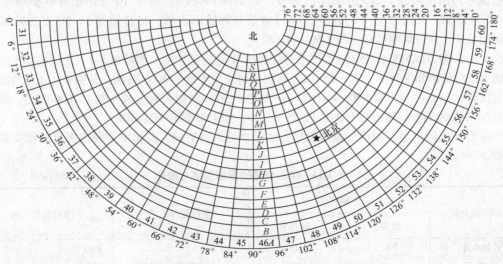

图 7-46　北半球 1∶100 万地图的梯形分幅编号

（2）1:50万、1:25万、1:10万比例尺地形图的分幅和编号 这三种例尺地形图都是在1:100万地形图的基础上进行分幅编号的。一幅1:100万的图可划分出为4幅1:50万的图，分别以代码A、B、C、D表示。将1:100万图幅的编号加上代码，即为该代码图幅的编号，如图7-47左上角1:50万图幅的编号为J－50－A。一幅1:100万的图可划分出16幅1:25万的图，分别用[1]，[2]，…，[16]代码表示。将1:100万图幅的编号加上代码，即为该代码图幅的编号，如图7-47左上角1:25万图幅的编号为J－50－[1]。一幅1:100万的图，可划分出144幅1:10万的图，分别用1，2，…，144代码表示。将1:100万图幅的编号加上代码，即为该代码图幅的编号，如图7-47左上角1:10万图幅的编号为J－50－1。

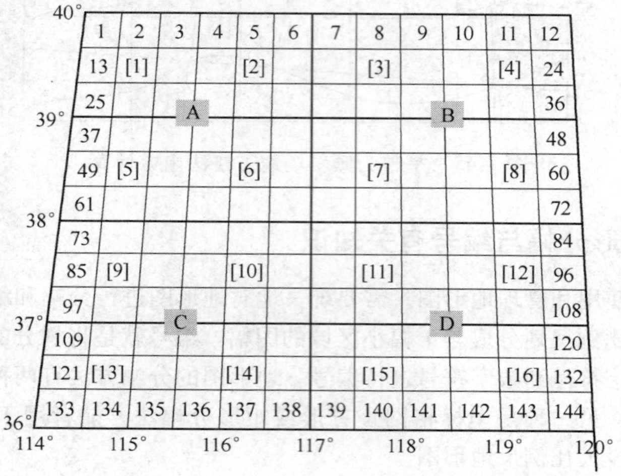

图7-47　1:50万、1:25万、1:10万比例尺地形图的分幅与编号

（3）1:5万、1:2.5万、1:1万比例尺地形图的分幅和编号　这三种比例尺图的分幅、编号都是以1:10万比例尺地形图为基础。将一幅1:10万的图划分成4幅1:5万地形图，分别以A、B、C、D数码表示，将其加在1:10万图幅编号后面，便组成1:5万的图幅编号，如J-50-144-A。如果再将每幅1:5万的图幅划分成4幅1:2.5万地形图，并以1，2，3，4数码表示，将其加在1:5万图幅编号后面便组成1:2.5万图幅的编号，如J-50-144-A-2。将1:10万图幅进一步划分成64幅1:1万地形图，并用(1)，(2)，…，(64)带括号的数码表示，将其加在1:10万图幅编号后面，便组成1:1万图幅的编号，如J-50-144-(62)。

（4）1:5000、1:2000比例尺地形图的分幅和编号 这两种比例尺图是在1:1万比例尺地形图图幅的基础上进行分幅和编号的。将一幅1:1万的图幅划分成4幅1:5000图幅，分别在1:1万的编号后面写上代码a、b、c、d，如J-50-144-(62)-b。每幅1:5000的图再划分成9幅1:2000的图，其编号是在1:5000图的编号后面再写上数字1，2，…，9，如J-50-144-(62)-b-8。

上述各种比例尺地形图的分幅与编号方法综合列入表7-13，图幅中各种比例尺分幅关系，如图7-48所示。

表7-13　梯形分幅的图幅规格与编号

地形图比例尺	图幅大小		图幅包含关系	图幅编号示例
	经度差	纬度差		
1:100万	6°	4°		J-50
1:50万	3°	2°	1:100万图幅包含4幅	J-50-A

（续）

地形图比例尺	图幅大小		图幅包含关系	图幅编号示例
	经度差	纬度差		
1:25 万	1°30′	1°	1:100 万图幅包含 16 幅	J-50-[1]
1:10 万	30′	20′	1:100 万图幅包含 144 幅	J-50-1
1:5 万	15′	10′	1:10 万图幅包含 4 幅	J-50-144-A
1:2.5 万	7′30″	5′	1:5 万图幅包含 4 幅	J-50-144-A-2
1:1 万	3′45″	2′30″	1:10 万图幅包含 64 幅	J-50-144-(62)
1:5000	1′52.5″	1′15″	1:1 万图幅包含 4 幅	J-50-144-(62)-b
1:2000	37.5″	25″	1:5000 图幅包含 9 幅	J-50-144-(62)-b-8

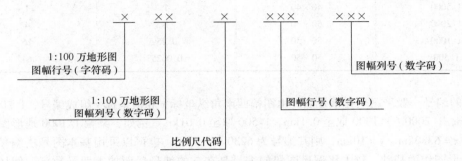

图 7-48 图幅中各种比例尺分幅关系

2. 国家基本地形图的分幅与编号

1992 年 12 月，我国颁布了 GB/T139 89—92《国家基本比例尺地形图分幅和编号》新标准，1993 年 3 月开始实施。新的分幅与编号方法如下。

（1）分幅 1:100 万地形图的分幅标准仍按国际分幅法进行。其余比例尺的分幅均以 1:100 万地形图为基础，按照横行数及纵列数的多少划分图幅，详见表 7-14。

表 7-14 我国基本比例尺地形图分幅

地形图比例尺	图幅大小		1:100 万图幅包含关系		
	纬差	经差	行数	列数	图幅数
1:100 万	4°	6°	1	1	1
1:50 万	2°	3°	2	2	4
1:25 万	1°	1°30′	4	4	16
1:10 万	20′	30′	12	12	144
1:5 万	10′	15′	24	24	576
1:2.5 万	5′	7′30″	48	48	2304
1:1 万	2′30″	3′45″	96	96	9216
1:5000	1′15″	1′52.5″	192	192	36864

（2）编号 1:100 万图幅的编号，由图幅所在的"行号列号"组成。与国际编号基本相同，但行与列的称谓相反。如北京所在 1:100 万图幅编号为 J50。1:50 万与 1:5000 图幅的编号，由图幅所在的"1:100 万图行号（字符码）1 位，列号（数字码）1 位，比例尺代码（字符码见表 7-15）1

位，该图幅行号 3 位，列号（数字码）3 位"共 10 位代码组成。

表 7-15　我国基本比例尺代码

比例尺	1:100 万	1:50 万	1:25 万	1:10 万	1:5万	1:2.5 万	1:1万	1:5000
代 码	A	B	C	D	E	F	G	H

3. 地形图的正方形（或矩形）分幅与编号方法

为了适应各种工程设计和施工的需要，对于大比例尺地形图，大多按纵横坐标格网线进行等间距分幅，即采用正方形分幅与编号方法。图幅规格与面积大小见表 7-16 所示。

表 7-16　正方形分幅的图幅规格与面积大小

地形图比例尺	图幅大小/cm	实际面积/km²	1:5000 图幅包含数
1:5000	40×40	4	1
1:2000	50×50	1	4
1:1000	50×50	0.25	16
1:500	50×50	0.0625	64

图幅的编号一般采用坐标编号法。由图幅西南角纵坐标 x 和横坐标 y 组成编号，1:5000 坐标值取至 km，1:2000、1:1000 取至 0.1km，1:500 取至 0.01km。例如，某幅 1:1000 地形图的西南角坐标为 $x = 6230km$、$y = 10km$，则其编号为 6230.0—10.0。也可以采用基本图号法编号，即以 1:5000 地形图作为基础，较大比例尺图幅的编号是在它的编号后面加上罗马数字。例如，一幅 1:5000 地形图的编号为 20 – 60，则其他图的编号如图 7-49 所示。

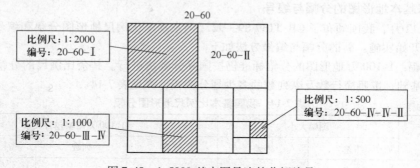

图 7-49　1:5000 基本图号法的分幅编号

思考题与习题

7-1　何谓地物、地貌？

7-2　地形图比例尺的表示方法有哪些？

7-3　何谓比例尺精度？它在测绘工作中有何用途？

7-4　地物符号分为哪些类型？

7-5　何谓等高线、等高距、等高线平距？试用等高线绘出山头、洼地、山脊和鞍部等典型地貌。

7-6　等高线可以分为哪些类型？等高线有哪些特性？

7-7　测图前，如何绘制坐标格网和展绘控制点，应进行哪些检核和检查？

7-8　试述经纬仪测绘法在一个测站测绘地形图的工作步骤。

7-9　根据表 7-17 中的视距测量数据，计算出各碎部点的水平距离及高程。

表 7-17 习题 7-9 视距测量数据

测站：A	后视点：B		仪器高 $i=1.50\text{m}$		指标差 $x=0$			
测站高程 $H_A=28.34\text{m}$			视线高 $H_视=H_A+i=29.84\text{m}$					

点号	视距 K_1 /m	中丝读数 v /m	竖盘读数 L (° ′)	竖直角 α (° ′)	水平角 β (° ′)	水平距离 D /m	高程 H /m	备注
1	28.6	1.50	87 42		26 30			望远镜视线水平时，竖盘读数为90°；向上倾斜时，读数减少
2	54.2	1.48	84 54		72 36			
3	42.5	1.55	92 48		102 18			

7-10 简述地物描绘和地貌勾绘的原则。

7-11 根据图 7-50 上各碎部点的平面位置和高程，试勾绘等高距为 1m 的等高线。

7-12 如何进行地形图的拼接、检查、整饰？

7-13 简述地形图识读的方法。

7-14 图 7-51 为 1:2000 比例尺地形图，试确定：

（1）A、B、C 三点的坐标。

（2）A、B、C 三点的高程 H_A、H_B、H_C。

（3）用解析法和图解法分别求出距离 AB、AC，并进行比较。

（4）用解析法和图解法分别求出方位角 α_{BC}，α_{BA}，并进行比较。

（5）求 AB、AC 连线的坡度 i_{BA} 和 i_{CA}。

7-15 在图 7-51 上绘出从西庄附近的 M 出发至鞍部（垭口）N 的坡度不大于 8% 的路线。

7-16 如图 7-51，试沿 AB 方向绘制纵断面图（水平距离比例尺 1:2000，高程比例尺 1:200）。

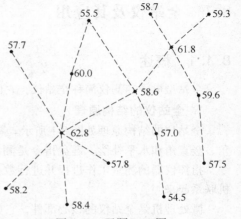

图 7-50 习题 7-11 图

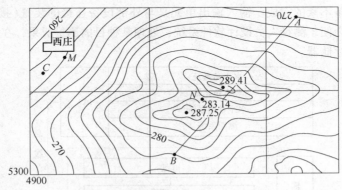

图 7-51 习题 7-14、7-15、7-16 图

第8章　现代测量仪器与技术

【重点与难点】

重点：1. 全站仪测量模式选择与应用。
    2. GPS技术原理及其应用。
    3. 地形图数字化测绘方法。

难点：1. "3S"集成技术。
    2. 数字地面模型及其在路线工程上的应用。

8.1　全站仪及其应用

8.1.1　概述

全站型电子速测仪简称全站仪，它由光电测距仪、电子经纬仪和数据处理系统组成。

1. 全站仪的结构原理

全站仪的结构原理如图8-1所示。图8-1中上半部有测量的四大光电系统，即测距、测水平角、竖直角和水平补偿。键盘指令是测量过程的控制系统，测量人员通过按键便可调用内部指令，指挥仪器的测量工作过程并进行数据处理。以上各系统通过I/O接口接入总线与数字计算机联系起来。

微处理机是全站仪的核心部件，它如同计算机的中央处理机（CPU），主要由寄存器（缓冲寄存器、数据寄存器、指令寄存器等）、运算器、控制器组成。微处理机的主要功能是根据键盘指令启动仪器进行测量工作，执行测量过程的检核和数据的传输、处理、显示、储存等工作，保证整个光电测量工作有条不紊的完成。输入输出单元是与外部设备连接的装置（接口），数据存储器是测量的数据库。为便于测量人员设计软件系统，处理某种目的测量成果，在全站仪的数字计算机中还提供有程序存储器。

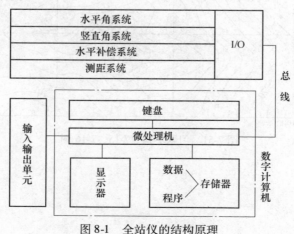

图8-1　全站仪的结构原理

2. 全站仪的构造

现代的全站仪具有先进的电子系统和读数设备。一台全站仪除能自动测距、测角外，还能快速完成一个测站所需完成的工作，包括测平距、高差、高程、坐标及放样等方面数据的计算。全站仪的基本功能是在仪器照准目标后，通过微处理器的控制，能自动完成测距、水平方向和天顶距读数、观测数据的显示与存储。

（1）全站仪的望远镜　目前的全站仪基本上采用望远镜光轴（视准轴）和测距光轴完全同轴的光学系统，如图 8-2 所示，一次照准就能同时测出距离和角度。望远镜能作 360° 自由纵转，其操作同一般经纬仪。

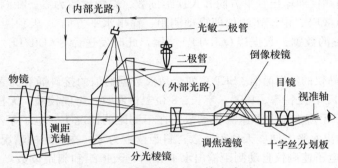

图 8-2　全站仪的望远镜光路图

（2）竖轴倾斜的自动补偿　经纬仪竖轴不铅直的误差称为竖轴误差。竖轴误差对水平方向和竖直角的影响不能通过盘左、盘右读数取中数消除。因此，在一些较高精度的电子经纬仪和全站仪中安置了竖轴倾斜自动补偿器，以自动改正竖轴倾斜对水平方向和竖直角的影响。精确的竖轴补偿器，仪器整平到 3′ 范围以内，其自动补偿精度可达 0.1″。TOPCON 公司的双轴液体补偿器如图 8-3 所示。

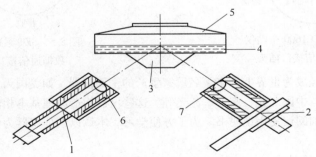

图 8-3　双轴液体补偿器
1—发光管　2—接收二极管阵列　3—棱镜　4—硅油
5—补偿器液体盒　6—发射物镜　7—接收物镜

图 8-3 中由发光管 1 发出的光，经物镜组 6 发射到，全反射后，又经物镜组 7 聚集至光电接收器 2 上。光电接收器为一光电二极管阵列可分为 4 个，其原点为竖轴竖直时光落点的位置。当竖轴倾斜时（在补偿范围内），光电接收器接收到的光落点位置就发生了变化，其变化量即反映了竖轴在纵向（沿视准轴方向）上的倾斜分量 L 和横向（沿横轴方向）上倾斜分量 T。位置变化信息传输到内部的微处理器处理，对所测的不平角和竖直角自动加以改正（补偿）。

（3）数据记录与传输　全站仪观测数据的记录，随仪器的结构不同有三种方式：一种是通过电缆，将仪器的数据传输接口和外接的记录器连接起来，数据直接存储在外接的记录器中；另一种是仪器内部有一个大容量的内存，用于记录数据；还有的仪器是采用插入数据记录卡。外接的记录器又称为电子手簿，实际生产中常利用掌上电脑作为电子手簿。全站仪和电子手簿的数据通信，通过专用电缆以及设定数据传送条件来实现。现以徕卡公司生产的 TC1600 和索佳公司生产的 SET 系列全站仪和电子手簿介绍数据通信。

1) TC1600 全站仪数据通信。TC1600 全站仪数据通信的接口插头为五芯式，如图 8-4 所示。数据传送条件如下：波特率，2400；字长，7 位二进制数；奇偶校验，偶校验；停止位，1位二进制数。如由电子手簿控制电子速测仪读数，在不测距的情况下，电子手簿发送命令（t CR/LF），电子速测仪即输出水平方向和天顶距读数，斜距读数为零；在测距的情况下，电子手簿发送命令（u CR/LF），电子速测仪即自动测距，输出水平方向、天顶距和斜距读数。电子手簿接收了一组完整的数据，数据以（CR/LF）结尾，此时发送命令（CR/LF），电子速测仪即停止输出。

2) SET 系列全站仪的数据通信。SET 系列全站仪数据通信的接口插头为六芯式，如图 8-5 所示。数据传送条件如下：波特率，1200；字长，8 位二进制数；奇偶校验，无校验；停止位，1位二进制数。如由电子手簿控制电子速测仪读数，在不测距的情况下，电子手簿发送命令（O CR/LF），电子速测仪输出水平方向、天顶距读数，斜距读数为零；在测距的情况下，电子手簿发送命令（17 CR/LF），电子速测仪自动测距输出水平方向、天顶距和斜距读数。电子速测仪接收了一组完整的数据，发送命令（18 CR/LF），电子速测仪停止输出。

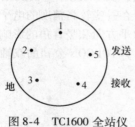

图 8-4　TC1600 全站仪
数据通信接口插头

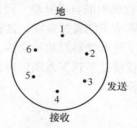

图 8-5　SET 系列全站仪
数据通信接口插头

目前，全站仪已经成为世界上许多著名厂家生产的主要仪器，如美国天宝，瑞士徕卡，日本索佳、拓普康及尼康，中国北光、南方、苏光等。这些仪器构造原理基本相同，具体操作步骤不尽相同，使用时可详细阅读使用说明书。为了方便学习，本章以索佳仪器为例说明其结构的特点和使用方法。

3. SET 仪器的结构特点

不同的 SET 系列全站仪的外貌和结构各异，但其功能却大同小异。图 8-6a 是日本索佳公司生产的 SET2100 型全站仪。全站仪的外形和电子经纬仪相类似，不同的是多了一个可供进行各项操作的键盘。

SET2100 型全站仪键盘如图 8-6b 所示，共有 28 个按键，即 1 个电源开关键、1 个照明键、4个软键、10 个操作键和 12 个字母键。

电源开关键、照明键、操作键和字母键的功能都比较形象、直观，这里只重点说明软键。软键是指显示窗底部的 F1、F2、F3、F4 四个键。其功能以不同的设置而定。显示窗底部显示的一行四段英文，每页各不相同。一个键可以代表几个含义，使用时按一定的步骤将其定义在键位上，这种操作称为键功能分配。仪器出厂时定义的功能为：

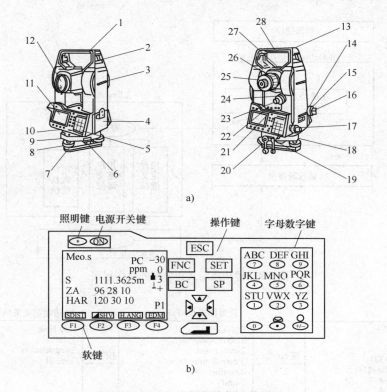

图 8-6 SET2100 型全站仪及其键盘

1—提柄 2—提柄固定螺钉 3—仪器高标志 4—电池 5—键盘 6—三角基座制动控制杆 7—底板

8—脚螺旋 9—圆水准器校正螺钉 10—圆水准器 11—显示窗 12—物镜 13—管式罗盘插口

14—光学对中器调焦环 15—光学对中器分划板护盖 16—光学对中器目镜 17—水平制动钮

18—水平微动手轮 19—数据输出插口 20—外接电源插口 21—照准部水准器

22—照准部水准器校正螺钉 23—垂直制动钮 24—垂直微动手轮

25—望远镜目镜 26—望远镜调焦环 27—粗照准器 28—仪器中心标导

第 1 页：[DIST]［◢ SHV］［H. ANG］［EDM］

第 2 页：[OSET]［COORD］［S－O］［REC］

第 3 页：[MLM]［RESET］［MENU］[HT]

操作者也可以改变每页各键的功能，使其定义功能为非出厂时的值。

（1）软件功能的定义与分配 仪器允许用户根据所进行的测量工作，对测量模式下的键功能进行分配。所定义的键将被永久保存，直至再次改变为止。内部储存器为用户提供两个寄存位置，即用户定义键位 1 和用户定义键位 2。经寄存的用户定义键位可随时恢复。仪器这种由用户针对不同的测量工作自由地定义键功能位置的特点，无疑将大大地方便用户，提高测量工作效率。

在键功能定义模式下可能进行键功能分配、键功能位置寄存和键功能恢复操作。键功能定义和分配的操作程序如图 8-7 所示。

在状态屏幕下，按[CNFG]键进入设置模式屏幕。选取"6. Key function"后，按回车键或者直接按 6，即可进入键功能定义菜单(见图 8-8)。

1）软键功能的分配与寄存。在键功能分配屏幕下，用户可以重新分配功能。新定义的功能将被显示在测试模式下，将被永远保存，直至再次被改变为止。

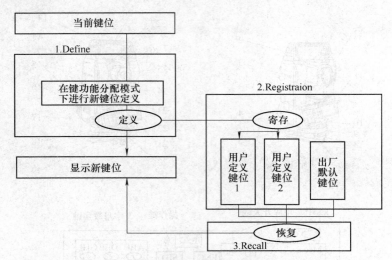

图 8-7　键功能定义和分配的操作程序

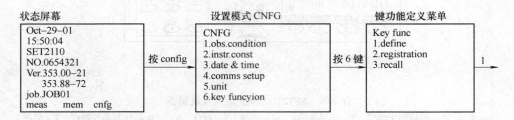

图 8-8　键功能定义菜单

利用键功能分配的办法，可将表 8-1 所示功能分配到测量模式的任一页菜单下。

表 8-1　键盘功能表

功能	含义	功能	含义	功能	含义
[DIST]	开始距离测量	[HT]	仪器高和目标高设置	[S－O]	开始放样测量
[◢SHV]	选择测距类型(S=斜距，H=平距，V=高差)	[REC]	测量数据记录	[OFFSET]	开始偏心测量
[OSET]	水平角置零	[REM]	开始悬高测量	[MENU]	转入菜单模式
[H. ANG]	已知水平角设置	[MLM]	开始对边测量	[RESET]	开始后方交会测量
[REP]	水平角复测	[RCL]	显示最新观测数据	[F/M]	米与英尺转换
[HOLD]	水平角锁定或解锁	[VIEW]	调阅工作文件数据	[D－OUT]	向外部设备输出测量结果
[R/L]	左右水平角选取	[EDM]	设置测距参数(气象改正，棱镜类型和测距模式等)	[——]	无功能定义
[ZA/%]	天顶距与坡度(%)转换	[COORD]	开始坐标测量		

软键分配的步骤如下：

① 在设置模式下，选取"6. Key function"后，按回车键进入键功能定义菜单屏幕(见

图 8-9a）。

② 选取"1. Define"后，按回车键进入键功能分配屏幕（见图 8-9b）。

③ 利用[↓]或[↑]键将光标移至屏幕左边所显示的待分配新功能的键位上（见图 8-9c）。

④ 利用[↓]或[↑]键将光标移至屏幕右边显示所需分配的功能上（见图 8-9d）。

⑤ 按回车键，将第④步中所指定的功能定义到第③步所指定的键位上。

⑥ 重复第③步到第⑤步，完成所需键功能的定义。

⑦ 按[OK]键，结束键功能分配，返回键功能定义菜单（见图 8-9e）。

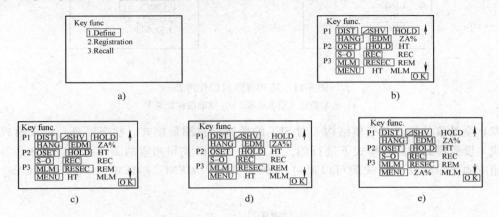

图 8-9　软键功能分配操作屏幕

a）键功能定义屏幕　b）键功能分配屏幕　c）用左、右箭头键寻找欲配功能的键位
d）用上、下箭头寻找待分配功能　e）按回车键确定分配功能

定义后的键功能位置可以寄存于用户定义键位 1 或定义键位 2 中。出厂时设置的或用户定义并寄存的键功能位置可以通过操作进行恢复。

软键功能寄存的步骤：

① 在设置模式下，选取"6. Key function"后，按回车键进入键功能定义菜单屏幕（见图 8-10a）。

② 选取"2. Registration"后，按回车键进入键功能寄存功能（见图 8-10b）。

③ 选取"1. User's1"（用户定义键位 1）或者"2. User's2"（用户定义键位 2）后，按回车键指定寄存位置，屏幕显示如图 8-10c 所示。

④ 按任意键，确认寄存并返回键功能定义菜单屏幕。

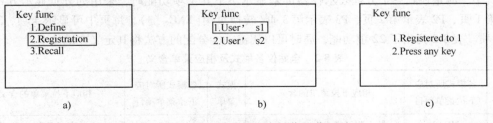

图 8-10　键功能寄存操作屏幕

a）键功能定义屏幕　b）键功能定义寄存屏幕　c）寄存确认屏幕

2）键功能恢复。内部存储器中所寄存的用户定义和出厂默认键位可根据需要随时恢复。必须注意，当恢复寄存的键位功能时，原键位上的功能将被清除。

① 在设置模式下，选取"6. Key function"后，按回车键进入键功能定义菜单屏幕，如图8-11a所示。

② 选取"3. Recall"后，按回车键进入键功能恢复屏幕，如图8-11b所示。

③ 选取"1. User's1"或"2. User's2"或"3. Default"（出厂默认键位）后，按回车键进入键位功能恢复，显示返回键功能定义菜单屏幕。

图8-11　键功能恢复操作屏幕
a）键功能定义菜单屏幕　b）键功能恢复菜单

（2）全站仪的模式与菜单结构　对SET的操作是在测量模式、状态屏幕、记录模式、菜单模式、设置模式和储存模式下进行的。图8-12为各模式和相应的菜单结构。表8-2为各模式下相应的菜单含义。模式间可以通过[ESC][REC][MENU][MEM][CNFG][MEAS]进行转换。

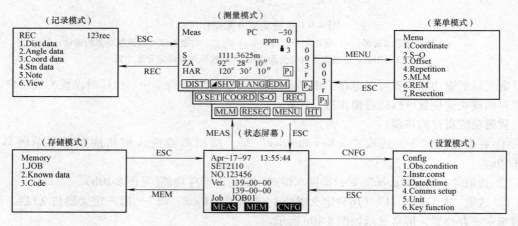

图8-12　全站仪模式图

其中，测量模式三个方框表示仪器屏幕显示不下几十项功能时，采用的分页显示方式。P1表示第1页，P2表示第2页，P3表示第3页（转换页用[FNC]键），每页中可显示4项，3页总共12项。表8-2列出了22项功能，届时可以用键功能分配的方法将其定义在键位上。

表8-2　全站仪各模式及相应菜单含义

模式菜单	各模式所对应下拉菜单项目	相应下拉菜单的含义	模式菜单	各模式所对应下拉菜单项目	相应下拉菜单的含义
状态显示	MEAS	转入测量模式	存储模式	JOB	工作文件选取与处理
	MEM	转入存储模式		KNOWNA DATE	已知坐标数据输入与管理
	CNFG	转入设置模式		CODE	特征码输入与管理

（续）

模式菜单	各模式所对应下拉菜单项目	相应下拉菜单的含义	模式菜单	各模式所对应下拉菜单项目	相应下拉菜单的含义
测量模式	DIST	距离测量	设置模式	Obs. condition	观测条件设置
	◢ SHV	选择测距类型（S=斜距，H=平距，V=高差）		Instr. Const	仪器常数设置
	O. SET	水平角置零		Date&time	日期和时钟设置
	H. ANG	已知水平角设置		Comms setup	通信条件设置
	R/L	左/右水平角选取		Unit	单位设置
	REP	水平角复测		Key function	键功能分配
	HOLD	水平角锁定与解锁	记录模式	dist data	记录距离测量数据
	ZA%	天顶距离与斜度%转换		angle date	记录角度测量数据
	HT	仪器高和目标高设置		coord date	记录坐标测量数据
	REC	记录数据		stn date	记录测站数据
	REM	悬高测量		note	记录注记数据
	MLM	对边测量		view	调阅工作文件中的数据
	RCL	显示最后测量数据		Coordinate	坐标测量
	VIEW	显示所选工作文件中的观测数据	菜单模式	S-O	放样测量
	EDM	设置测距参数和模式		Offset	偏心测量
	COORD	坐标测量		Repetition	水平角复测
	S－O	放样测量		MLM	对边测量
	OFFSET	偏心测量		REM	悬高测量
	MENU	转入菜单模式		Resection	后方交会测量
	RESEC	后方交会测量			
	f/m	英尺与米转换			
	D－OUT	向外部设备输出测量结果			

8.1.2　全站仪的使用

1. 测量前的准备

（1）仪器的检定与校准　仪器在运输和使用时期参数常会发生变化，因此，在精密测量前应对仪器进行检定和校准。

1）仪器加常数。如图 8-13 所示，在 100m 长的一条直线上选择 A、B、C 三点，并分别架设脚架。首先将仪器安置于 A 点的三脚架上，测得 S_{AB}、S_{AC} 两段距离，然后再将仪器安置于 B 点的三脚架上，测得 S_{BC}，则其加常数 c 为

$$c = S_{AC} - (S_{AB} + S_{BC}) \tag{8-1}$$

式中 S_{AB}、S_{AC}、S_{BC}——经倾斜改正后的水平距离。

2）补偿器零点差的设置。补偿器零点差的设置步骤如下：

① 在设置模块中，选"2. Inster Const"后，按回车键进入仪器常数设置状态。

② 选取"1. Tilt"后，按回车键进入补偿零点差设置状态。

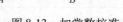

图 8-13　加常数校准

③ 在盘左位置，精确照准一参考点（距仪器 50m 以外）后，按[YES]键，记下盘左观测，此时显示提示"Take F_2"（进入盘右观测）。

④ 在盘右位置，精确照准同一参考点后，按[YES]键，记下盘左观测值，此时显示窗口显示出补偿器零点原值（Current）和新值（New）。若需保存新测定结果，则可按[YES]键，否则按[ESC]键。

3）轴系的误差设置。在 SET2110 型全站仪上，可以对竖直度盘指标差、视准轴误差及横轴误差进行设置如图 8-14 所示。其操作步骤如下：

① 在同时按住[±]、[／]和[F1]三个键后，再按开机键[ON]，并持续约 2s，使仪器能够调出维修程序。

② 用[↓]键和[↑]键（分别为上行和下行光标），选择"1. Configuration"功能，并按回车键。然后再用[↓]键和[↑]键将光标移到"1. Voffset，ES，EL"功能，按回车键。

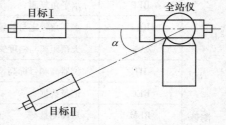

图 8-14　SET2110 型全站
仪轴系误差设置

③ 用盘左照准目标 I（显示窗口显示 F1），按键[OSET]清除，并按回车键。

④ 用盘右照准目标 I（显示窗口显示 F2），并按回车键。

⑤ 用盘左照准目标 II（显示窗口显示 F1），按回车键；再用盘右照准目标 II（显示窗口显示 F2），并按回车键。

⑥ 显示窗口显示竖盘指标差 Voffset、视准轴 ES 及横轴误差 EL 的原值和新值。

⑦ 按回车键将新值存入内存，按[ESC]键退出，并保留原值。

SOKKIA 公司为了防止 ES 和 EL 值过大，在程序中将限差设置为 20″。当新测定的值超出 20″时，按回车键则不能存入新值，此时应将仪器送维修中心去调整横轴及视准轴位置。

（2）仪器的安置

1）用光学对中器安置仪器。用光学对中器安置仪器的步骤与经纬仪安置过程相同。

2）利用补偿器整平仪器。SET2110 全站仪除了可以利用圆水准器和管水准器整平外，还可以利用补偿器精准整平仪器，即将仪器的望远镜置于图 8-15 所示的位置。

① 按[SET]键进入功能切换状态后，按[O]键，显示窗内以图形形式显示出圆水准器，如图 8-16 所示。中间的黑圈点表示圆水准器气泡，其内、外圆圈所对应的倾斜范围分别为 3′和 4′。

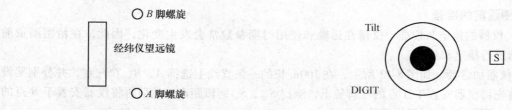

图 8-15　用补偿器整平仪器　　　　　　　图 8-16　圆水准器的图形

② 按［DIGIT］键，则仪器显示竖轴在 x 轴（视准轴方向）和 y 轴（横轴方向）上的倾斜分量。

③ 利用脚螺旋 A、B 使 x 轴方向的倾斜分量为零，用脚螺旋 C 使 y 方向上的分量为零，此时仪器就精确整平了。

（3）仪器参数的设置　在仪器参数设置模块中有很多项需要进行设置，但应特别注意以下几项参数设置。

1）气象改正。由于实际测量时的气象条件一般用仪器设计的参数气象条件不一致，因此必须对所测距离进行气象改正。在测量中，可以直接将温度、气压输入仪器中，让仪器进行自动改正；也可将仪器的气象改正项置零，并测量测距时的温度 t、气压 P，按下式进行改正

$$\Delta D = D\left(278.96 + \frac{0.2904P}{1 + 0.003661t}\right) \times 10^{-6} \tag{8-2}$$

式中　D——仪器所显示的距离；

$\quad\quad P$——测距时的气压（100Pa）；

$\quad\quad t$——测距时的温度（℃）。

SET2110 全站仪的参考条件为 $t = 15$，$P = 101325\text{Pa}$。

2）加常数。使用不同的棱镜时，应在仪器内设置不同的棱镜常数。为了在距离显示中消除加常数的影响，应在设置棱镜常数 P 值中考虑加常数的影响。

$$A = P + C \tag{8-3}$$

式中　A——置入仪器的加常数值；

$\quad\quad P$——棱镜加常数；

$\quad\quad C$——仪器加常数。

3）补偿器及轴系误差改正功能应处于"开"的状态。前述补偿器及轴系误差改正的作用，除特殊要求外，一般均应将补偿器及轴系误差改正功能置于"开"状态。检查补偿器是否处于"开"的状态，最简单的方法是将全站仪竖直制动后，调整脚螺旋，若天顶距读数发生变化，则表明补偿器处于"开"的状态；若天顶距读数不发生变化，则表明补偿器处于"关"的状态。

2. 基本测量

（1）角度测量　如图 8-17a 所示，A 为后视点，B 为前视点，O 为测站点。全站仪使用水平方向置零方法测定 AOB 角的步骤如下：

1）用水平制动钮和微动螺旋精准照准后视点，如图 8-17a 所示。

2）在测量度模式第 2 页菜单下按［OSET］键，将后视点方向设置成零，如图 8-17b 中"HAR"处显示的 $0°00'00''$。

3）精确照准前视点。

4）所显的（HAR）值（如图 8-17c 中显示的 $117°32'21''$）即为两点间的夹角。

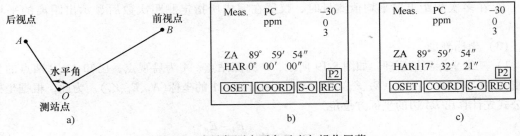

图 8-17　全站仪测水平角示意与操作屏幕

a）测水平角　b）后视方向置零显示　c）显示水平角值

（2）距离测量　SET 可以同时对角度和距离进行测量，如需记录测量数据时，可按照后面所述的"记录距离测量数据"的操作方法进行。

1）测量前的检查。在进行距离测量之前必须做到以下几点：

① 电池电量已充足。

② 读盘指标已设置好。

③ 仪器参数已按观测条件设置好。

④ 气象改正数、棱镜常数改正常数和测距模式已设置完毕。

⑤ 已准确照准棱镜中心，返回信号强度适宜测量。

2）距离类型选择和距离测量

① 在图 8-18a 所示测量时屏幕第 1 页菜单下，按［▲SHV］键选取所需距离类型。每按一次［▲SHV］键将改变一次距离类型：［SDIST］表示斜距；［HDIST］表示平距；［VDIST］表示高差。

② 按［SDIST］键，开始距离测量。此时有关测距信息（距离类型、棱镜常数改正、气象改正数和测距模式）将闪烁显示在线视窗上，如图 8-18b 所示。

③ 距离测量完成时仪器发出一声短响，并将测得为距离"S"、垂直角"ZA"和水平角"HAR"值显示，如图 8-18c 屏幕左侧第 2、3、4 行分别显示的"S""ZA""HAR"。"S"即是距离测量结果。

④ 在多次测距求取平均值测量时，所得距离值显示为 S－1、S－2……如图 8-18d 所示。

⑤ 进行重复测距时，按［STOP］键停止测距和显示测距结果，如图 8-18e 所示。

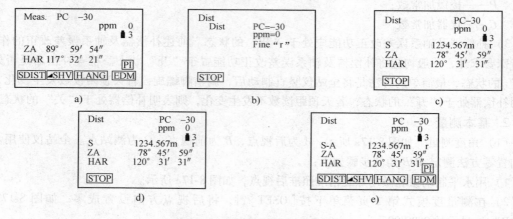

图 8-18　距离测量相关显示屏幕

a）测量模式屏幕　b）开始距离测量屏幕　c）距离测量结果显示屏幕
d）多次测距各次测距结果显示屏幕　e）多次测距求平均值，完成指定次数后显示结果屏幕

⑥ 在多次测距求取平均值测量时，仪器在完成所指定测距次数后显示出距离的平均值"S-A"。

（3）坐标测量

1）三维坐标测量原理。如图 8-19 所示，B 为测站点，A 为后视点，已知 A、B 两点的坐标分别为（N_B、E_B、Z_B）和（N_A、E_A、Z_A），用全站仪测量测点 1 的坐标（N_1、E_1、Z_1）。为此，根据坐标反算公式先计算出 BA 边的坐标方位角

$$\alpha_{BA} = \arctan \frac{E_A - E_B}{N_A - N_B} \tag{8-4}$$

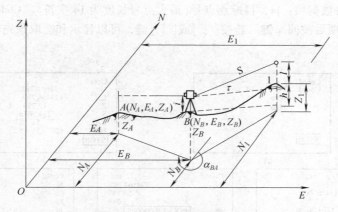

图 8-19　三维坐标测量原理

实际上，再将测站点和后视点坐标输入仪器后，瞄准后视点 A，通过操作键盘，即将水平度盘读数设置为该方向的坐标方位角。此时，水平度盘读数就与坐标方位角值相同。当用仪器瞄准1 点，所显示的水平度盘读数就是测站至 1 点的坐标方位角。测出测点到 1 点的斜距离后，1 点的坐标可按下式计算：

$$N_1 = N_B + S \cdot \cos\tau \cdot \cos\alpha$$
$$E_1 = E_B + S \cdot \cos\tau \cdot \sin\alpha \qquad\qquad (8\text{-}5)$$
$$Z_1 = Z_B + S \cdot \sin\tau + i - l$$

式中　N_1、E_1、Z_1——测点坐标；

$\quad\quad N_B$、E_B、Z_B——测站点坐标；

$\quad\quad S$——测站点至测点斜距；

$\quad\quad \tau$——测站点至测点方向的竖直角；

$\quad\quad \alpha$——测站点至测点方向的坐标方位角；

$\quad\quad i$——仪器高；

$\quad\quad l$——目标高（棱镜高）。

上述计算是由仪器机内软件计算的，通过操作键盘即可直接得到测点坐标。

2）坐标测量前的准备。坐标测量前，应做好如下准备：

① 仪器已正确地安置在测点上。

② 电池已充电。

③ 度盘指标已设置好。

④ 仪器参数已按观测条件设置好。

⑤ 气象改正数、棱镜类型、棱镜常数改正数和测距模式以准确设置。

⑥ 已准确照准棱镜中心，返回信号强度适度测量。

⑦ 测站数据已输入。

3）坐标测量步骤如下：

① 精确照准目标点棱镜中心。

② 在坐标测量菜单屏幕下选择 "1. Observation" 后按回车键，屏幕显示如图 8-20a 所示测定完成后，显示出目标点坐标值以及至目标点距离、垂直角和水平角值，如图 8-20b 所示。

③ 若为重复测量模式，按 [STOP] 键停止测量并显示测量值，如图 8-20c 所示。

④ 若需将坐标数据记录于工作文件按 [REC] 键屏幕显示如图 8-20d 所示。

⑤ 输入下列各数据项：pt，目标点点号（最大点号长度为 14 字符）。Code，特征码或备注信息等每输完一数据项后按回车键。若按［↓］或［↑］键，可以显示和选取预先输入内存的特征码，如图 8-20e 所示。

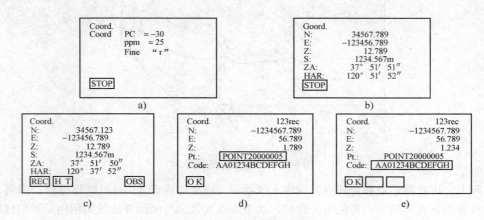

图 8-20 坐标测量

a）开始坐标测量屏幕 b）目标点坐标显示屏幕 c）重复测量模式下按［STOP］显示屏幕
d）坐标数据记录屏幕 e）特征码记录屏幕

⑥ 按［OK］键记录数据。

⑦ 照准下一目标点，按［OBS］键开始下一目标点的坐标测量，当按［HT］键进入测站数据输入屏幕，重新输入测站数据。重新输入的测站数据，将对下一观测值起作用。因此，如当目标高度等发生变化时，应在测量前输入变化后的值。

⑧ 按［ESC］键结束坐标测量并返回坐标测量菜单屏幕。

3. 高级测量

高级测量包括后方交会测量、放样测量、偏心测量、对边测量和悬高测量等内容。其测量模式详见所使用仪器的说明书。

新型全站仪中不仅设置有加常数改正、大气参数改正、轴系误差（视准轴误差、横轴误差及竖轴误差）改正和竖盘指标差修正等改正软件，而且也设置有坐标放样测量、后方交会等应用软件。对于这些软件运算结果必须正确无误，检查时应按仪器说明书中提供的操作步骤进行实际对比。全站仪在使用前须要进行检定，全站仪的检定项目有：

1）仪器外观及功能检查。

2）测距轴与视准轴吻合性检定。

3）测程的检定。

4）调制光相位不均匀误差的检定。

5）幅相误差的检定。

6）测尺频率的检定。

7）光学对电器的校验与校正（同经纬仪）。

8）周期误差及测距常数（加常数和乘常数）的检定（同测距仪）。

全站仪检验校正项目同经纬仪，其中照准部长水准管、圆水准器、光学对中器等检验原理及校正方法与经纬仪相同，其他项目检定参照有关规范和规程，并对照仪器使用说明书进行定期养护，使用时要牢记注意事项。

8.2　GPS 及其应用

8.2.1　概述

全球定位系统(GPS)是由美国国防部于 1973 年组织研制，历经 20 年，耗资 300 亿美元，于 1993 年建设成功，主要为军事导航与定位服务的系统。利用卫星发射的无线电信号进行导航定位，具有全球性、全天候、高精度、快速实时的三维导航、定位、测速和授时功能，以及良好的保密性和抗干扰性。它已成为美国导航技术现代化的重要标志，被称为 20 世纪继阿波罗登月、航天飞机之后第三大航天技术。

GPS 导航定位系统不但可以用于军事上各种兵种和武器的导航定位，而且在民用上也发挥重大作用，如智能交通系统中的车辆导航、车辆管理和救援，民用飞机和船只导航及姿态测量，大气参数测试，电力和通信系统中时间控制，地震和地球板块运动监测，地球动力学研究等。特别是在大地测量、城市和矿山控制测量、建筑物变形测量、水下地形测量等方面得到广泛的应用，从 1986 年开始，GPS 被引入我国测绘界。GPS 具有定位速度快、成本低、不受天气影响、点间无须通视、不建标等优越性，且具有仪器轻巧、操作方便等优点，目前已被广泛应用于测绘行业土木工程应用领域。

8.2.2　全球定位系统的组成

全球定位系统(GPS)主要由 GPS 空间卫星部分(卫星星座)、地面监控部分和用户设备部分三部分组成。

1. 空间星座部分

(1) GPS 卫星星座　如图 8-21 所示，GPS 卫星星座由 24 颗卫星组成，其中有 21 颗工作卫星，3 颗备用卫星。工作卫星分布在 6 个近似圆形轨道，每个轨道上有 4 颗卫星。卫星轨道面相对地球赤道面的倾角为 55°。各轨道面升交点赤经相差 60°。轨道平均高度为 20200km。卫星运行周期为 11 小时 58 分。卫星同时在地平线以上的情况至少有 4 颗，最多可达 11 颗。这样的布设方案将保证在世界任何地方、任何时间，都可进行实时三维定位。

(2) GPS 卫星及功能　卫星主体呈圆柱形，直径为 1.5m，质量约 774kg。两侧有双叶太阳能板，能自动对日定向，以提供卫星正常工作所需用电。每颗卫星装有 4 台高精度原子钟(2 台铷钟,2 台铯钟)，频率稳定度为 $10^{-13} \sim 10^{-12}$，为 GPS 测量提供高精度的时间标准。GPS 卫星的主要功能是接收并存储由地面监控站发来的导航信息；接收并执行主控站发出的控制命令，如调整卫星姿态、启用备用卫星等；向用户连续发送卫星导航定位所需信息，如卫星轨道参数、卫星健康状态及卫星信号发射时间标准等。

(3) GPS 卫星信号的组成　GPS 卫星向地面

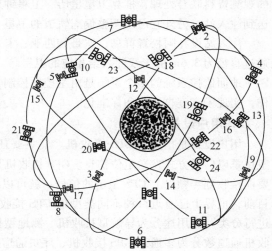

图 8-21　GPS 卫星星座

发射的信号是经过二次调制的组合信息。它是由铷钟和铯钟提供的基准信息($f = 10.23\text{MHz}$)，经过分频或倍频产生 $D(t)$ 码(50MHz)、C/A 码(1.023MHz，波长 293m)、P 码(10.23MHz，波长 29.3m)、L_1 载波($f_1 = 1575.42\text{MHz}$，$\lambda_1 = 19.50\text{cm}$)和 L_2 载波($f_2 = 1227.60\text{MHz}$，$\lambda_2 = 24.45\text{cm}$)。$D(t)$ 码是卫星导航电文，其中含有卫星广播星历(它是以 6 个开普勒轨道参数和 9 个反映轨道摄动力影响的参数组成)和空中 24 颗卫星历书(卫星概略坐标)。利用广播星历可以计算卫星空间坐标(X^{si}, Y^{si}, Z^{si})，星历参数列入表 8-3。

表 8-3　卫星导航电文中的星历参数表

M_0	参考时刻的平近点角	$\dot{\Omega}$	升交点赤经变率
Δn	平均运行速度差	$\dot{I}$	轨道倾角变率
e_s	轨道偏心率	C_{uc}、C_{us}	升交距角的调和改正项振幅
$\sqrt{a}$	轨道长半轴的方根	C_{rc}、C_{rs}	卫星地心距的调和改正项振幅
Ω_0	参考时刻的升交点赤经	C_{ic}、C_{is}	轨道倾角的调和改正项振幅
i_0	参考时刻的轨道倾角	t_0	星历参数的参考历元
ω_s	近地点角距	$AODE$	星历数据的龄期

C/A 码是用于快速捕获卫星的码，不同卫星有不同的 C/A 码。$D(t)$ 码与 C/A 码或 $P($码$)$模二相加，然后再分别调制在 L_1、L_2 载波上，合成后向地面发射。

2. 地面监控部分

地面监控部分是由分布在美国本土和三大洋的美军基地上的五个地面站组成。按功能可分为监测站、主控站和注入站三种。

监测站设在科罗拉多、阿松森群岛、迭哥伽西亚、卡瓦加兰和夏威夷。站内设有双频 GPS 接收机、高精度原子钟、气象参数测试仪和计算机等设备。主要任务是完成对 GPS 卫星信号的连续观测，并将搜集的数据和当地气象观测资料经处理后传送到主控站。

主控站设在美国本土科罗拉多空间中心。它除了协调管理地面监控系统外，还负责将监测站的观测资料联合处理，推算卫星星历、卫星钟差和大气修正参数，并将这些数据编制成导航电文送到注入站。另外它可以调整偏离轨道的卫星，使之沿预定轨道运行或启用备用卫星。

注入站设在阿松森群岛、迭哥伽西亚、卡瓦加兰。其主要任务是将主控站编制的导航电文，通过直径为 3.6m 的天线注入给相应的卫星。

地面监控系统的整个系统是由主控站控制，地面站之间由现代化通信系统联系，无须人工操作，实现了高度自动化和标准化。

3. 用户设备部分

用户设备是指用户 GPS 接收机。其主要任务是捕获卫星信号，跟踪并锁定卫星信号，GPS 卫星是以广播方式发送定位信息。GPS 接收机是一种被动式无线电定位设备。在全球任何地方只要能接收到 4 颗以上 GPS 卫星的信号，就可以实现三维定位、测速、测时，所以得到广泛应用。目前，世界上已有近百种不同类型的 GPS 接收机，这些产品可以按不同用途、不同原理和功能进行分类。按用途分为导航型接收机、测地型接收机、授时型接收机、姿态测量型接收机。按接收机通道数分为多通道 GPS 接收机、序贯通道接收机、多路复用通道接收机。

GPS 接收机主要由 GPS 接收机天线、GPS 接收主机和电源三部分组成，如图 8-22 所示，其主要功能是接收 GPS 卫星信号并经过信号放大、变频、锁相处理，测定出 GPS 信号从卫星到接收机天线间的传播时间，解释导航电文，实时计算 GPS 天线所在位置(三维坐标)及运行速度。

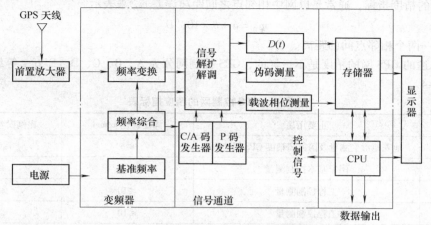

图 8-22　GPS 接收机的工作原理

GPS 接收机天线由天线单元和前置放大器组成，其作用是将 GPS 卫星信号的微弱电磁波能量转化为相应电流，并将接收到的 GPS 信号放大。

接收主机由变频器、信号通道、微处理器、存储器和显示器组成，其作用分别是将接收到的 L 频段射频信号变成低频信号；搜索、牵引并跟踪卫星，对信号进行解扩，解调以得到导航电文；存储一小时一次的卫星星历、卫星历书、接收机采集到的码相伪距观测值、载波相位观测值及多普勒频移；控制接收机进行工作状况自检，并测定、校正、存储各通道的时延等。

在精密定位测量工作中，一般采用大地型双频接收机或单频接收机。图 8-23 所示接收机是我国南方测绘仪器厂生产的 NGS—200 型 GPS 接收机。单频接收机适用于 10km 左右或更短距离的精密定位工作，其相对定位的精度能达 $5\text{mm} + 1 \times 10^{-6}D$ (D 为基线长度，以 km 计，下同)。而双频接收机由于能同时接收到卫星发射的两种频率 L_1 载波($f_1 = 1575.42\text{MHz}$，$\lambda_1 = 19.50\text{cm}$)和 L_2 载波($f_2 = 1227.60\text{MHz}$，$\lambda_2 = 24.45\text{cm}$)信号，故可进行长距离的精密定位工作，其相对定位的度可优于 $5\text{mm} + 1 \times 10^{-6}D$，但其结构复杂，价格昂贵。用于精密定位测量工作的 GPS 接收机，其观测数据需要进行后处理，因此必须配有功能完善的后处理软件，才能求得所需测站点的三维坐标。

图 8-23　NGS—200 型 GPS 信号接收机

8.2.3　GPS 测量的实施

GPS 测量的实施过程与常规测量的一样，包括方案设计、外业测量和内业数据处理三部分。本节主要介绍在城市与工程控制网中采用定位的方法和工作程序。

1. GPS 控制网精度标准确定

GPS 网的技术设计是进行 GPS 测量的基础。它应根据用户提交的任务书或测量合同所规定的测量任务进行设计。其内容包括测区范围、测量精度、提交成果方式、完成时间等。设计的技术依据是国家测绘局颁发的《全球定位系统(GPS)测量规范》(GB/T 18341—2001)及建设部颁发的《全球定位系统城市测量技术规程》(CJJ 73—1997)。各级公路、桥梁和隧道平面控制网的测量的技术要求详见第 6 章的规定。

GPS 网的精度指标，通常是以网中相邻点之间距离误差 m_D 来表示

$$m_D = a + b \times 10^{-6} D$$

式中 D——两个相邻点间的距离。

不同用途的 GPS 网的精度是不一样的，GPS 控制网分为 A、B、C、D、E 五个等级，其精度指标见表 8-4。

表 8-4　GPS 控制网的精度指标表

级别	主要用途	固定误差 a/mm	比例误差 (10^{-6})
A	地壳地形变测量及国家高精度 GPS 网建立	≤5	≤0.1
B	国家基本控制测量	≤8	≤1
C	工程控制测量	≤10	≤5
D	工程控制测量	≤10	≤10
E	工程控制测量	≤10	≤20

具体工作中精度标准的确定要根据工作的实际需要，以及具备的仪器设备条件，恰当地确定 GPS 网的精度等级。布网可以分级布设，或布设同级全面网。

2. 网形设计

GPS 网的设计主要考虑以下几个问题：

1）网的可靠性设计。GPS 测量有很多优点，如测量速度快，测量精度高。由于是无线电定位，受外界环境影响大，所以在图形设计时应重点考虑成果的准确可靠，应考虑有可靠的检验方法，GPS 网一般应通过独立观测边构成闭合图形，以增加检查条件，提高网的可靠性。GPS 网的布设通常有点连式、边连式、网连式及边点混合连接等方式。

① 点连式。它是指相邻同步图形（多台仪器同步观测卫星获得由基线的闭合图形）仅由一个公共点连接，这样构成的图形检查条件太少，一般很少使用，如图 8-24a 所示。

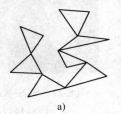 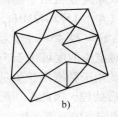 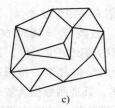

图 8-24　GPS 网的布设方式

a) 点连式（7 个三角形）　b) 边连式（14 个三角形）　c) 边点混合连接（10 个三角形）

② 边连式。它是指同步图形之间由一条公共边连接。这种方案的连接边较多，非同步图形的观测基线可组成异步观测环（称为异步环），异步环常用于观测成果的质量检查，所以边连式比点连式可靠，如图 8-24b 所示。

③ 网连接。它是指相邻同步图形之间有两个以上公共点相连接。这种方法需要 4 台以上的仪器。这种方法的几何强度和可靠性更高，但是花的时间和经费也更多，常用于高精度控制网。

④ 边点混合连接。它是指将点连接和边连接有机结合起来，组成 GPS 网。这种网的布设特点是周围的图形尽量以边连接方式，在图形内部形成多个异步环。利用异步环闭合差进行检验，

保证测量可靠性，如图 8-24c 所示。

在低等级 GPS 测量或碎部测量时可用星形布设，如图 8-25 所示。这种方式常用于快速 静态测量，优点是测量速度快，但是没有检核条件。为了保证质量，选两个点作基准点。

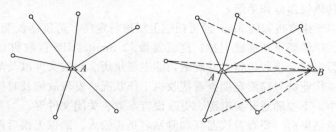

图 8-25 星形布设

2）GPS 点虽然不需要通视，但是为了便于用经典方法联测和扩展，要求控制点至少与一个其他控制点通视，或者在控制点附近 300m 外布设一个通视良好的方位点，以便建立联测方向。

3）为了求定 GPS 网坐标与原有地面控制网坐标之间的坐标转换参数，要求至少有三个 GPS 控制网点与地面控制网点重合。

4）为了利用 GPS 进行高程测量，在测区内 GPS 点位尽可能与水准点重合，或者进行等级水准联测。

5）GPS 点尽量选在视野开阔、交通方便的地点，并要远离高压线、变电所及微辐射干扰源。

6）GPS 网的基准设计。通过 GPS 测量可以获得 WGS—84 坐标系下的地面点间的基准向量，需要转换成国家坐标系或独立坐标系的坐标。因此对于一个 GPS 网，在技术设计阶段就应首先明确 GPS 成果所采用的坐标系统和起算数据，即 GPS 网的基准设计。

GPS 网的基准包括网的位置基准、方向基准和尺度基准。位置基准一般根据给定起算点的坐标确定，方向基准一般根据给定的起算方位确定，也可以将 GPS 基线向量的方位作为方向基准，尺度基准一般可根据起算点间的反算距离确定，也可利用电磁波测距边作为尺度基准，或者直接根据 GPS 边长作为尺度基准。可见只要 GPS 的位置、方向、尺度基准确定了，该网也就确定下来了。

3. 选点、建标志

由于 GPS 测量测站间不要求相互通视，所以选点工作简便。选点时除了应远离产生磁场源和保证观测站在视场内周围障碍物的高度角应小于10°～15°外，其他要求及建立标志与常规控制测量相同。

4. GPS 外业测量工作

（1）外业观测计划设计

1）编制卫星可见性预报图。利用卫星预报软件，输入测区中心点概略坐标、作业时间、卫星截止高度角≥15°等，利用不超过 20d 的星历文件即可编制卫星预报图。

2）编制作业调度表。应根据仪器数量、交通工具状况、测区交通环境及卫星报状况制定作业调度表。作业表应包括：观测时段（测站上开始接收卫星信号到停止观测，连续工作的时间段），注明开、关机时间；测站号、测站名；接收机号、作业员；车辆调度表。

（2）野外观测 野外观测应严格按照要求进行。

1）安置天线。天线安置是 GPS 精密测量的重要保证。要仔细对中、整平，量取仪器高。仪器高要用钢尺在互为 120°方向量三次，互差小于 3mm，取平均值后输入 GPS 接收机。

2）安置 GPS 接收机。GPS 接收机应安置在距离天线不远的安全处，连接天线及电源电缆，并确保无误。

3）外业观测。按规定时间打开 GPS 接收机，输入测站名、卫星截止高度角、卫星信号采样间隔等。详细可见具体仪器操作手册。

一般情况下，GPS 接收机只需 3min 即可锁定卫星进行定位。若仪器长期不用，超过 3 个月，仪器内的星历过期，仪器要重新捕获卫星，这就需要 12.5min。GPS 接收机自动化程度很高，仪器一旦跟踪卫星进行定位，接收机将自动观测到的卫星星历、导航文件以及测站输入信息以文件形式存入接收机内。作业员只需要定期查看接收机工作状况，发现故障及时排除，做好记录。接收机正常工作过程中，不要随意开关电源、更改设置参数、关闭文件等。

一个时段的测量结束后，要查看仪器高和测站名是否输入，确保无误后再关机、关电源，以及迁站。

4）观测记录——GPS 接收机记录的数据。外业观测过程中，所有的观测数据和资料都应妥善记录。观测记录主要由接收设备自动完成，均记录在存储介质（如磁带、磁卡或记忆卡等）上。记录的数据包括载波相位观测值及相应的观测历元、同一历元的测码伪距观测值、卫星星历及卫星钟差参数、大气折射修正参数、实时绝对定位结果、测站控制信息及接收机工作状态信息。

（3）观测数据下载及数据预处理　观测成果的外业检核是确保外业观测质量和实现定位精度的重要环节，所以外业观测数据在测区时就要及时进行严格检查，对外业预处理成果，按规范要求严格检查、分析，根据情况进行必要的重测和补测。对每天的观测数据及时进行处理，及时统计同步环与异步环的闭合差，对超限的基线及时分析并重测，确保外业成果无误后方可离开测区。

（4）内业数据处理　测量数据处理是指从外业采集的原始观测数据到最终获得测量定位成果的全过程。大致可以分为数据的粗加工、数据的预处理、基线向量解算、基线向量网平差或与地面网联合平差等几个阶段。数据处理基本流程如图 8-26 所示。

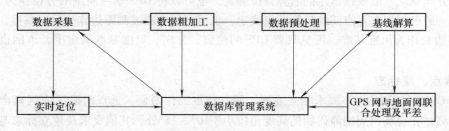

图 8-26　数据处理基本流程

为提高 GPS 测量的精度与可靠度，基线解算结束后，应及时计算同步环闭合差、非同步环闭合差以及重复边的检查计算，各环闭合差应符合规范要求。内业数据处理完毕后应完成 GPS 测量技术报告并提交有关资料。

5. GPS 在公路勘测中的控制测量

目前，GPS 技术已广泛应用于公路控制测量中，它具有常规测量技术不可比拟的技术优势：速度快、精度高、不必要求点相互通视。通常用技术分两级建立公路控制网。首先，用 GPS 技术建立全线统一的高等级公路控制网；然后，用 GPS 或常规测量技术先进 GPS 点间的加密附合导线测量。分级布网既能保证在局部范围（几千米线路）内导线点有较高的相对精度和可靠性，同时保证相对精度能在全线顺次延续。

全线公路 GPS 控制网由多个异步闭合环所组成，每环的基线向量不宜超过 6 条，边长为 2 ～

4km，闭合边与国家三角点联测，长度不受限制。

在每隔 4km 左右布设一对相互通视、边长约 300m 并埋设标石的点，这样的布设主要是为了有利于后续用全站仪来加密布设附合导线或施工放样。但是，由于控制点间的边长过于悬殊，导致内业数据处理过程中存在一些较为明显的不合理成分。如为了有效检验外业基线成果的质量，必须在网中形成一定数量的异步闭合环。当异步环中边长较为悬殊时（有几百米的，也有十几千米的），虽然能满足上述基线检核的各项条件，但长边的系统误差比短边的系统误差大，长边绝对精度比短边低很多，若不加区别地将全部基线纳入网中进行平差计算，势必将长边的系统误差传递到短边中，大大削弱短边的精度，影响整个控制网的点位精度。解决这个问题的方法是将长边不纳入网中进行平差，仅作检核之用，如图 8-27 中的 *AD*、*DH*、*EH*、*DM* 边。

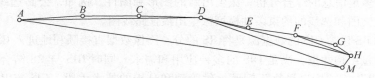

图 8-27 公路勘测首级控制网布设示意图

8.3 3S 技术及其集成

"3S" 技术通常指 GPS、GIS、RS 三者的集成技术，"3S" 是中国科学家按照 GPS、GIS、RS 字尾均为 S，而这三者关系日趋紧密结合构成的一个对地观测、处理、分析、制图系统。GPS 是授时与测距导航系统/全球定位系统（Navigation System Timing and Ranging/Global Positioning System）的简称；GIS 是地理信息系统或地学信息系统（Geographic Information System）的简称；RS 是遥感（Romote Sensing）的简称。"3S" 技术是 20 世纪 90 年代兴起的集成空间科技、计算机技术、电子技术、无线电传输技术与地理科学、信息科技、环境科技、资源科技、管理科技以及与地学相关的一切学科于一体，进而保证对与地学相关问题从整体上优化、系统、实时、自动解决，并实现预测与科学决策一体化的技术。国外地学科学家也认为 GPS、GIS、RS 的结合与集成是从整体上解决空间对地观测的理想手段。

地理信息系统（GIS）是指与所研究对象的空间地理分布有关的信息。它是表示地表物体及环境固有的数量、质量、分布特征、属性、规律和相互联系的数字、文字、音像和图形等的总称。地理信息不仅包含所研究实体的地理空间位置、形状，还包括对实体特征的属性描述。例如，应用于土地管理的地理信息，能够反映某一点位的坐标或某一地块的位置、形状、面积等，还能反映该地块的权属、土壤类型、污染状况、植被情况、气温、降雨量等多种信息；又如用于市政管网管理的地理信息，能够反映各类地下管道的线路位置、埋设深度、宽度等信息，还能反映管线的性质（如电缆、煤气、自来水等），管道的材料、直径，以及权属、施工单位、施工日期和使用寿命等信息。因此，地理信息除具有一般信息所共有的特征外，还具有区域性和多维数据结构的特征，即在同一地理位置上具有多个专题和属性的信息结构，并具有明显的时序特征。将这些采集到的与研究对象相关的地理信息，以及与研究目的相关的各种因素有机地结合，并由现代计算机技术统一管理、分析，从而对某一专题产生决策支持，就形成了地理信息系统。

遥感技术（RS）是利用光谱学、光电子学和电子技术从高空或远距离平台上，利用电磁波的探测仪器，获得接收物体辐射及反射的电磁波信息，经信息处理，测定被测物体的性质、形状位置和动态变化。利用卫星对地观测称为航天遥感，利用飞机对地观测称为航空遥感。实际上，遥感是航空摄影测量的新发展。

"3S"技术不是 GPS、GIS、RS 的简单组合，而是将其通过数据接口严格、紧密、系统地集成起来，使其成为一个大系统。显然，这个目标上的"3S"尚在发展当中，目前 RS 与 GPS、RS 与 GIS、GIS 与 GPS 的两两集成已有许多研究与应用成果。

8.3.1 RS 与 GIS 的集成

1. RS 为 GIS 提供信息源

早期利用摄影测量相片或 RS 卫星，经纠正、处理，形成正射影像图，进一步目视判读之后，可编制出多种专题用图，这些图件经过扫描或手扶跟踪数字化之后成为数字电子地图，进入到 GIS 中，实现多重信息的综合分析，派生出新的图形和图件。例如，公路选线中根据地形图、土壤图、地质水文图和选线的约束条件模型派生出最佳路线图。

比较理想的 RS 作为 GIS 的数据源是将 RS 的分类图像数据直接顺利地进入 GIS 中，经过栅矢转化形成空间矢量结构数据，满足 GIS 的多种应用和需求。同时 GIS 与 RS 结合起来，GIS 对于 RS 中"同物异谱"或"同谱异物"问题提供管理和分析的技术手段。GIS 与 RS 的结合实质是数据转换、传输、配准。

2. GIS 为 RS 提供空间数据管理和分析的技术手段

RS 信息源主要来源于地物对太阳辐射的反射作用，识别地物主要依据于 RS 量测地物灰度值的差异，实践中出现同物异谱和同谱异物是可能的，从单纯的 RS 数字图像处理，这类问题解决难度较大，若将 GIS 与 RS 结合起来，此类问题就易于解决。如 GIS 将地形划分为阳坡、阴坡、半阴半阳坡及高山、中山、低山，配合 RS 进行地表植被分类，就能获得很好的效果。

3. RS 与 GIS 的三种结合方式

图 8-28 给出 RS 与 GIS 的三种结合方式。图 8-28a 是分开但平行的结合，RS 的数据结构为栅格数据，其几何信息（定位信息）为其行、列数，而其属性信息（定性信息）为其灰度值，GIS 多为矢量数据结构，可实现矢一栅转化，因此，GIS 与 RS 的结合实质上是数据转换、传输、配准。所谓配准是指 RS 数据与 GIS 中图形数据之间几何关系的一致。为了便于管理，在具体实施中有两种结构，一种是 GIS 为 RS 的一个子系统；另一种是 RS 为 GIS 的子系统，这种结构更易实现，因为 GIS 中增加栅格数据处理功能在 RS 中增加矢量数据处理、分析及数据库管理功能更容易一些，逻辑上也更为合理。目前市面上的 GIS 产品，如 MEG，ARC/INFO、Geostar 等都加了 RS 数字图像处理系统功能。图 8-28b 是一种无缝的结合，图 8-28a 和图 8-28b 两种结构都需要建立一种标准的空间数据交换格式，作为 RS 与 GIS 之间、各种 GIS 之间、GIS 与数字电子地图之间的数据交换格式和标准，这是全世界都关注的问题，美国联邦空间数据委员会 1992 年颁布了空间数据交换标准 SDTS（Spatial Data Transfer Sdandard）。澳大利亚基于美国 SDTS 建立了自己的 AS-DT—S，我国亦正在建立相应的标准。应该建立一个全世界统一的标准交换格式，实现空间数据共享，完成数字地球工程。图 8-28c 是一种无缝的结合，即将 GIS 与 RS 真正集成起来，形成数据结构和物理结构均为一体化的系统，国外已有这样的系统，如美国 NASA 国家空间实验室的地球资源实验室开发的 ELAS 系统，将数字化图形数据、同步卫星影像和其他数据置于统一的数据库，实现统一分析、处理、制图。

8.3.2 RS 与 GPS 的集成

从 GIS 的需求去看，GPS 与 RS 都是其有效的数据源，GPS 数据精度高、数量少，侧重提供

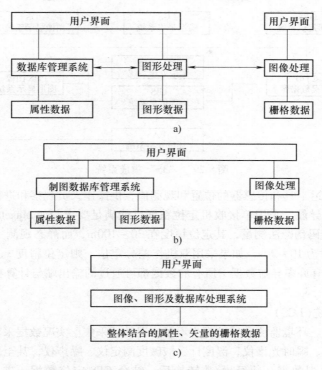

图 8-28 GIS 与 RS 结合的三种方式

特征点位的几何信息,发挥定位和导航功能,GPS 能够实时明确地物的属性;RS 则数据量很大,数据精度低,侧重从宏观上反映图像信息和几何特征。把 GPS 与 RS 有机地结合起来,可以实现定性、定位、定量的对地观测。利用 GPS 可以实现 RS 卫星姿态角测量、摄影测量内外定向元素测定、航测控制点定位、RS 几何纠正点定位、数据配准等。

8.3.3 GPS 与 GIS 的集成

这种集成的基本思路是把 GPS 的实时数据通过串口适时进入 GIS 中,在数字电子地图上实现实时显示、定位、纠正、线长、面积、体积等空间位态参数的实时计算及显示、记录。其基本技术是将 GPS 数据通过 RS—232C 接口按设置的通信参数实时地传入 GIS 中。

GPS 与 GIS 的集成是最常见、最有发展前景的集成,也是易于实现的。目前 GPS 与 GIS 的结合广泛应用于车辆、航舶、飞机定位、导航和监控,广泛应用于交通、公安、车船机自动驾驶、科学种田、集约农业、集约林业、森林防火、海上捕捞等多个领域。

8.3.4 "3S" 集成

"3S" 的综合应用是一种充分利用各自的技术特点,快速准确而又经济地为人们提供所需要的有关信息的新技术。基本思想是利用 RS 提供的最新的图像信息,利用 GPS 提供的图像信息中"骨架"位置信息,利用 GIS 为图像处理、分析应用提供技术手段,三者一起紧密结合为用户提供精确的基础资料(图像和数据)。

图 8-29 为武汉大学设计的面向环境管理、分析、预测的 "3S" 系统。

1. 全球定位系统(GPS)

全球定位系统主要用作实时定位,为遥感实况数据提供空间坐标,用于建立实况数据及在

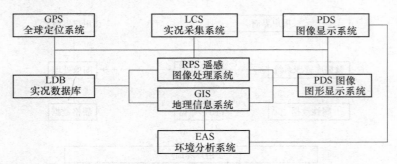

图 8-29 "3S" 集成系统

PDS 的图像上显示载运工具和传感器的位置和观测值，供操作人员观察和进行系统分析。无论是遥感数据采集和车船导航，采用单接收机定位精度已能满足要求，如 Magellan MAV5000 型手持式 GPS，单机用 C/A 码伪距法测量，其定位精度在 $30 \sim 100m$，而静态观测一个点的定位时间只需 $1min$，动态观测时为 $10 \sim 20s$，如果采用双机作差分定位，则定位精度 x、y、z 方向都能达到 $\pm(1 \sim 5)m$。此外还有许多导航数据。所有的数据都可通过的输出端与计算机串口或并口连接后输入计算机。

2. 实况采集系统（LCS）

无论是遥感调查、环境监测和导航都少不了实况数据采集。实况数据采集用的传感器有红外辐射计或红外测温仪、瞬时光谱仪、湿度计、酸碱度测定仪、噪声仪，甚至像雷达、声呐等。大多传感器输入的是模拟数据，须经模/数转换后，结合 GPS 定位数据，进入建库或其他系统。模/数转换是由插在计算机中的模数变换接口板来完成。

3. 遥感图像处理系统（RPS）

遥感图像处理系统的功能主要有：

1）根据实况数据（包括星上测定的参数）与原始遥感影像的特点所作的辐射校正。

2）根据 GPS 定位数据或 PDB 中的地图数据对影像作几何校正及其他几何处理。

3）数据变换和压缩。尤其是为了 GIS 矢量数据叠合分析，需将提取的专题数据进行栅格 - 矢量数据变换，或将 PDB 及 GIS 中过来的图形数据变换成栅格数据。

4）图像增强。

5）图像识别和特征提取。图像处理系统向 GIS 和 EAS 提供专题信息。向 PDB 提供导航用图像和显示处理的中间结果和最后成果，向 PDB 存放处理的图像或图形。

4. 地理信息系统（GIS）

GIS 是以处理矢量形式的图形数据为主进行制图分析，也可对栅格形式的数据进行叠加分析。GIS 的特点是可以对同一地区，以统一的几何坐标为准，对不同层面上的信息进行查询编辑、统计和分析。在 3S 系统中，其作用是将预先存入 PDB 中的背景数据与 LDB 中的实况数据和 RPS 中的遥感分类数据进行多层面的管理和分析。

5. 图像图形显示系统（PDS）

图像图形显示系统是处理和分析人员了解和监视系统工作的窗口，对于导航和实况采集尤为重要，因这两项工作要以实时显示来指导航行和采集数据。在图像处理、分类、图形编辑、叠加等及数据分析中也随时需要显示中间结果和最终成果。显示屏幕可用专用屏幕，也可直接在操作终端上显示图像，需在图像卡支持下工作，要求有漫游、缩放、彩色合成、专题显示、图像与图形以及与实况数据叠合、动态变化及其他各项通常的图像图形显示功能。

6. 环境分析系统（EAS）

环境分析系统为各种专业应用的分析所设置，这些专业分析已远远超过了 GIS 中的分析功能。环境分析系统是按照用户的要求，以一定的模式把有关数据和分析方法像积木一样地组织在一起，例如，根据环境分析要求，选择来自 LDB、PDB 的数据，组合 GIS 提供的若干功能，结合 EAS 本身的一些专用分析功能，作叠置分析、网络分析，甚至运用人工智能方法进行动态分析和预测分析，完成规定的环境分析任务。系统软件需结合应用目的编制。

上例可以看出，一个 "3S" 系统必须具备：

1）完备、一致的对地观测、数据采集系统　这里主要是 RS 数据源、DGPS 和其他大地测量仪器（如全站仪、多台电子经纬仪基于空间前方交会的三维工业测量系统、惯性测量系统、电子罗盘等）、传感器（用于多种专业性问题的数字模拟仪器，其中模拟仪器要进行数模转化）三个主要组成部分，这部分关键技术是与计算机数据库系统的顺利、实时、安全、可靠通信。

2）图像、图形存储、编辑、处理、分析、预测、决策系统　其核心是功能完备、操作简单、与数字地图兼容的 GIS 和 RS 数字图像处理合一的系统，这部分是系统的核心，针对军事、城建、城管、土地、森林资源、环境、水保与荒漠化等专业性的空间问题，用户可进行必要的二次开发。

3）图像、图形、文字报告、决策方案、预测结果输出系统（显示、绘图、打印等）。"3S" 系统是高度自动化、实时化、智能化的对地观测系统，这种系统，不仅具有自动、实时地采集、处理和更新数据的功能，而且能够智能化地分析和运用数据，为多种应用提供科学的决策咨询，并回答用户可能提供的各种复杂问题。"3S" 系统在土地、地质、采矿、石油、军事、土建、管线、道路、环境、水利、林业等多种领域的开发、调查、评价、监测、预测中发挥基础和信息提供的作用；为决策科学化提供依据和保障。

8.4　地形图数字化测绘方法

8.4.1　数字测图原理

1. 数学测图的基本思想

传统测绘是把终点建立在完成模拟地形图的基础之上，其实质是将测得的观测值（数值）用图解的方法转化为图形。野外测量和内业资料处理成为分离式工种，野外完成测角、量距和测高差等三大基本工作，内业资料处理由人工整理、计算和绘图等几个环节完成。

现代测绘是集成测绘技术，外业、内业、绘图一体化。由手工作业向自动化、系统化作业方向发展，使传统的测绘技术由观测、记录、计算、内业处理、制图等几个作业单元分步完成，转变为测绘工作者利用现代化的电子全站仪一人即可独立操作完成数据采集、数据传输、数据处理，一直到绘制成图，整个过程由计算机自动处理，内外业界线已不再明显。

数字测图的基本思想如图 8-30 所示。将模拟量转换为数字这一过程通常称为数据采集。目前，数据采集方法主要有野外地面数据采集法、航片数据采集法、遥感采集法、原图数字化法。数字测图的基本成图过程，就是通过采集有关地物、地貌的各种信息并及时记录在数据终端（或直接传输给便携机），然后通过数据接口将采集的数据传输给计算机，并由计算机对数据进行处理而形成绘图数据文件；最后由计算机控制绘图仪自动绘制所需的地形图，最终由储存介质保存数字地形图。数字测图虽然生产成品仍然以提供图解地形图为主，但是它以数字形式保存着地形模型及地理信息。

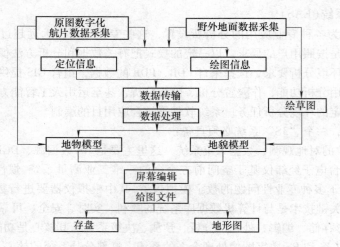

图 8-30　数字化测图基本流程

2. 地形图图形的描述

一切地形图都可以分解为点、线、面三种图形要素，其中点是最基本的图形要素。这是因为一组有序的点可连成线，而线可以围成面。但要准确地表示地形图图形上点、线、面的具体内容，还要借助一些特殊符号、注记来表示。数字测图是经过计算机软件自动处理（自动计算、自动识别、自动连接、自动调用图式符号等），自动绘出所测的地形图。因此，数字测图时必须采集绘图信息。这些信息包括点的定位信息、连接信息和属性信息。

定位信息也称点位信息，是用测绘仪器在外业测量中测得的，最终以 x、y、$z(H)$ 表示的三维坐标。点号在测图系统中是唯一的，根据它可以提取点位坐标。

连接信息是指测点的连接关系，它包括连接点号和连接线形，据此可将相关的点连接成一个地物。上述两种信息合称为图形信息，又称为几何信息，以此可以绘制房屋、道路、河流、地类界、等高线等图形。

属性信息又称为非几何信息，包括定性信息和定量信息。属性的定性信息用来描述地形图图形要素的分类或对地形图图形要素进行标名，一般用拟订的特征码（或称地形编码）和文字表示。有了特征码就知道它是什么点，对应的图式是什么。属性的定量信息是说明地形图的要素的性质、特征或强度的。例如楼层等，一般用数字表示。

进行数字测图时，不仅要测定地形点的位置（坐标），还要知道是什么点，是道路还是房屋，当场记下该测点的编码和连接信息。显示成图时，利用测图系统中的图式符号库，只要知道编码，就可以从库中调出与该编码对应的图式符号成图。

3. 地形图图形的数据格式

地形图图形要素按照数据获取和成图方法的不同，可区分为矢量数据和栅格数据两种数据格式。矢量数据是图形的离散点坐标(X,Y)的有序集合，它的数据量与比例尺、地物密度有关；栅格数据是图形像元值按矩阵形式的集合。野外采集的数据、由解析测图仪获得的数据和手扶跟踪数字化仪采集的数据是矢量数据；由扫描仪和遥感获得的数据是栅格数据。一幅地形图图形的栅格数据量一般情况下比矢量数据量大得多。

矢量数据结构是设计人员熟悉的图形表达形式，从测定地形特征点位置到线划地形图中各类地物的表示以及设计用图，都是利用矢量数据。计算机辅助设计（CAD）、图形处理及网络分析，也都是利用矢量数据和矢量算法。因此，数字测图采用矢量数据结构和画矢量图形。若采用的数据是栅格数据，必须将其转换为矢量数据。由计算机控制输出的矢量图形不仅美观，而且更新方便，应用非常广泛。

8.4.2　数字测图作业模式与作业过程

1. 数字测图作业模式

作业模式是数字测图内、外业作业方法、接口方式和流程的总称。由于数字测图的作业方法主要体现在数据采集阶段，因此作业模式主要依据数据采集方法进行划分（见图 8-31）。不同的作业模式下，其内、外业工作的内容具有一定的区别。

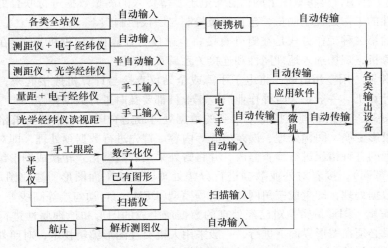

图 8-31　数字测图作业模式

2. 数字测图作业过程

数字测图的作业过程，概而言之可分为数据获取、数据编辑和处理、数据输出三个阶段。数字测图的作业过程与作业模式随数据采集方法、使用的软件等不同而又有很大区别。在众多的数字测图模式中，以全站仪 + 电子手簿测图模式（通常称为测记式）和电子平板测图模式应用最为普通。由于电子平板测图模式与传统的大平板测图模式作业过程相似，下面着重介绍测记式数字测图的基本作业过程。

（1）资料准备　收集高级控制点成果资料，将其按照代码及三维坐标（X、Y、H）或其他成果形式录入电子手簿或磁卡中。

（2）控制测量　数字测图一般不必按常规控制测量逐级发展。对于大测区（如 15km^2 以上）通常先用 GPS 或导线网进行三等或四等控制测量，而后布设加密导线网。对于小测区（如 15km^2 以下），通常直接布设导线网，作为首级控制，并进行整体平差。等级控制点的密度，根据地形复杂、稀疏程度，可以有很大差别。等级控制点应尽量选在制高点或主要街区上。对于图根点和局形地段，用单一导线测量和辐射法布设，其密度通常比白纸测图小得多。一般用电子手簿及时解算各图根点的三维坐标（X、Y、H），并记录图根点代码。

（3）测图准备　目前，绝大多数测图系统在野外数据采集时，要求绘制较详细的草图。绘制草图一般在准备的工作底图上进行。这一工作底图最好用旧地形图、平面图的晒蓝图或印件制作，也可用航片放大影像图制作。另外，为了便于野外观测，在野外采集数据之前，通常要在工作底图上对测区进行"作业区"划分，一般以沟渠、道路等明显现状地物将测区划分为若干个作业区。

（4）数据采集　数据采集的目的是获取数字化成图所必需的数据信息，包括描述地形图实体的空间位置和形状所必需的点的坐标和连接方式，以及地形图实体的地理属性。

数据采集在野外完成。外业采集主要用测量仪器（如全站仪、速测仪、GPS 等）进行，借助于电子手簿或全站仪存储器的帮助，将测量数据（一般为测点坐标）传入计算机供进一步处理。当用外业采集方法时，测点的连接关系及地形图实体的地理属性一般也在工作现场采集和记录，而且有两种不同的采集和记录方法。一种方法是用约定的编码表示，野外测量时，将对应的编码输入到电子手簿或全站仪的存储器，最后与测量数据一起传入计算机。另一种方法则用草图来描述测点的连接关系和实体的地理属性，野外测量时绘制相应的草图（不输入到电子手簿或全站仪存储器），在内业工作中，再将草图上的信息与电子手簿传入的测量数据进行联合处理。外业采集的另一个基础性的工作是控制测量，包括等级控制与图根控制。

外业采集的第二种工作方式是在野外直接将全站仪与计算机（便携机）连接在一起，测量数据实时传入计算机，现场加入地理属性和连接关系后直接成图。

（5）数据传输　用专用电缆，将电子手簿或全站仪直接与计算机连接起来，通过键盘操作的数据传输到计算机。一般每天野外作业后，作业员都要及时进行数据传输。

（6）数据处理　数据处理是指将采集到的数据处理成适合图形生成所要求格式的过程，或结构的转换、投影变换、图幅处理、误差检验等内容。首先进行数据预处理，即对外业采集数据时，对可能出现的各种错误进行检查修改，并将野外采集的数据格式转换成图形编辑系统要求的格式（即生成内部码），接着对外业数据进行分幅处理、生成平面图形、建立图形文件等操作；再进行等高线数据处理，即生成三角网数字高程模型（DEM）、自动勾绘等高线等。

（7）图形编辑　图形编辑是对已经处理的数据所生成的图形和地理属性进行编辑、修改的过程。图形编辑必须在图形界面下进行，一般采用人机交互图形编辑技术，对照外业草图，对漏测或错测的部分进行补测或重测，消除一些地物、地形的矛盾，进行文字注记说明及地形符号的填充，进行图廓整饰等，也可对图形的地形、地物进行增加或删除、修改。

（8）图形输出　图形输出则是将已经编辑好的图形输出到所需介质上的过程，一般在绘图仪或打印机上完成。目前，图形输出也包括以某种（指定的或标准的）格式输出数据文件。不同的测图软件，其内业处理方法、操作差别很大。要使用好一套测图系统，掌握具体的操作方法，必须对照操作说明书反复练习。

（9）检查验收　按照数字测图规范的要求，对数字地形图及由绘图仪输出的模拟图，进行检查验收。

8.5　数字地面模型及其在路线工程上的应用

公路路线方案是路线设计中最关键的问题。方案是否合理，不仅直接关系到公路本身的投资和运输效益，更重要的是影响到路线在公路网中是否起到应有的作用，即是否满足国家的政治、经济和国防要求。

为了确定一条合理的路线方案，根据交通运输部有关规定，一条公路的设计要经过可行性研究、初步设计和施工图设计三个阶段。可行性研究阶段，在 1:50 000 ~ 1:10000 的地形图上选择各种可能走向，经论证后确定路线的合理方案；初步设计阶段，在 1:2000 ~ 1:1000 的地形图上对推荐的路线方案进行纸上定线，确定路线的线形指标；施工图设计阶段，首先测定路线方案所在地区带状地形图，然后在所测地形图上进行详细选线和设计，最后再按设计线形放样到地面上。有了数字地面模型，使公路选线工作变得轻松，外业的工作量相对减少，内业工作量相对加大，路线的方案比较就会更加合理，精准度会更高。

8.5.1　数字地面模型（DTM）

在现代化科研、管理和设计中，往往需要一种能够计算机识别的"数字地形图"，即将地图的信息以数学形式表达并储存于计算机中，其中地形的数字化表达形式称为"数字地面模型"（Digital Terrain Model，简称 DTM）。该术语最早是由美国麻省理工学院 Chaires. L. Miller 教授提出的。1955 ~ 1960 年期间，Miller 教授在美国麻省土木工程部门和美国交通部门指导研究工作，内容是用摄影测量的方法测得地形数据，然后用数字计算的方法进行公路设计。虽然当时提出的数字地面模型的方法还比较简单，但它却具备了 DTM 的雏形。1987 年 F. T. Doyle 在《数字地面模型综述》中对 DTM 下了这样的定义："DTM 是描述地面诸特性空间分布的有序数值阵列，在最通常的情况下，所记的地面特性是高程 z，它们的空间分布由 x、y 水平坐标系统来描述，也可由经度 λ、纬度 φ 来描述海拔 h 的分布。在新近的文献中称，若仅是将高程分布作为地面特性的描述称为数字高程模型（Digital Elevation Model，缩写为 DEM），数字地面模型可以是每三个三位坐标值为一组元的散点结构，也可以是多项式或傅里叶级数确定的曲面方程。特别注意的是，数字地面模型可以包括除高程以外的诸如地价、土地权属、土壤类型、岩层深度及土地利用等其他地面特性信息的数字数据。"这些数据点可以是离散的，或者是规则的（如网格点）。一个完整的用于建立数字地面模型的软件系统必须包括以下几个方面：数据获取，数据预处理，数据存储和管理以及数据的应用。

8.5.2　数字地面模型的种类及特点

由于数模原始数据点的分布形式不同，数据采集的方式不同，以及数据处理、内插的方法不同和最后的输出格式不同等原因，数字地面模型的种类较多。

1. 规则数模

规则数模是指原始地形点之间均有固定的联系，如方格网数模、矩形格网数模和正三角形格网数模等。在格网之间待定点的高程，常采用局部多项式进行内插。

规则的格网数模一般适用于地形较平缓和变化均匀的区域，以及用于搜索地形等高线、绘制地形全景透视图和对内插速度要求极高的路线平面优化中内插地面线等方面。

2. 半规则数模

半规则数模是指各原始数据点之间均有一定联系。如用地形断面或等高线串表示的数模。

半规则数模能较好地适应地形变化，内插精度较高，但数据采集不能实现自动化，原始数据的分布与密度易受操作人的主观影响，建立数模过程中的程序处理比规则数模复杂。

3. 不规则数模

不规则数模是指原始地形数据点之间无任何联系，点的分布是随机的，一般采集地形特征点、变坡点、山脊线、山谷线等处，常见的有散点数模、三角网数模等。

散点数模是将原始地形点看做一些随机分布的"离散点"，可认为点与点之间无任何联系。从数模的精度和计算机速度两方面来考察，散点数模是一种简单而有效的方法，具有很大的实用价值。

三角网数模的基础是假设地表面可用有限个平面来表示。为此将地形已知点作为不重叠地覆盖在拟建数模区域之上的三角形的各顶点，将地表看成是由许多小三角形平面所组成的折面覆盖起来的，即用许多平面三角形逼近地形表面。当已知点较密且分布适当时，可以很精确地表示地形表面特征，待定点的高程则由该点所处的三角形平面来确定。

　　不规则数模的特点是：数据采集是随机的，一般都是取地形特征点，所以能较好地适应地形变化，内插精度较高。其缺点是：采集需要人工判读地形，从而增加了数据采集的难度，此外构造数模较复杂，计算时间较长。由于该类数模优点较为明显，所以应用最为广泛。

8.5.3　数字地面模型的建立

1. 地形数据采集

　　数字地面模型原始数据的来源在实践中主要采用三种：由航测仪器从航空照片上获得地形数据；从已有地形图上由数字化仪输入地形数据；由可记录量测数据的电子经纬仪、全站仪等仪器从野外实测获得地形数据。

　　用航测方法采集数据能直观的观察地表形态，工作环境好，可以随意和方便地控制地形点的分布和密度，所得到的地形信息可靠、精度高。

　　在没有航摄资料的情况下，可利用已有的地形图采集地形数据，而手持跟踪式数字化仪就是一种理想的将平面图形转化为平面坐标数据的设备，在等高线地形图的输入中，最适合于按等高线串的方式采集数据。

2. 地形数据排序与检索

　　由于路线所经区域通常是不规则的，作为实用数模程序，必须要考虑对任意复杂的地形区域原始数据的处理，以增强数模对地形的适应能力。这不仅仅是为了压缩存储单元，节省内存，更重要的是为后续的快速检索和内插打好基础。

　　数模数据处理是一个对已知地形点排序排格过程。由于原始地形数据在预处理阶段已转换至以路线走向为主方向的数模坐标系中，沿路线走向可设置一个较大的数组，以满足长大路线建模的需要；在横向则只需根据路线两侧的数据采集最大宽度，确定数组大小。这种数据排序排格的思想，非常适合公路带状数模庞大数据量的处理，减少了大量的数据冗余，增强了数模对各种不规则复杂地形区域处理的能力。

3. 数字地面模型的高程内插

　　对采集得到的地形原始数据，用一点的数学方法进行内插加密，这是建立数模的核心问题之一。内插高程的精度既取决于采样点的密度与分布，也取决于所采用的数学方法。内插方法有多种，以下只介绍三种。

　　（1）移动曲面拟合法　移动曲面拟合法也称为逐点内插法，其特点是用待定点周围的已知地形点确定一个拟合面，用该拟合面求得待定点高程。

　　1）移动曲面法。其内插的基本假设是：在地面某个小范围内，认为可用一个曲面表示，即可用一个曲面在局部去拟合地形。所以，对每个待定点先利用该点周围的已知点来确定一个内插曲面，并使该曲面到各已知点的距离的加权平方和为极小，然后由该曲面来确定待定点的高程。一般情况下，从一个待定点到另一个待定点的高程内插，其拟合曲面的方位乃至形状都会发生变化，故称此法为移动曲面拟合法。图8-32为拟合曲面示意图。

　　2）加权平均值法。其内插的出发点是：基于地形表面是连续、光滑地变化的（不考虑地形断裂线的情况下），地形点之间存在一定的联系和依附关系，即某一位置上的高程，必然受邻近点高程的牵制和影响。所以欲求某待定点的高程，可用该点周围已知点的高程来进行估算。

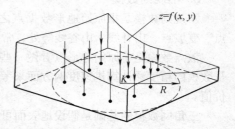

图 8-32　移动曲面内插示意图

K—待定点　·—已知地形数据点

R—拟合曲面半径　z—拟合曲面

（2）最小二乘配置法 最小二乘配置法基于统计学上的考虑，假定待预测的现象是具有遍历性的平稳随机过程，从而应用平稳随机函数的相关理论作为内插和光滑方法的数学基础。

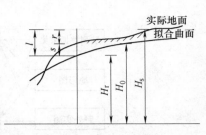

图 8-33 最小二乘法内插示意图
H_r—已知地面高程 H_s—实际地面高程
H_0—拟合曲面高程

高程内插是在一区域内进行的。假定该区域共有 n 个已知数据点（可以是任意分布的），先用一个多项式曲面拟合这些数据点，从而可求得已知点的已知高程与拟合曲面上相应高程之差 l（余差）。余差 l 由系统误差 s（实际地面与拟合曲面之差，也称为信号）和偶然误差 r（已知点的量测误差，也称为噪声）所组成，即 $l = s + r$，如图 8-33 所示。

设任一待定点的改正值 s 是已知点上余差 l 的加权平均值，即有

$$s = a_1 l_1 + a_2 l_2 + \cdots + a_n l_n = A^{\mathrm{T}} L \tag{8-6}$$

要求所得改正 s 的均方误差为最小，根据这个条件可求得式（8-6）中的权系数矩阵 A，从而求得改正值 s，表示式分别为（以矩阵形式表示）

$$A = C^{-1} c \tag{8-7}$$

$$s = c^{\mathrm{T}} C^{-1} L \tag{8-8}$$

待定点的改正值 s 求得后，叠加在参考曲面上待定位置处内插点的高程上，从而求得了此内插点的地面实际高程。

（3）曲面求合法 这类方法是在每个已知点周围建立一个固定曲面，在不同的方法中所采用的曲面形状不同，而在每个待定的方法中，各点的固定曲面形状一致，只是仅在比例上有所不同。待定点高程内插通过对所有曲面的高程求和来完成，如多面函数内插法等。

4. 地物、断裂线处理

从上面讨论的各种内插算法可知，数字地面模型的高程内插，不管采用什么算法，均是基于在拟合（内插）范围内地表面是均匀、连续且光滑这样一个假定。但实际的地表面常常不是光滑的，有各种特征线、断裂线及地物、水系等因素的影响，在这些地形表面不光滑处（产生了转折、突变）用上述方法进行高程内插，显然是不合理的，内插结果极不可靠。所以能否有效地处理地物、断裂线，提高高程内插精度，是数模程序能否实用的一个关键。

不管是采用何种数字地面模型，对地物、断裂线处理的基本思想是：以断裂线或地物边缘边界，将地面划分成地形连续变化、光滑的若干区域（即子区），使每一子区的表面为一连续光滑曲面。在高程内插时，只有与待定点在同一子区上的已知点才能参加内插，从而使高程内插不跨越断裂线、地物等地形不光滑的边界，使得内插符合地面的实际变化情况，以保证数模的高精度。

8.5.4 数字地面模型在路线工程上的应用

数字地面模型在公路路线设计中的应用，是把测量重点从一条已知的平面线形，扩大到路线平面线将要通过的具有一定宽度的带状地面区域内，建立带状数字地面模型。

数模在路线设计中的最大功能是可使设计人员在不需做进一步测量的情况下，比较所有可能的平面线形，可进行路线平面优化及空间优化，从而找出最佳路线方案。数模与航测、路线计算机辅助设计相结合，将形成覆盖数据采集与处理、路线设计与计算及设计图表输出，完整的设计全过程的路线设计一体化系统，这是公路测设现代化的发展方向。图 8-34 为采用数模与常规测量进行公路设计的作业过程示意图。

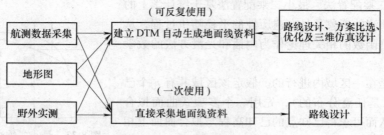

图 8-34　路线设计作业过程

　　数模技术在路线设计自动化系统中起着重要的作用。计算机的发展和日趋普及，促进了数模方法的发展，给数模的实际应用提供了条件。目前，已有很多国家先后提出了一些数模技术与计算机辅助设计相结合的路线 CAD 系统，有些已经在各种工程设计中得到实际应用。数模与 CAD 技术的发展和完善，加上航空摄影测量和 GPS、全站仪等先进测量设备的普及和应用，从根本上对传统的路线勘测设计的手段和方法进行了彻底的改革，这已成为路线设计现代化的标志之一。

思考题与习题

8-1　试述全站仪的结构原理。

8-2　全站仪测量主要误差包括哪些？应如何消除？

8-3　全站仪为什么要进行气压、温度等参数设置？

8-4　试分析全站仪的测距误差和测角误差。

8-5　"3S" 技术包括哪些内容？其实际应用有哪些方面？

8-6　GPS 全球定位系统由哪些部分组成，各部分的作用是什么？

8-7　应用 GPS RTK 技术在公路中线放样有哪些优点？怎样应用？

8-8　地理信息系统（GIS）以图形数据结构为特征分为哪几种类型？

8-9　遥感技术（RS）由哪几部分组成？

第9章 施工测量的基本方法

【重点与难点】

重点：1. 平面点位放样方法。

2. 高程放样方法。

3. 现场施工控制测量。

难点：施工坐标系与测量坐标系的相互变换。

9.1 概述

1. 施工测量的内容

在施工阶段所进行的测量工作称为施工测量。施工测量的目的是把图上设计的建（构）筑物的平面位置和高程，按设计和施工的要求测设（放样）到相应的地点，作为施工的依据。并在施工过程中进行一系列的测量工作，以指导和衔接各施工阶段和工种间的施工。

施工测量贯穿于整个施工过程中。其主要内容有：

1）施工前建立与工程相适应的施工控制网。

2）建（构）筑物的放样及构件与设备安装的测量工作，以确保施工质量符合设计要求。

3）检查和验收工作。每道工序完成后，都要通过测量检查工程各部位的实际位置和高程是否符合要求，根据实测验收的记录，编绘竣工图和资料，作为验收时鉴定工程质量和工程交付后管理、维修、扩建、改建的依据。

4）变形观测工作。随着施工的进展，测定建（构）筑物的位移和沉降，作为鉴定工程质量和验证工程设计、施工是否合理的依据。

2. 施工测量的特点与要求

1）施工测量是直接为工程施工服务的，因此它必须与施工组织计划相协调。测量人员必须了解设计的内容、性质及其对测量工作的精度要求，随时掌握工程进度及现场变动，使测设精度和速度满足施工的需要。

2）施工测量的精度主要取决于建（构）筑物的大小、性质、用途、材料、施工方法等因素。一般高层建筑施工测量精度应高于低层建筑，装配式建筑施工测量精度应高于非装配式，钢结构建筑施工测量精度应高于钢筋混凝土结构建筑，局部精度高于整体定位精度。

3）由于施工现场各工序交叉作业、材料堆放、运输频繁、场地变动及施工机械的振动，测量标志易遭破坏，因此，测量标志从形式、选点到埋设均应考虑便于使用、保管和检查，如有破坏，应及时恢复。

3. 施工测量的原则

为了保证各个建（构）筑物的平面位置和高程都符合设计要求，施工测量也应遵循"从整体到局部，先控制后碎部"的原则，即在施工现场先建立统一的平面控制网和高程控制网，然后根据控制点的点位，测设各个建（构）筑物的位置。

此外，施工测量的检核工作也很重要，因此，必须加强外业和内业的检核工作。

4. 准备工作

在施工测量之前，应建立健全的测量组织和检查制度，并核对设计图，检查总尺寸和分尺寸是否一致，总平面图和大样详图是否一致，不符之处要向设计单位提出，进行修正。然后对施工现场进行实地踏勘，根据实际情况编制测设详图，计算测设数据。对施工测量所使用的仪器、工具应进行检验、校正，否则不能使用。工作中必须注意人身和仪器的安全，特别是在高空危险地区进行测量时，必须采取防护措施。

9.2 施工测量的基本工作

施工测量的基本任务是正确地将工程设计图上各种待建的建(构)筑物的位置(平面及高程)在实地标定出来，以便施工。水平角度、水平距离和高程是构成位置的基本要素，因此，在施工测量中，水平角度、水平距离和高程是测设的基本工作。

9.2.1 水平角的测设方法

测设已知水平角是根据水平角的已知数据和一个已知方向，把该角的另一个方向测设在地面上。

1. 一般方法

当测设水平角的精度要求不高时，可用盘左盘右分中法进行，如图9-1所示。OA为地面上已知方向，要从OA向右测设已知水平角β值。为此，在O点设置经纬仪，用盘左瞄准A点，读取度盘读数；松开水平制动螺旋，旋转照准部，使读盘读数增加β角值，在此视线方向上定出B'点。为了消除仪器误差的影响，再以盘右重复上述步骤，测设β角得B''点，取$B'B''$的中点B，则$\angle AOB$就是要测设的β角。

2. 精确方法

当测设水平角精度要求较高时，可采用改化法角度放样，以提高测设的精度。如图9-2所示，要精确的测设β角，则按上述一般方法定出$\angle AOB'$之后，再用经纬仪按测回法测若干测回，测出$\angle AOB'$的角值β'，β'与给定的β值之差为$\Delta\beta$，再量出OB'的距离，并过B'作OB'的垂线，在垂线上量取$B'B$得B点，则$\angle AOB$即为精确测设的β角。其中，$B'B$按下式计算

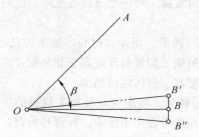

图9-1 一般方法测设已知角度

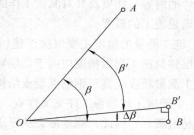

图9-2 精确方法测设已知角度

$$B'B = OB' \times \tan(\beta - \beta') \approx OB' \times \frac{\Delta\beta}{\rho} \tag{9-1}$$

在改正时应注意方向：当$\Delta\beta > 0$时，从B'点沿垂线方向向角外侧量取$B'B$定出点B，反之则向内侧改正。为检查测设是否正确，还需进行检查测量。

【例9-1】 设$OB' = 80.500$m，$\beta - \beta' = +40''$，则求改正量$B'B$是多少？

【解】　$B'B = OB' \times \tan(\beta - \beta') \approx OB' \times \dfrac{\Delta\beta}{\rho} = \left(80.500 \times \dfrac{+40''}{206265''}\right)\text{m} = +0.016\text{m}$

过 B' 点沿垂线方向向角外侧量取垂距 0.016m，定出 B 点，则 $\angle AOB$ 即为精确测设的 β 角。

9.2.2　水平距离的测设方法

从一个已知点开始沿已定的方向，按拟定的直线水平长度确定待定点的位置，称为水平距离的测设。

1. 一般方法

如图 9-3 所示，较平坦的地面上有已知点 A 及已知方向 AB，设计沿 AB 方向测设平距 $AP = D$，实地测设 P 点的过程如下：

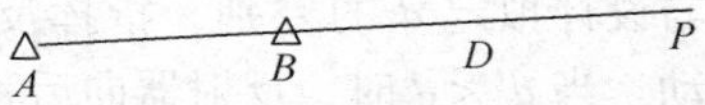

1）在实地以钢尺长度 D 沿 AB 方向定 P 点。以钢尺的零点对准 A 点，拉紧钢尺（100N 左右），在长度 D 处的地面上定出 P 点位置。

图 9-3　水平距离的测设

2）检验丈量，即用钢尺再丈量或返测 AP 的长度，检验放样点位的正确性。若复测或往返测测量较差在限差之内，取平均值作为最后结果。如果丈量结果不符合拟定的 D 值，则应调整 P 点。

2. 精确方法

当地面坡度较大，或测设精度要求较高时，可用钢尺量距的精确方法测设，也可用光电测距仪（或全站仪）跟踪放样。

（1）钢尺精密距离测设　钢尺精密距离测设的原理是依据钢尺精密量距的原理。已知设计上的平距 D，按钢尺精密量距原理，D 满足下式

$$D = S + \Delta D_k + \Delta D_t + \Delta D_h \tag{9-2}$$

式中　S——钢尺丈量的长度；

ΔD_k——尺长改正数；

ΔD_t——钢尺温度改正数；

ΔD_h——倾斜改正。

根据式（9-2），要使放样的最终结果满足 D 的要求，则精密丈量的实际长度 S 为

$$S = D - \Delta D_k - \Delta D_t - \Delta D_h \tag{9-3}$$

由此可见，钢尺精密距离测设的方法，首先按式（9-3）的有关参数计算 S，然后以 100N 的拉力在实地精密放样 S 的长度。

【例 9-2】　设已知图 9-3 中设计水平距离 $D_{AP} = 46.000\text{m}$，所用钢尺的名义长度 $l_0 = 30.000\text{m}$，经鉴定该钢尺实际长度 30.005m，测设时温度 $t = 10℃$，钢尺的膨胀系数 $\alpha = 1.25 \times 10^{-5}℃^{-1}$，测得 AP 的高差 $h = 1.38\text{m}$，试计算测设时在地面上应量出的距离 S。

【解】　首先计算各项改正数：

1）尺长改正数

$$\Delta D_k = \frac{l - l_0}{l_0}D_{AP} = \left(\frac{30.005 - 30.000}{30.000} \times 46.000\right)\text{m} = +0.008\text{m}$$

2）温度改正数

$$\Delta D_t = \alpha(t - t_0)D_{AP} = \left[1.25 \times 10^{-5} \times (10 - 20) \times 46.000\right]\text{m} = -0.006\text{m}$$

3）倾斜改正数

$$\Delta D_h = -\frac{h^2}{2D_{AP}} = \left[-\frac{1.38^2}{2 \times 46.000}\right]\text{m} = -0.021\text{m}$$

4）实地丈量距离

$$S = D_{AP} - \Delta D_k - \Delta D_t - \Delta D_h = [46.000 - 0.008 - (-0.006) - (-0.021)]\ \text{m} = 46.019\text{m}$$

（2）光电测距跟踪放样法

1）准备。在 A 点安置测距仪（或全站仪），丈量测距仪仪器高 i，反射器安置与测距仪同高，如图9-4所示。反射器立在 AB 方向 P 点概略位置上（见图9-4 P' 处），反射面对准测距仪。

2）跟踪测距。测距仪瞄准反射器，启动测距仪的跟踪测距按钮，观察测距仪的距离显示值 d'，比较 d' 与设计拟定 d 的差别，指挥反射器沿 AB 方向前后移动。当 $d' < d$ 时，反射器向后移动，反之向前移动。

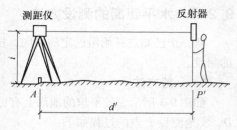

图9-4　光电测距一般跟踪放样

3）精确测距。当 d' 比较接近 d 值时停止反射器的移动，测距仪终止跟踪测距功能，同时启动正常测距功能，进行精密的光电测距，记下测距的精确值 d''。

4）调整反射器所在的点位。因上述精确值 d'' 与设计值 d 有微小差值 $\Delta d\,(\Delta d = d'' - d)$，故必须调整反射器所在的点位消除微小差值。可用小钢尺丈量 Δd，使反射器所在的点位沿 AB 方向移动丈量的 Δd 值，确定精确的点位（必要时应在最后点位上安置反射器重新精确测距，检核所定点位的准确性）。

9.2.3　高程的测设方法

1. 地面上点的高程测设

测设由设计所给定的高程是根据施工现场已有的水准点引测的。它与水准测量不同之处在于：不是测定两固定点之间的高差，而是根据一个已知高程的水准点，测设设计所给定点的高程。在建筑设计和施工的过程中，为了计算方便，一般把建筑物的室内地坪用 ±0.000 标高表示，基础、门窗等的标高都是以 ±0.000 为依据，相对于 ±0.000 测设的。

假设在设计图上查得建筑物的室内地坪高程 $H_B = 8.600\text{m}$，而附近有一已知水准点 A（见图9-5），其高程为 8.352m，现要把建筑物的室内地坪标高测设到木桩 B 上。如图9-5所示，在木桩 B 与水准点 A 之间安置水准仪，先在水准点 A 上立尺，若尺上读数为 1.148m，则视线高程 $H_i = (8.352 + 1.148)\text{m} = 9.500\text{m}$。根据视线高程和室内地坪高程即可算出 B 点尺上的应有读数为

$$b = H_i - H_B = (9.500 - 8.600)\text{m} = 0.900\text{m}$$

然后在 B 点立尺，使尺子紧贴木桩一侧上下移动，直至水准仪水平视线在尺上的读数为 0.900m 时，紧靠尺子底部在木桩上画一道红线，称为标高线。沿标高线向下画一个三角形来表示，如图9-6所示。此标高线就是室内地坪 ±0.000 标高位置，且 B 点与 A 点的高差等于 h。

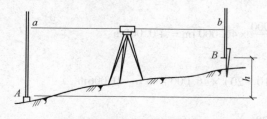

图9-5　水准测量法高程测设

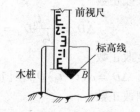

图9-6　标高线标注示意

2. 水准测量法高程传递

当开挖较深的基槽或将高程引测到建筑物的上部，可用水准测量传递高程。

图9-7所示是向低处传递高程的情形。作法是：在坑边架设一吊杆，从杆顶向下挂一根钢尺（钢尺0点在下），钢尺下端吊一重锤，重锤的重力应与检定钢尺时所用的拉力相同。为了将地面水准点A的高程H_A传递到坑内的临时水准点B上，在地面水准点和基坑之间安置水准仪，先在A点立尺，测出后视读数a，然后前视钢尺，测出前视读数b。接着将仪器搬到坑内，测出钢尺上后视读数c和B点前视读数d。坑内临时水准点B之高程H_B按下式计算

$$H_B = H_A + a - (b - c) - d \qquad (9\text{-}4)$$

式中$(b-c)$为通过钢尺传递的高差，如高程传递的精度要求较高时，对$(b-c)$之值应进行尺长改正及温度改正。以上是由地面向低处引测高程点的情况，当需要由地面向高处传递高程时，也可以采用同样方法进行。

如图9-8所示，是将地面水准点A的高程传递到高层建筑物上，方法与上述相似，任一层上临时水准点B_i的高程为$H_{Bi} = H_A + a - (c - d) - b_i$。$H_{Bi}$求出后，即可以临时水准点$B_i$为后视点，测设第$i$层高楼上其他各待测设高程点的设计高程。

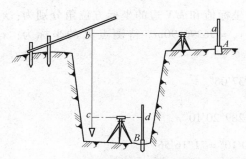

图9-7 水准测量法向下高程传递

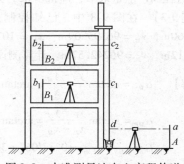

图9-8 水准测量法向上高程传递

9.2.4 点的平面位置测设

测设点的平面位置方法很多，要根据控制网的形式及分布、测设的精度要求及施工现场的条件来选用，现介绍常用的几种方法。

1. 直角坐标法

当建筑场地的施工控制网为方格网或轴线网形式时，采用直角坐标法放线最为方便。

如图9-9所示，OA、OB为两条互相垂直的主轴线，建筑物的两个轴线MQ、PQ与OA、OB平行。设计总平面图中已给定车间的四个角点M、N、P、Q的坐标，现以M点为例。介绍其测设方法。

设O点的坐标$x_0 = 0$，$y_0 = 0$，M点的坐标x，y已知，先在O点安置经纬仪，瞄准A点，沿OA方向从O点向A测设距离y得C点，然后将仪器搬至C点，仍瞄准A点，向左测设$90°$角，沿此方向从C点测设距离x即得M点，并沿此方向测设出N点。同法测设出P点和Q点。最后检查建筑物的四角是否等于$90°$，各边是否等于设计长度，误差在允许范围之内即可。

从上述可见，该方法计算简单，施测方便，精度较高。

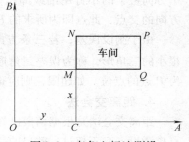

图9-9 直角坐标法测设

2. 极坐标法

极坐标法是根据水平角和距离测设点的平面位置，适用于测设点靠近控制点便于量距的地方。

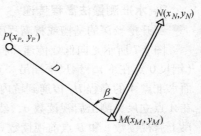

图 9-10　极坐标法测设

用极坐标法测定一点的平面位置时，是在一个控制点上进行，但该点必须与另一控制点通视。根据测定点与控制点的坐标，计算出它们之间的夹角（极角 β）与距离（极距 D），按 β 与 D 之值即可将给定的点位定出。如图 9-10 中，M、N 为已知坐标的控制点，现在要求根据控制点 M 测定 P 点。首先进行内业计算，得到放样要素。具体算法如下：

$$\alpha_{MN} = \arctan\frac{y_N - y_M}{x_N - x_M} \qquad \alpha_{MP} = \arctan\frac{y_P - y_M}{x_P - x_M}$$

$$\beta = \alpha_{MN} - \alpha_{MP} \qquad D = \frac{y_P - y_M}{\sin\alpha_{MP}} = \frac{x_P - x_M}{\cos\alpha_{MP}}$$

在实地测定 P 点的步骤：将经纬仪安置于 M 点上，以 MN 为起始边，测设极角 β，定出 MP 之方向，然后在 MP 上量取 D，即得所求 P 点。

【**例 9-3**】　在图 9-8 中，已知控制点 M、N 的坐标值和 MN 边的坐标方位角分别为：x_M = 107566. 60m，y_M = 96395. 09m；x_N = 107734. 26m，y_N = 96396. 90m。待测点 P 的坐标为：x_P = 107620. 12m，y_P = 96242. 57m。计算测设要素 β、D。

【**解**】　$\alpha_{MN} = \arctan\dfrac{y_N - y_M}{x_N - x_M} = \arctan\dfrac{1.81}{167.66} = 0°37'06''$

$\qquad\quad\alpha_{MP} = \arctan\dfrac{y_P - y_M}{x_P - x_M} = \arctan\dfrac{-152.52}{53.52} = 289°20'10''$

$\qquad\quad\beta = \alpha_{MN} - \alpha_{MP} = 0°37'06'' + 360° - 289°20'10'' = 71°16'56''$

$\qquad\quad D = \dfrac{y_P - y_M}{\sin\alpha_{MP}} = \dfrac{x_P - x_M}{\cos\alpha_{MP}} = 161.638\text{m}$

3. 角度交会法

角度交会法又称为方向线交会法。当待测设点远离控制点且不便量距时，采用此法较为适宜。

如图 9-11 所示，根据 P 点的设计坐标及控制点 A、B、C 的坐标，首先算出测设数据 β_1、γ_1、β_2、γ_2 角值。然后将经纬仪安置在 A、B、C 三个控制点上测设 β_1、γ_1、β_2、γ_2 各角，并且分别沿 AP、BP、CP 方向线，在 P 点附近各打两个小木桩，桩顶上钉上小钉，以表示 AP、BP、CP 的方向线。将各方向的两个方向桩上的小钉用细线绳拉紧，即可交出 AP、BP、CP 三个方向的交点，此点即为所求的 P 点。

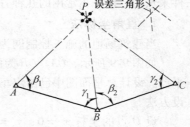

图 9-11　角度交会法示意图

由于测设误差，若三条方向线不交于一点时，会出现一个很小的三角形，称为误差三角形。当误差三角形边长在允许范围内时，可取误差三角形的重心作为 P 点的点位。如超限，则应重新交会。

4. 距离交会法

距离交会法是根据两段已知距离交会出点的平面位置。如建筑场地平坦，量距方便，且控制点离测设点又不超过一整尺的长度时，用此法比较适宜。在施工中细部位置测设常用此法。

距离交会测设法如下：如图 9-12 所示，设 A、B 是设计管道的两个转折点，从设计图上求得 A、B 点距附近控制点的距离为 D_1、D_2、D_3、D_4。用钢尺分别从控制点 1、2 量取 D_1、D_2，其交点即为 A 点的位置。同法定出 B 点。为了检核，还应量 AB 长度与设计长度比较，其误差应在允许范围之内。

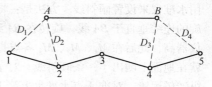

图 9-12　距离交会法示意

9.2.5　已知坡度直线的测设

在道路、排水沟渠、上下水道等工程施工时，往往要按指定的设计坡度（倾斜度）进行施工，这时需要在地面上测设坡度线（倾斜线）。测设已知的坡度线就是根据附近的水准点、设计坡度和坡度线端点的设计高程，用测设高程的方法将坡度线上各点标定在地面上的测量工作。测设方法分水平视线法和倾斜视线法两种。

1. 水平视线法

如图 9-13 所示，A、B 为设计坡度线的两端点，A 点设计高程为 H_A、B 点高程可计算得到：$H_B = H_A + i \times D_{AB}$。为了施工方便，每隔一定的距离 d 打入一木桩，要求在木桩上标出设计坡度为 i 的坡度线。施测步骤如下：

1）先用高程放样的方法，将坡度线两端点 A、B 的高程标定在地面木桩上；然后按照公式 $H_n = H_{n-1} + i \times d$（$n$ 表示某桩号点）计算出各桩点的高程，即

第 1 点的计算高程　$H_1 = H_A + i \times d$

第 2 点的计算高程　$H_2 = H_1 + i \times d$

　　⋮

B 点的计算高程　$H_B = H_n + i \times d = H_A + i \times D_{AB}$（用于计算检核）

2）沿 AB 方向，用木桩按一定间距 d 标定出中间 1，2，3，…，n。

3）在坡度线上靠近已知水准点附近安置水准仪，瞄准立在水准点上的标尺，读后视读数 a，并计算视线高程 $H_i = H_水 + a$。根据各桩点已知的高程值，分别计算其相应点上水准尺的前视读数 $b_n = H_i - H_n$。

4）在各桩处立水准尺，上下移动水准尺，当水准仪视线对准该尺前视读数 b_n 时，水准尺零点位置即为所测设高程标志线。

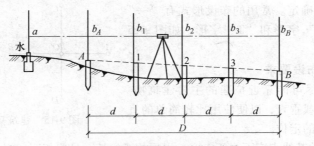

图 9-13　水平视线法测设坡度线

2. 倾斜视线法

如图 9-14 所示，A、B 为地面上两点，要求沿 AB 测设一条倾斜线。设倾斜度为 i，AB 之间的距离为 D，A 点的高程为 H_A。为了测出倾斜线，首先应根据 A、B 之间的距离 D 及倾斜度 i 计算 B 点的高程 H_B，即 $H_B = H_A + i \times D$。然后按前述地面上点的高程测设方法，将算出的 H_B 值测定于 B 点。A、B 之间的 M_1、M_2、M_3 各点则可以用经纬仪或水准仪来测定。如果设计坡度比较平缓，可以使

用水准仪来设置倾斜线。方法是：将水准仪安置于 B 点，使一个脚螺旋在 BA 线上，另外两个脚螺旋的连线垂直于 BA 线，旋转在 BA 线上的那个脚螺旋，使立于 A 点的水准尺上的读数等于 B 点的仪器高，此后在 M_1、M_2、M_3 各点打入木桩，使尺立于各桩上时其尺上读数皆等于仪器高 i，这样就在地面上测出了一条倾斜线。对于坡度较大的倾斜线，应采用经纬仪来测设。将仪器安置于 B，纵转望远镜，对准 A 点水准尺上等于仪器高的地方。其他步骤与水准仪的测法相同。

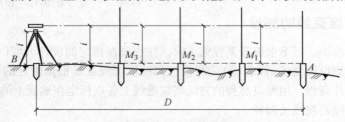

图 9-14　坡度直线的测设

9.3　施工控制测量

为了保证施工测量的精度和速度，使各个建筑物、构筑物的平面位置和高程都能符合设计要求，施工测量和测绘地形图一样，也应遵循"从整体到局部，先控制后碎部"的原则，即在施工现场先建立统一的施工控制网，作为建筑物定位放线的依据。为建立施工控制网而进行的测量工作，称为施工控制测量。

施工控制网分为平面控制网和高程控制网。平面控制网常用的有建筑基线和建筑方格网。高程控制网则需根据场地大小和工程要求分级建立，常采用水准网。

9.3.1　建筑基线

建筑基线是建筑场地的施工控制基准线，即在建筑场地布置一条或几条轴线。它适用于建筑设计总平面图布置比较简单的小型建筑场地。

1. 建筑基线的布设形式

建筑基线的布设形式，应根据建筑物的分布、施工场地地形等因素来确定。常用的布设形式有"一"字形、"L"形、"十"字形和"T"字形，如图 9-15 所示。

2. 建筑基线的布设要求

1）建筑基线应尽可能靠近拟建的主要建筑物，并与其主要轴线平行或垂直，以便使用比较简单的直角坐标法进行建筑物的定位。

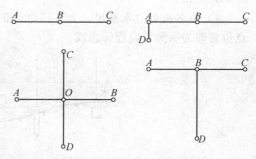

图 9-15　建筑基线的布设形式

2）建筑基线上的基线点应不少于三个，以便相互检核，且应相互通视，边长为 $100 \sim 400\mathrm{m}$。

3）建筑基线的测设精度应满足施工放样的要求。

4）基线点位应选在通视良好和不易被破坏的地方，为能长期保存，要埋设永久性的混凝土桩。

3. 建筑基线的测设方法

（1）根据建筑红线测设建筑基线　由城市测绘部门测定的建筑用地界定基准线，称为建筑红线。在城市建设区，建筑红线可用作建筑基线测设的依据。如图 9-16 所示，AB、AC 为建筑红线，1、2、3 为建筑基线点，利用建筑红线测设建筑基线的方法如下：

1）从 A 点沿 AB 方向量取 d_2 定出 P 点，沿 AC 方向量取 d_1 定出 Q 点。

2）过 B 点作 AB 的垂线，沿垂线量取 d_1 定出 2 点，作出标志；过 C 点作 AC 的垂线，沿垂线量取 d_2 定出 3 点，作出标志；用细线拉出直线 $P3$ 和 $Q2$，两条直线的交点即为 1 点，作出标志。通常用混凝土桩固定出这三点，桩顶部设置一块 $10cm \times 10cm$ 的铁板，供调整点位使用。

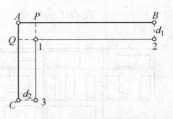

图 9-16 根据建筑红线测设建筑基线

3）在 1 点安置经纬仪，精确观测 $\angle 213$，其与 90° 的差值应小于 $\pm 24''$。量 12、13 距离是否等于设计长度，其不符值不应大于 1/10000。否则，应进行必要的点位调整。

（2）根据附近已有控制点测设建筑基线　在新建筑区，可以利用建筑基线的设计坐标和附近已有控制点的坐标，用极坐标法测设建筑基线。如图 9-17 所示，A、B 为附近已有控制点，1、2、3 为选定的建筑基线点。测设方法如下：首先，根据已知控制点和建筑基线点的坐标，计算出测设数据 β_1、D_1、β_2、D_2、β_3、D_3；然后，用极坐标法测设 1、2、3 点。

由于存在测量误差，测设的基线点往往不在同一直线上，且点与点之间的距离与设计值也不完全相符，因此，需要精确测出已测设直线的折角 β' 和距离 D'，并与设计值相比较。如图 9-18 所示，如果 $\Delta\beta = \beta' - 180°$ 超过 $\pm 15''$，则应对 $1'$、$2'$、$3'$ 点在与基线垂直的方向上进行等量调整，调整量按下式计算

$$\delta = \frac{ab}{a+b} \times \frac{\Delta\beta}{2\rho} \tag{9-5}$$

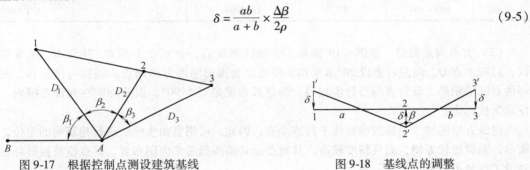

图 9-17 根据控制点测设建筑基线　　　　　图 9-18 基线点的调整

9.3.2 建筑方格网

由正方形或矩形组成的施工平面控制网，称为建筑方格网，或称矩形网，如图 9-19 所示。建筑方格网适用于按矩形布置的建筑群或大型建筑场地。

1. 建筑方格网的布设

布设建筑方格网时，应根据总平面图上各建（构）筑物、道路及各种管线的布置，结合现场的地形条件来确定。如图 9-19 所示，先确定方格网的主轴线 COD 和 MON，然后再布设方格网。

2. 建筑方格网的测设

（1）主轴线测设　如图 9-19 所示，MN、CD 为建筑方格网的主轴线，它是建筑方格网扩展的基础。先测设主轴线 MON，其方法与建筑基线测设方法相同。MON 三个主点测设好后，如图 9-20 所示，将经纬仪安置在 O 点，瞄准 M 点，分别向左、向右转 90°，测设另一主轴线 COD，同样用混凝土桩在地上定出其概略位置 C' 和 D'。然后精确测出 $\angle MOC'$ 和 $\angle MOD'$，分别算出它们与 90° 之差 ε_1 和 ε_2，并按下式计算出调整值 l_1 和 l_2

$$l = L\frac{\varepsilon}{\rho} \tag{9-6}$$

式中 L——OC' 或 OD' 的长度。

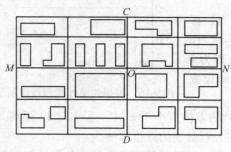

图 9-19 建筑方格网

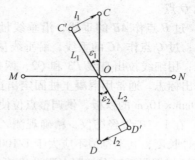

图 9-20 主轴线的垂直性调整

将 C' 沿垂直于 OC' 方向移动 l_1 距离得 C 点；将 D' 沿垂直于 OD' 方向移动 l_2 距离得 D 点。点位改正后，应检查两主轴线的交角及主点间距离，均应在规定限差之内。建筑方格网的主要技术要求见表 9-1。

表 9-1 建筑方格网的主要技术要求

等级	边长/m	测角中误差	边长相对中误差	测角检测限差	边长检测限差
Ⅰ级	100~300	5″	1/30000	10″	1/15000
Ⅱ级	100~300	8″	1/20000	16″	1/10000

（2）方格网点测设 如图 9-19 所示，主轴线测设后，分别在主点 C、D 和 M、N 安置经纬仪，后视主点 O，向左右测设 90°水平角，即可交会出田字形方格网点。随后再作检核，测量相邻两点间的距离，看是否与设计值相等，测量其角度是否为 90°，误差均应在允许范围内，并埋设永久性标志。

建筑方格网轴线与建筑物轴线平行或垂直，因此，可用直角坐标法进行建筑物的定位，计算简单，测设比较方便，而且精度较高。其缺点是必须按照总平面图布置，其点位易被破坏，而且测设工作量也较大。

9.3.3 施工坐标系与测量坐标系的相互变换

施工坐标系也称为建筑坐标系，其坐标轴与主要建筑物主轴线平行或垂直，以便使用直角坐标法进行建筑物的放样，如图 9-21 所示。

施工控制测量的建筑基线和建筑方格网一般采用施工坐标系，而施工坐标系与测量坐标系往往不一致，因此，施工测量前常常需要进行施工坐标系与测量坐标系的坐标换算。

如图 9-22 所示，设 xOy 为测量坐标系，$AO'B$ 为施工坐标系，x_0、y_0 为施工坐标系的原点 O' 在测量坐标系中的坐标，α 为施工坐标系的纵轴 $O'A$ 在测量坐标系中的坐标方位角。设已知 P 点的施工坐标为 (A_P, B_P)，则可按下式将其换算为测量坐标 (x_P, y_P)，即

$$\left.\begin{array}{l} x_P = x_0 + A_P\cos\alpha - B_P\sin\alpha \\ y_P = y_0 + A_P\sin\alpha + B_P\cos\alpha \end{array}\right\} \tag{9-7}$$

如已知 P 的测量坐标，则可按下式将其换算为施工坐标，即

$$\left.\begin{array}{l} A_P = (x_P - x_0)\cos\alpha + (y_P - y_0)\sin\alpha \\ B_P = -(x_P - x_0)\sin\alpha + (y_P - y_0)\cos\alpha \end{array}\right\} \tag{9-8}$$

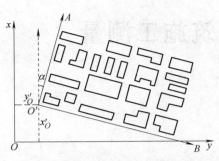

图 9-21 测量坐标系与施工坐标系

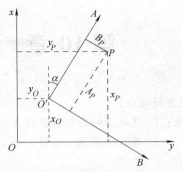

图 9-22 两种坐标系的换算

9.4 施工场地的高程控制测量

施工场地的高程控制测量就是在整个场区建立可靠的水准点，形成与国家高程控制系统相联系的水准网。水准点的密度应尽可能满足安置一次仪器即可测设出所需的高程点。场区水准网一般布设成两级，首级网作为整个场地的高程基本控制，一般情况下按四等水准测量的方法确定水准点高程，并埋设永久性标志。加密水准网以首级水准网为基础，可根据不同的测设要求按四等水准测量或图根水准的要求进行布设。建筑方格网点及建筑基线点，也可兼作高程控制点。

在作等级水准测量时，应严格按国家规范进行，具体技术要求参见第 6 章有关规定。

思考题与习题

9-1 测设与测定有何区别？

9-2 试述用 DJ_6 光学经纬仪按精确方法进行角度测设的基本步骤。

9-3 在地面上要求测设一个直角，先用一般方法测设出 $\angle AOB$，然后测量该角若干测回取平均值为 $\angle AOB = 90°00'30''$，如图 9-23 所示。又知 OB 的长度为 150m，问在垂直于 OB 的方向上，B 点应该移动多少距离才能得到 90° 的角？

9-4 在地面上要设置一段 28.000m 的水平距离 AB，所使用的钢尺方程式为 $l_t = 30 + 0.005 + 1.25 \times 10^{-5} \times (t - 20℃) \times 30m$。测设时钢尺的温度为 12℃，所施于钢尺的拉力与检定时的拉力相同。当测量后测得 AB 两点间桩顶的高差 $h = +0.40m$，试计算在地面上需要丈量的长度。

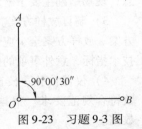

图 9-23 习题 9-3 图

9-5 说明光电测距跟踪距离放样的步骤。

9-6 利用高程为 7.531m 的水准点，测设高程为 7.831m 的室内 ±0.000 标高。设尺立在水准点上时，按水准仪的水平视线在尺上画一条线，问在该尺的何处再画一条线，才能使视线对准此线时，尺子底部就在 ±0.000 高程的位置。

9-7 何谓施工测量？施工测量的任务是什么？

9-8 建筑施工场地平面控制网的布设形式有哪几种？各适用于什么场合？

9-9 建筑基线的布设形式有哪几种？

9-10 如图 9-24 所示，"一"字形建筑基线 A'、O'、B' 三点已测设在地面上，经检测 $\beta' = 180°00'42''$。设计 $a = 150.000m$，$b = 100.000m$，试求 A'、O'、B' 三点的调整值，并说明如何调整才能使三点成一直线。

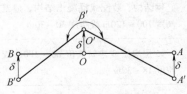

图 9-24 习题 9-10 图

第10章　民用建筑施工测量

【重点与难点】
重点：1. 建筑物的定位和放样方法。
      2. 高层建筑施工放样方法。

10.1　概述

住宅楼、教学楼、办公楼、会堂、体育馆等建筑物都属于民用建筑。民用建筑按高度分为单层、低层（2～3层）、多层（4～8层）、高层（9层以上）。民用建筑施工测量的主要任务就是根据民用建筑的技术指标、施工工艺、施工顺序等要求，为施工作业在施工现场提供标示。民用建筑的施工测量是在施工控制测量完成之后进行，总的过程包括建筑物定位、放线、基础施工测量、墙体施工测量等。按照施工工序的展开，分别将建筑物的位置、基坑、基础、柱、梁、墙、门、窗、楼板、顶盖等平面尺寸和高程放样出来，设置标志，作为施工作业的依据。建筑施工测量的主要工作内容是：

1）准备资料。收集总平面图、立面图等含有位置、几何尺寸的设计资料，收集施工组织设计、技术交底记录等与施工工序、工艺有关的施工资料。

2）熟悉资料、施工现场并制订放样方案。阅读收集的设计资料，主要了解放样对象的平面几何尺寸、竖向及高程数据；阅读施工资料主要了解施工工艺、施工方案、施工进度方面的信息；现场踏勘主要了解现场的地物、地貌和控制点分布情况，并调查与施工测量有关的问题。

3）制订放样方案。综合设计资料、施工资料、人员组成、仪器功能和现场情况，制订放样方案。放样方案至少应包含放样进度计划、放样数据及其精度要求、放样方法、放样所用仪器及技术指标，意外事项的处理预案及放样方案略图。

4）仪器检验、校正与数据准备。检验、校正用于放样的测绘仪器，确保测角、测距等参数符合规范要求。根据控制点资料和设计数据，计算、整理对应于放样构筑物的施工放样数据。

5）现场放样、检测及调整，并满足工程测量技术规范要求（见表10-1）。

表 10-1　施工放样的主要技术要求

建筑物结构特征	测距相对中误差	测角中误差/(″)	测站高程中误差/mm	施工水平面高程中误差/mm	竖向传递轴线点中误差/mm
钢结构、装配式混凝土结构、建筑高度100～120m或跨度30～36m	1/20000	5	1	6	4
15层房屋或建筑高度60～100m或跨度18～30m	1/10000	10	2	5	3
5～15层房屋或建筑高度15～60m或跨度6～18m	1/5000	20	2.5	4	2.5

（续）

建筑物结构特征	测距相对中误差	测角中误差（″）	测站高程中误差/mm	施工水平面高程中误差/mm	竖向传递轴线点中误差/mm
5 层房屋或建筑高度 15m 或跨度 6m 以下	1/3000	30	3	3	2
木结构、工业管线或公路、铁路专线	1/2000	30	5	—	—
土工竖向平整	1/1000	45	10	—	—

10.2 建筑物的定位和放线

建筑物的定位就是建筑物外轴线交点（简称角桩，如图 10-1 中 A_1、E_1、E_6、A_6 点）放样到地面上，作为放样基础和细部的依据。

10.2.1 建筑物定位的方法

放样定位点的方法很多，有极坐标法、直角坐标法、全站仪法等，除了第 9 章所介绍的根据控制点、建筑基线、建筑方格网放样外，下面用根据既有建筑物放样法为例说明建筑物定位的方法。

如图 10-1 所示，1 号楼为既有建筑物，2 号楼为待建建筑物（8 层、6 跨）。A_1、E_1、E_6、A_6 建筑物定位点的放样步骤如下：

1）用钢尺紧贴于 1 号楼外墙 MP、NQ 边各量出 2m（距离大小根据实地地形而定，一般为 1 ~ 4m），得 a、b 两点，打入桩，桩顶钉上铁钉标志，以下类同。

2）把经纬仪安置于 a 点，瞄准 b 点，并从 b 点沿 ab 方向量出 12.250m，得 c 点，再继续量出 19.800m，得 d 点。

3）将经纬仪安置在 c 点，瞄准 a 点，水平度盘读数配置到 0°00′00″顺时针转动照准部，当水平度盘读数为 90°00′00″时，锁定此方向，并按距离放样法沿该方向用钢尺量出 2.25m 得 A_1 点，再继续量出 11.600m，得 E_1 点。

4）将经纬仪安置在 d 点，同法测出 A_6、E_6 点，则 A_1、E_1、E_6、A_6 点四点为待建建筑物外墙轴线交点。检测各桩点间的距离，与设计值相比较，其相对误差不超过 1/2500，用经纬仪检测四个拐角是否为直角，其误差不超过 40″。

建筑物放线就是根据已定位的外墙轴线交点桩放样建筑物其他轴线的交点桩（简称中心桩），如图 10-1 中 A_2、A_6、E_1、E_6 等各点为中心桩。其放样方法与角桩点相似，即以角桩为基础，用经纬仪和钢尺放样。

10.2.2 建筑物的放线

由于基槽开挖后，角桩和中心桩将被挖掉，为了便于在施工中恢复各轴线位置，应把各轴线延长到基槽外安全地方，并做好标志，其方法有设置轴线控制桩和龙门板两种形式。

（1）轴线控制桩放线 轴线控制桩设置在基槽外基础轴线的延长线上，建立半永久性标志（多数为混凝土包裹木桩），如图 10-2 所示，作为开挖基槽后恢复轴线位置的依据。为了确保轴线控制桩的精度，通常是先直接放样轴线控制桩，然后根据轴线控制网放样角桩。如果附近有已建的建筑物，也可将轴线投测到建筑物的墙上。角桩和中心桩被引测到安全地点之后，用细绳来标定开挖边界线，并沿此线撒下白灰线，施工时按此线进行开挖。

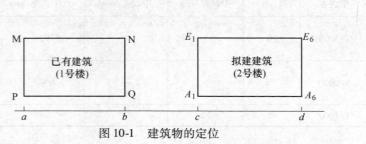

图 10-1　建筑物的定位

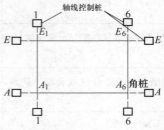

图 10-2　轴线控制桩放线

（2）龙门板法放线法

龙门板法适用于一般砖石结构的小型民用建筑物。在建筑物四角与隔墙两端基槽开挖边界线以外约 2m 处打下大木桩，使各桩连线平行于墙基轴线，用水准仪将 ±0.000m 的高程位置放样到每个龙门桩上。然后以龙门桩为依据，用木料或粗约 5cm 的长铁管搭设龙门框，如图 10-3 所示，使框的上边缘高程正好为 ±0.000m，若现场条件受限制时，也可比 ±0.000m 高或低一个整数高程，安置仪器于各角桩、中心桩上，用延长线法，将轴线引测到龙门板上，作出标志，图 10-3 中 A，B，…，E，1，2，…，6 等为建筑物各轴线延长至龙门板上的标志点。也可用拉细线的方法将角桩、中心桩延长至龙门板上，具体方法是用锤球对准桩点，然后沿两锤球线拉紧细线，把轴线标定在龙门板上。

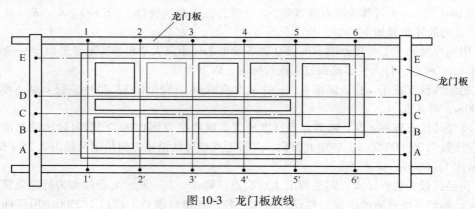

图 10-3　龙门板放线

10.3　建筑物基础施工测量

开挖边线标定之后，就可进行基槽开挖。如果超挖基底，必须做超挖基地处理，不能直接用挖土回填，因此，必须控制好基槽的开挖深度。如图 10-4 所示，在即将挖到槽底设计标高时，用水准仪在基槽壁上设置一些水平桩，使水平桩表面离槽底设计标高为整分米数，用以控制开挖基槽的深度。各水平桩间距 3～5m，在转角处必须再加设一个，以此作为修平槽底和打垫层的依据。水平桩放样的允许误差为 ±10mm。

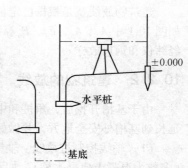

图 10-4　基槽深度施工测量

10.4　墙体施工测量

在垫层之上，±0.000m 墙称为基础墙。基础的高度利用基础皮数杆来控制。基础皮数杆是一根木制的杆子，如图 10-5 所示，在杆上预先按照设计尺寸将砖、灰缝厚度画出线条，标明 ±0.000m、防潮层等标高位置。立皮数杆时，把皮数杆固定在某一空间位置上，使皮数杆上的标高名副其实，即使皮数杆上的 ±0.000m 位置与 ±0.000m 桩上标定的位置对齐，以此作为基础墙的施工依据。基础和墙体顶面标高允许误差为 ±15mm。

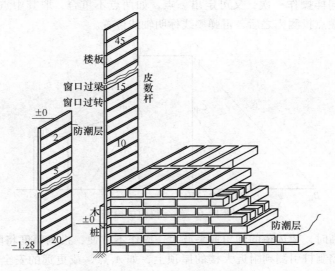

图 10-5　基础皮数杆

在 ±0.000m 以上的墙体称为主体墙，主体墙的标高利用墙身皮数杆来控制。墙身皮数杆根据设计尺寸按砖、灰缝从底部往上依次标明 ±0.000m、门、窗、过梁、楼板预留孔等，以及其他各种构件的位置。同一标准楼层各层皮数杆可以共用，不是同一标准楼层，则应根据具体情况分别制作皮数杆。砌墙时，可将皮数杆撑立在墙角处，使杆端 ±0.000m 刻划线对准基础端标定的 ±0.000m 位置。

砌墙之后，还要根据室内抄平地面和装修的需要，将 ±0.000m 标高引测到室内，在墙上弹墨线标明，同时还要在墙上定出 +0.5m 的标高线。

10.5　高层建筑施工放样

高层建筑的特点是层数多、高度大，尤其是在繁华区建筑群中施工时，场地十分狭窄，而且高空风力大，给施工放样带来较大困难。在施工过程中，对建筑物各部位的水平位置、垂直度、标高等精度要求十分严格。高层建筑施工方法很多，目前较常用的有两种，一种是滑模施工，即分层滑升逐层现浇楼板的方法，另一种是预制构件装配式施工。

高层建筑的施工测量主要包括基础定位、轴线点投测和高程传递等工作。基础定位及控制网的放样工作前已述及。因此，高层建筑施工放样的主要问题是轴线投测时控制竖向传递轴线点的中误差和层高误差，也就是各轴线如何精确地向上引测的问题。

10. 5. 1　轴线点投测

　　低层建筑物轴线投测，通常采用吊锤法，即从楼边缘吊下 5～8kg 的锤球，使之对准基础上所标定的轴线位置，垂线在楼边缘的位置即为楼层轴线端点位置，并画出标志线。这种方法简单易行，一般能保证工程质量。

　　高层建筑物轴线投测，一般采用经纬仪引桩投测或激光铅垂仪投测。先在离建筑物较远处（建筑物高度的 1.5 倍以上）建立轴线控制桩，如图 10-6 所示的 A、B 位置。然后在相互垂直的两条轴线控制桩上安置经纬仪，盘左照准轴线标志，固定照准部，仰倾望远镜，照准楼边或柱边标定一点。再用盘右同样操作一次，又可定出一点，如两点不重合，取其中点即为轴线端点，如 $C_{1中}$ 点、$C_中$ 点。两端点投测完之后，再弹墨线标明轴线位置。

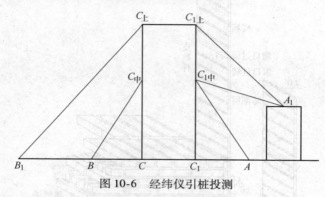

图 10-6　经纬仪引桩投测

　　当楼层逐渐增高时，望远镜的仰角愈来愈大，操作不方便，投测精度将随仰角增大而降低。此时，可将原轴线控制桩引测到附近大楼的屋顶上，如 A_1 点，或更远的安全地方，如 B_1 点。再将经纬仪搬至 A_1 或 B_1 点，继续向上投测。

　　当建筑场地狭窄无法延长轴线时，可采用侧向借线法。如图 10-7 所示，将轴线向建筑物外侧平移出一小段距离，如 lm，得平移轴线的交点 a、b、c、d，在施工楼层的四角用钢脚手架支出操作平台。然后将经纬仪安置在地面 c 点上，瞄准 d 点，盘左盘右取其平均值在平台上交会出 d_1 点，同法交会出 a_1、b_1、c_1 点。把地面上 a、b、c、d 四点引测到平台上，以 a_1-b_1、b_1-d_1、d_1-c_1、c_1-a_1 为准，向内量出 lm，即可得到该楼层面的轴线位置。

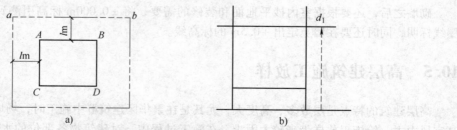

图 10-7　高层建筑侧向借线法
a）平面图　b）立面图

10. 5. 2　高程传递

　　高程传递就是从底层 ±0.000m 标高点沿建筑物外墙、边柱或电梯间等用钢尺向上量取。一幢高层建筑物至少要由三个底层标高点向上传递。由下层传递上来的同一层几个标高点，必须用水准仪进行检核,看是否在同一水平面上,其误差不得超过 3mm。

对于装配式建筑物,底层墙板吊装前要在墙板两侧边线内铺设一些水泥砂浆,利用水准仪按设计高程抄平其面层。在墙板吊装就绪后,应检查各开间的墙间距,并利用吊锤球的方法检查墙板的垂直度,合格后再固定墙的位置,用水准仪在墙板上放样标高控制线,一般为整数值。然后进行墙抄平层施工,抄平层是由 1:2.5 水泥砂浆或细石混凝土在墙上、柱顶面抹成。抄平层放样是利用靠尺,将尺子下端对准墙板上弹出的标高控制线,其上端即为楼板底面的标高,用水泥砂浆抹平凝结后即可吊装楼板。抄平层的高程误差不得超过 5mm。

滑模施工的高程传递是先在底层墙面上放样出标高线,再沿墙面用钢尺向上垂直量取标高,并将标高放样在支承杆上,在各支承杆上每隔 20cm 标注一分划线,以便控制各支承点提升的同步性。在模架提升过程中,为了确保操作平台水平,要求在每层提升间歇,用两台水准仪检查平台是否水平,并在各支承杆上设置抄平标高线。

思考题与习题

10-1 房屋基础放线和抄平测量的工作方法及步骤如何?龙门板有什么作用?

10-2 如何控制墙身的竖直位置和砌筑高度?

10-3 简述高层建筑经纬仪轴线投测的步骤?

第 11 章 工业建筑施工测量

【重点与难点】
重点：1. 厂房矩形控制网的建立与厂房柱列轴线放样方法。
　　　2. 厂房预制构件安装测量。
　　　3. 烟囱与水塔施工测量。
难点：变形测量。

11.1 概述

工业建筑是作为工业生产场所而建造的建筑物，一般需要安装中、大型生产设备，建筑构造上具有大跨度、高空间的特点，多采用低层和单层建筑形式。工业建筑以工业厂房为主体，一般工业厂房大多采用预制构件或钢结构构件在现场装配的方法施工。工业建筑的资料收集、熟悉及施工方案制订可参照第 10 章相关内容。

工业厂房的预制构件有柱子（也有现场浇筑的）、吊车梁、吊车轨轨道和屋架等。因此，工业建筑施工测量的工作要点是保证这些预制构件安装到位。其主要工作包括厂房矩形控制网放样、厂房柱列轴线放样、基础施工放样、厂房预制构件安装放样等。

11.2 厂房矩形控制网的建立

厂房与一般民用建筑相比，它的柱子多、轴线多，且施工精度要求高，因而对于每幢厂房还应在建筑方格的基础上；再建立满足厂房特殊精度要求的厂房矩形控制网，作为厂房施工的基本控制（见图 11-1）。

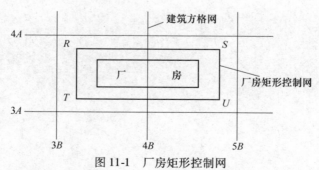

图 11-1 厂房矩形控制网

厂房矩形控制网是依据既有建筑方格网按直角坐标法来建立的，其边长误差应小于1/10000，各角度误差小于±10″。

11.3 厂房柱列轴线放样与柱基测设

厂房矩形控制网建立之后，再根据各柱列轴线间的距离在矩形边上用钢尺定出柱列轴线的位置,并做好标志(见图 11-2)。其放样方法是:在矩形控制桩上安置经纬仪,如 T 端点安置经纬仪,照准另一端点 U,确定此方向线,根据设计距离,严格放样轴线控制桩。依次放样全部轴线控制桩.并逐桩检测。

柱列轴线桩确定之后,在两条互相垂直的轴线上各安置一台经纬仪,沿轴线方向交会出柱基的位置,然后在柱基基坑外的两条轴线上打入四个定位小桩(见图 11-3),作为基坑修整和支护模板的依据。柱基施工测量还包括设置基坑水平桩,以控制开挖深度,轴线投测,以检校基坑轴线平面位置。

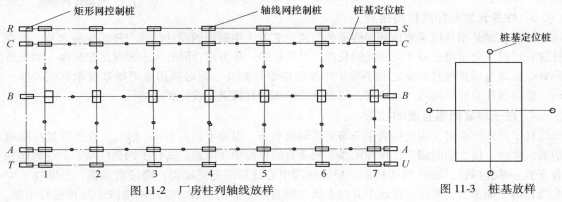

图 11-2 厂房柱列轴线放样   图 11-3 桩基放样

11.4 厂房预制构件安装测量

装配式单层工业厂房主要预制构件有柱子、吊车梁、屋架等。在安装这些构件时,必须使用测量仪器进行严格检测、校正,才能正确安装到位,即它们的位置和高程必须与设计要求相符。厂房预制构件安装允许误差见表 11-1。

表 11-1 厂房预制构件安装允许误差

项 目			允许误差/mm
杯形基础	中心线对轴线偏移		10
	杯底安装标高		+0,-10
柱	中心线对轴线偏移		5
	上下接口对中心线偏移		3
	垂直度	≤5m	5
		>5m	10
		≥10 多节柱	1/1000 柱高,且不大于 20
	牛腿面和柱高	≤5m	+0,-5
		>5m	+0,-8
梁或吊车梁	中心线对轴线偏移		5
	梁上表面标高		+0,-5

厂房预制构件的安装测量所用仪器主要是经纬仪和水准仪等常规测量仪器,所采用的安装测量方法大同小异,仪器操作基本一致,以柱子吊装测量为例来说明预制构件的安装测量方法。

1. 投测柱列轴线

根据轴线控制桩用经纬仪将柱列轴线投测到杯形基础顶面作为定位轴线，并在杯口顶面弹出杯口中心线作为定位轴线的标志，如图 11-4 所示。

2. 柱身弹线

在柱子吊装前，应将每根柱子按轴线位置进行编号，在柱身的三个面的上、下端弹出柱的中心线，供安装时校正使用。

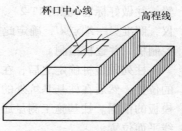

图 11-4　投测柱列轴线

3. 柱身长度和杯底标高检查

柱身长度是指从柱子底面到牛腿面的距离，它等于牛腿面的设计标高与杯底标高之差。检查柱身长度时，应量出柱身 4 条棱线的长度，以最长的一条为准，同时用水准仪测定标高。如果所测杯底标高与所量柱身长度之和不等于牛腿面的设计标高，则必须用水泥砂浆修填杯底。抄平时，应将靠柱身较短棱线一角填高，以保证牛腿面的标高满足设计要求。

4. 柱子吊装时垂直度的校正

柱子吊入杯底时，应使柱脚中心与定位轴线对齐，误差不超过 5cm。然后，在杯口处柱脚两边塞入木楔，使之临时固定，再在两条互相垂直的柱列轴线附近，离柱子约为柱高 1.5 倍的地方各安置一部经纬仪，如图 11-5 所示，照准柱脚中心线后固定照准部，仰倾望远镜，照准柱子中心线顶部。如重合，则柱子在这个方向上就是竖直的。如不重合，应用牵绳或千斤顶进行调整，使柱中心线与十字丝竖丝重合为止。当柱子两个侧面都竖直时，应立即灌浆，以固定柱子的位置。观测时应注意：千万不能将杯口中心线当成柱脚中心线去照准。

5. 吊车梁的吊装测量

吊车梁的吊装测量主要是保证吊装后的吊车梁中心线位置和梁面标高满足设计要求。吊装前先弹出吊车梁的顶面中心线和吊车梁两端中心线，将吊车轨道中心线投到牛腿面上。其步骤是（见图 11-6）：利用厂房中心线 AA，根据设计轨道间距在地面上放样出吊车轨道中心线 $A'A'$ 和 $B'B'$；然后分别安置经纬仪于吊车轨道中心线的一个端点 A' 上，瞄准另一个端点 A'，仰倾望远镜，即可将吊车轨道中心线投测到每根柱子的牛腿面上，并弹出墨线。吊装前，要检查预制柱、梁的施工尺寸以及牛腿面到柱底高度，看是否与设计要求相符，如不相符且相差不大时，可根据实际情况及时作出调整，确保吊车梁安装到位。

吊装时使牛腿面上的中心线与梁端中心线对齐，将吊车梁安装在牛腿上。吊装完后，还需要检查吊车梁的高程，可将水准仪安置在地面上，在柱子侧面放样 50cm 的标高线，再用钢尺从该线沿柱子侧面向上量出梁面的高度，检查梁面标高是否正确，然后在梁下用钢板调整梁面高程。

6. 吊车轨道安装测量

安装吊车轨道前，一般须先用平行线法对梁上的中心线进行检测，如图 11-6 所示。首先在地面上从吊车轨道中心线向厂房中心线方向量出长度 a（取 1m），得平行线 $A''A''$ 和 $B''B''$。然后安置经纬仪于平行线一端点 A'' 上，瞄准另一端点，固定照准部，仰倾望远镜进行投测。此时另一人在梁上移动横放的木尺，当视线正对准尺上 1m 刻划线时，尺的零点应与梁面上的中心线重合。如不重合应予以改正，可用撬杠移动吊车梁，使吊车梁中心线到 $A''A''$（或 $B''B''$）的间距等于 1m 为止。

吊车轨道按中心线安装就位后，可将水准仪安置在吊车梁上，水准尺直接放在轨道顶上进行检测，每隔 3m 测一点高程，并与设计高程相比较，误差应在 3mm 以内。还需用钢尺检查两吊车轨道间的跨距，并与设计跨距相比较，误差应在 5mm 以内。

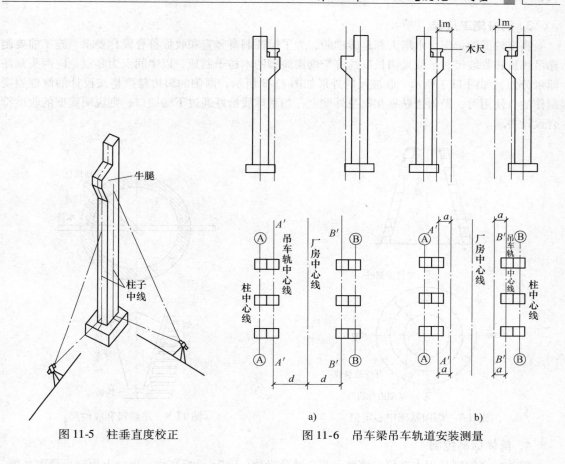

图 11-5　柱垂直度校正　　　　　图 11-6　吊车梁吊车轨道安装测量

11.5　烟囱与水塔施工测量

烟囱(见图 11-7)和水塔的形式不同，但有共同点，即基础小、主体高，其对称轴通过基础圆心的铅垂线。施工测量的主要目的是严格控制它们的中心位置，保证烟囱竖直。其放样方法和步骤如下：

1. 基础中心定位

首先按照设计要求，利用已有控制点或建筑物的尺寸关系，在实地定出中心 O 的位置。如图 11-7 所示，在 O 点安置经纬仪，定出两条互相垂直的直线 AB、CD，使 A、B、C、D 各点至 O 点的距离为构筑物直径的 1.5 倍左右。另在离开基础开挖线外 2m 左右标定 E、G、F、H 四个定位桩，使它们分别位于相应的 AB、CD 直线上。以中心 O 为圆心，以基础设计半径 r 与基坑开挖时放坡宽度 b 之和为半径(即 $R = r + b$)，在地面上画圆，撒上灰线，作为开挖边界线。

2. 基础施工放样

当基础开挖到一定深度时，应在坑壁上放样分米水平桩控制开挖深度，当开挖到基底时，向基地投测中心点，检查基底几何尺寸和位置是否符合设计要求。浇筑混凝土基础时，在中心点上埋设铁桩，然后根据轴线控制桩用经纬仪将中心点投影到铁桩顶面，用钢锯锯刻"十"字形中心标记，作为施工时控制垂直度和半径的依据。

3. 洞身施工放样

高度较低的烟囱、水塔大都是砖砌的，为了保证洞身竖直和收坡符合设计要求，施工前要制作吊线尺和收坡尺。吊线尺用长度约等于烟囱筒脚的木枋子制成，以中间点为零点，向两头刻注厘米分划，如图 11-7 所示。收坡尺的外形如图 11-8 所示，两侧的斜边是严格按设计的筒壁斜度制作的。使用时，把斜边贴靠在筒身外壁上，如垂球线恰好通过下端缺口，则说明筒壁的收坡符合设计要求。

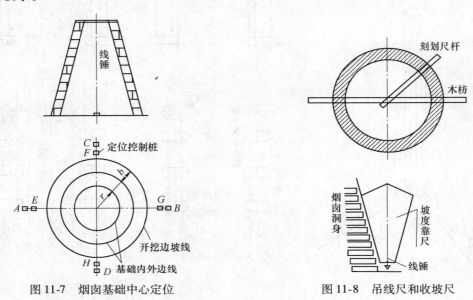

图 11-7 烟囱基础中心定位   图 11-8 吊线尺和收坡尺

4. 筒体标高控制

筒体标高控制是用水准仪在筒壁上测出整分米数（+50cm）标高线，再向上用钢尺量取高度。

11.6 变形测量

土体在开挖过程中，周围高大建筑物及深基坑土体自身的重力作用，使得土体自身及其支护结构产生失稳、裂变、坍塌等变形，从而对周围建筑物及地基产生影响；建（构）物随着荷载或运营时间增加，地基会产生不均匀沉降，从而导致变形，如果变形过大，可能会导致坍塌等严重事故，因此有必要对荷载变化较大的建构筑物进行变形观测。

11.6.1 建（构）筑物变形的基本概念

建（构）筑物变形是指地基发生变化导致其上的建（构）筑物产生的水平位移、沉降、倾斜、弯曲、裂缝等形式的形体变化。建（构）筑物变形常发生在深基坑施工和荷载急剧变化的部位，施工过程中，尤其要关注沉降不均匀、沉降速率过快、累积沉降量过大几种形式的变形，以免造成严重的工程事故。在建（构）筑物施工过程中，变形测量的主要内容包括沉降、水平、倾斜、挠度和裂缝监测。

11.6.2 变形测量的特点和技术要求

变形测量是通过对变形体的动态监测获得精确的观测数据，并对监测数据进行综合分析，及时对变形体的异常变形可能造成的危害作出预报的工作，以便采取必要的技术措施，避免造成严重事故。变形测量以下特点：

1）观测数据精度高。一般变形测量的观测精度高于施工测量一个等级，以便区分误差和变形引起的数据变化。

2）周期长。施工中的变形观测贯穿整个施工过程，运营阶段的变形测量延续至建（构）筑物的整个寿命期。

3）观测呈规律性。变形测量一般以星期、月、季度、年为时间段进行周期性的观测，以便分析变形规律。

4）数据分析综合性的特点。变形观测必须对各种形式的变形观测数据进行综合处理和分析，才可能发现变形规律，预估变形的趋势，以此作出变形评判结论。

变形测量按不同的工程分为四个等级，其主要技术要见表 11-2。

表 11-2　变形测量的等级划分及精度要求

变形测量等级	垂直位移测量		水平位移	适用范围
	变形测量的高差中误差/mm	相邻变形点高差中误差/mm	变形点的点位中误差位/mm	
一等	±0.3	±0.1	±1.5	变形特别敏感的高层建筑、工业建筑、高耸构筑物、重要古建筑、精密工程设施
二等	±0.5	±0.3	±3.0	变形比较敏感的高层建筑、高耸构筑物、古建筑、重要工程设施和重要的滑坡监测等
三等	±1.0	±0.5	±6.0	一般性的高层建筑、工业建筑、高耸构筑物、滑坡监测等
四等	±2.0	±1.0	±12	观测精度要求较低的建筑物、构筑物和滑坡监测等

11.6.3　沉降与位移观测

沉降观测是根据水准基点定期测出变形体上设置的观测点的高程变化,从而得到其下沉量,常用水准测量的方法实施。位移观测时根据基准点定期观测设置在变形体上观测点的位置变化,从而得其位置的变化,常用基准线法、小三角法、导线法完成。

1. 沉降观测

沉降观测最常用的方法是水准测量法,高精度沉降观测中,还可采用液体静力水准测量的方法。水准测量法的工作内容有以下几个方面。

（1）水准基点的布设和建立监测网　水准基点是确认固定不动且作为沉降观测高程基点的水准点。水准基点应该埋设在建筑物变形影响范围之外,一般距观测对象变形体 50m 左右,按二、三等水准点标石要求埋设,点的个数不少于 3 个。沉降监测网一般布设成闭合水准路线,采用独立高程系统,按国家二等水准测量技术要求施测,对精度要求较低的建筑物也可采用三等水准要求施测。监测网应定期进行检核。

（2）观测点的布设　观测点是设置在变形体上,能够反映其变形特征的点。深基坑支护结构的沉降观测点一般埋设在锁口梁上,间隔 10～15m 设置一点,在支护结构的阳角处和距原有建筑物很近处设置加密观测点。建筑物的观测点设置在高度、结构、地基、受力情况有明显变化的地方,正常情况下,设置在建筑物的四角、沿外墙间隔 10～15m 布设或每隔 2～3 根受力柱上设一点。观测点应埋设稳固、能长期保存并便于立尺观测。具体埋设要求如图 11-9 所示。

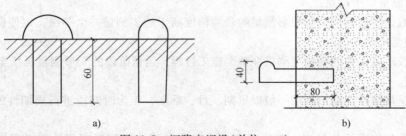

图 11-9　沉降点埋设(单位:mm)
a) 混凝土板上埋设　b) 墙、柱上埋设

(3) 沉降观测

1) 观测周期的确定。沉降观测的周期根据观测变形对象的特征、变形速率、观测精度和地质条件等因素综合考虑,并根据沉降量的变情况适当调整。深基坑开挖时,锁口梁会发生较大的水平位移,一般每隔 1~2 天观测一次;浇筑地下室地板后,每隔 3~4 天观测一次,至支护结构变形稳定。出现影响变形的意外情况(暴雨)时,应增加观测次数。建筑物主体结构施工时,每 1~2 层楼面结构浇筑完观测一次;结构封顶后每两个月左右观测一次;建筑物竣工投入使用后,视沉降量大小而定,正常情况下每三个月左右观测一次,至沉降稳定。无论何种建筑物沉降观测次数不能少于 5 次。

2) 沉降观测方法。一般高层建筑物和深基坑开挖的沉降观测,通常采用精密水准仪,按国家二等水准测量的技术要求施测,将各观测点布设成闭合环或符合水准路线联测到水准基点上。每次观测应该采用相同的观测路线,使用同一台水准仪和水准尺,固定观测人员,同时记录荷载变化和气象条件。二等水准测量高差闭合差允许误差值为 $\pm 0.6\sqrt{n}$ (单位:mm) ,三等水准测量高差闭合差允许误差值为 $\pm 1.4\sqrt{n}$ (单位:mm) , n 为测站个数。

3) 成果整理。每次观测结束后,应及时整理观测记录。先根据基准点高程计算出各观测点高程,然后分别计算各观测点相邻两次观测的沉降量(本次观测高程减上次观测高程)和累计沉降量(本次观测高程减第一次观测高程),并将计算结果填入成果表中(见表 11-3)。为了形象表示沉降和荷载、时间的关系,应根据施工进展及荷重情况表(见表 11-4)、沉降观测成果表绘制沉降曲线图(见图 11-10)。

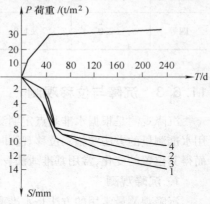

图 11-10　沉降曲线图

2. 水平位移观测

水平位移观测根据场地条件,可采用基准线法、小三角法、导线法和前方交会法等方法施测。

表 11-3　建筑物沉降观测成果表

工程名称:××××综合楼　　　　　　　　　　　　　　　　　　　　　　　　　　编号:

观测次数	观测日期/年.月.日	NO. 1			NO. 2			NO. 3		
		高程/m	本次沉降/mm	累计沉降/mm	高程/m	本次沉降/mm	累计沉降/mm	高程/m	本次沉降/mm	累计沉降/mm
1	1997. 11. 06	9. 5798	±0	0	9. 5804	±0	0	9. 5777	±0	0
2	1997. 11. 19	9. 5786	-1.2	-1.2	9. 5794	-1.0	-1.0	9. 5777	-1.2	-1.2

（续）

观测次数	观测日期/年.月.日	NO.1			NO.2			NO.3		
		高程/m	本次沉降/mm	累计沉降/mm	高程/m	本次沉降/mm	累计沉降/mm	高程/m	本次沉降/mm	累计沉降/mm
3	1997.11.29	9.5766	-2.0	-3.2	9.5782	-1.2	-2.2	9.5777	-0.8	-2.0
4	1997.12.12	9.5757	-0.9	-4.1	9.5775	-0.7	-2.9	9.5777	-1.1	-3.1
5	1997.12.23	9.5741	-1.6	-5.7	9.5761	-1.4	-4.3	9.5777	-1.7	-4.8
6	1997.12.30	9.5720	-2.1	-7.8	9.5741	-2.0	-6.3	9.5777	-1.5	-6.3
7	1998.01.07	9.5701	-1.9	-9.7	9.5730	-1.1	-7.4	9.5777	-2.7	-9.0
8	1998.03.02	9.5674	-2.7	-12.4	9.5702	-2.8	-10.2	9.5777	-1.9	-10.9
9	1998.05.04	9.5663	-1.1	-13.5	9.5689	-1.3	-11.5	9.5777	-1.5	-12.4
10	1998.07.10	9.5658	-0.5	-14.0	9.5682	-0.7	-12.2	9.5777	-0.4	-12.8

表 11-4 施工进展及荷重情况表

观测次数	施工进展	荷重情况/(t/m²)
1	一层楼板浇筑完	3.0
2	三层楼板浇筑完	8.0
3	五层楼板浇筑完	13.0
4	七层楼板浇筑完	18.0
5	九层楼板浇筑完	23.0
6	十一层楼板浇筑完	28.0
7	十二层封顶	30.0
8	封顶后两个月	
9	封顶后四个月	
10	竣工	

（1）基准线法 基准线法的原理是在与水平位移垂直的方向上建立一固定不变的铅垂面，测定观测点相对该铅垂面的变化，从而求得水平位移量。在深基坑监测中，主要对锁口梁的水平位移（一般偏向基坑内侧）进行监测。如图 11-11 所示，在锁口梁轴线两端、基坑外侧分别设置两个稳固的工作基点 A 和 B，两个工作基点的连线即为基准线方向。锁口梁上的观测点埋设在基准线的铅垂面上，偏离距离不大于 2cm。观测点用 16 ~ 18mm 的钢筋头，顶部做"十"字标志，一般每隔 8 ~ 10m 设置一点。观测时，将经纬仪安置于一端工作基点 A 上，瞄准另一工作基点 B（称为后视点），此视线即为基准线，通过测量观测点 P 偏离视线的距离变化，得到水平位移值。

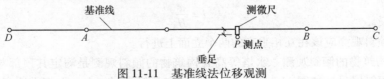

图 11-11 基准线法位移观测

（2）小角法 用小角法测量水平位移的方法如图 11-12 所示。经纬仪安置在工作基点 A，在后视点 B 和观测点 P 分别安置观测目标标志，用测回法测出 $\angle BAP$。设第一次观测角值为 β_1，后一次观测角值为 β_2，根据两次值的变化量 $\Delta\beta = \beta_1 - \beta_2$，即可算出 P 点的位移量 δ，即

$$\delta = \frac{\Delta\beta}{\rho''}D$$

式中　D——A 点至 P 点的水平距离。

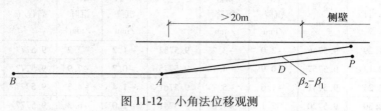

图 11-12　小角法位移观测

角度观测的测回数视仪器的精度(不低于 DJ_2 的经纬仪)和位移观测精度而定。位移的方向根据 $\Delta\beta$ 的符合确定，观测周期视水平位移大小而定。

(3) 导线法和前方交会法　当基准线法和小角法观测水平位移受场地限制无法实施时，可以采用导线法和前方交会法进行观测。首先在场地建立水平位移监测控制网，然后用精密导线或前方交会的方法测量、计算各观测点的坐标，将每一次观测的坐标与上一次坐标进行比较，即可得到水平位移在 x 轴和 y 轴上的分量(Δx, Δy)，再根据 Δx、Δy 计算观测点的位移值 δ，位移的方向根据 Δx、Δy 对应的方位角确定。

11.6.4　倾斜、挠度与裂缝观测

1. 倾斜观测

(1) 深基坑的倾斜观测　锁口梁的水平位移观测反映的是支护结构顶部的水平位移量。利用钻孔测斜仪可对支护桩进行倾斜观测。图 11-13a 是我国生产的 CX－45 型钻孔测斜仪，它由探头、监视器(或微机)两部分组成。探头内安装有天顶角(竖直角)和方位角的传感器，CCD 摄像系统，外侧装有导向轮。天顶角传感器为一圆水准器，当探头不垂直时，圆水准器的气泡偏离零点，从而可以测出钻孔轴线与铅垂线的夹角。方位角传感器为一指南针，可测定气泡偏离零点的方位，圆水准器气泡偏离零点的大小和方位通过 CCD 摄像系统摄取影像后，经过数据通信显示在监视器上，计算出倾斜角度。摄像系统也可以和微机连接，直接获得钻孔深处的位移，进一步计算倾斜度。

(2) 房屋建筑的倾斜观测　房屋建筑的倾斜观测可采用经纬仪投点的方法进行。如图 11-13b 所示，在房屋的顶端设置观测点 M，在离开房屋建筑约为其高度 1.5 倍的位置 A 点安置经纬仪 (AM 与墙面基本平行)，用正倒镜法将 M 点向地面投影，得 N 点，将其作为标志。若房屋倾斜，房顶的 P 点移到 P' 点处，则 M 点也会偏移到 M' 点处，用经纬仪将 M' 向地面投影，得 N' 点。若 N 与 N' 不重合，NN' 的水平距离 a 就是建筑物在该垂直方向上的倾斜量，用 H 表示建筑物的高度，则倾斜度为

$$i = \frac{a}{H}$$

对房屋的倾斜观测应该在互相垂直的两个立面上进行。

(3) 塔式构筑物的倾斜观测　水塔等高耸构筑物的倾斜观测是测定其顶部与底部中心的偏移量，即为其倾斜偏量。如图 11-14 所示，欲测烟囱的倾斜量 OO'，在烟囱附近选测站 A 和 B，要求 AO 与 BO 大致垂直，且距离尽可能大于烟囱高度 H 的 1.5 倍。将经纬仪安置在 A 站，用方向观测法，观测与烟囱底部断面相切的两个方向 $A1$、$A2$ 和与顶部相切的两个方向 $A3$、$A4$，得方向观测值分别为 α_1，α_2，α_3，α_4，则 $\angle 3A4$ 的角平分线与 AO 的夹角为

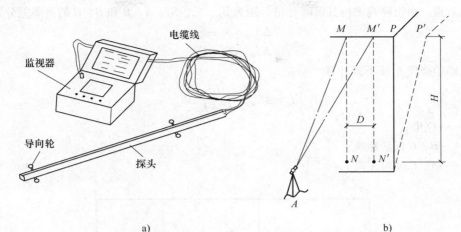

a)　　　　　　　　　　　　　　b)

图 11-13　钻孔测斜仪与建筑物倾斜观测

a）钻孔测斜仪　b）建筑物倾斜观测

$$\delta_A = \frac{(\alpha_1 + \alpha_2) - (\alpha_3 + \alpha_4)}{2}$$

δ_A 即为 AO 与 AO' 两个方向的水平角，则 O 点对 O' 点的倾斜位移量为

$$\Delta_A = \frac{\delta_A(D_A + R)}{\rho''}$$

同理

$$\Delta_B = \frac{\delta_B(D_B + R)}{\rho''}$$

式中　D_A、D_B——AO、BO 方向 A、B 至烟囱外墙的水平距离。

烟囱的倾斜量为

$$\Delta = \sqrt{\Delta_A^2 + \Delta_B^2}$$

烟囱的倾斜度为

$$i = \frac{\Delta}{H}$$

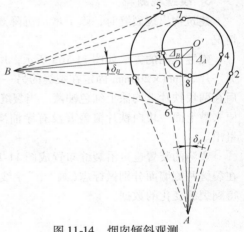

图 11-14　烟囱倾斜观测

O' 的倾斜方向由 δ_A、δ_B 的正、负号确定，当 δ_A 或 δ_B 为正时，O' 偏向 AO 或 BO 的左侧，当 δ_A 或 δ_B 为负时，O' 偏向 AO 或 BO 的右侧。还可用坐标法在 A 点安置经纬仪，通过测定烟囱底部切线方向与基线 AB 所夹的水平角来测定 O 点坐标，由 O 点和 O' 点的坐标可求出烟囱的倾斜量。

2. 挠度观测

在建筑物的垂直面内各不同高程点相对于底点的水平位移称为挠度。

在建筑物施工过程中，随着荷载的增加，在较小的面积上会有很大的集中荷载，使基础与建筑物沉陷，若不均匀就会导致建筑物倾斜，局部构件产生弯曲和引起裂缝，这种倾斜和弯曲又将导致建筑物的挠曲，其地基基础也会产生挠度。挠曲的大小对建筑物的结构受力影响很大。因此，必须对建筑物进行挠度测量，以保证建筑物的安全。

挠度测量是通过测量观测点的沉降量来计算的。如图 11-15 所示，A、B、C 为基础同轴线上的三个沉降点，由沉降观测得其沉降分量分别为 S_A、S_B、S_C，A、B 和 B、C 的沉降差分别为

$$\Delta S_{AB} = S_B - S_A$$
$$\Delta S_{BC} = S_C - S_B$$

则基础的挠度 f_c 按下式计算

$$f_c = \Delta S_{BC} - \frac{L_1}{L_1 + L_2} \Delta S_{AB}$$

式中　f_c——挠度；

L_1——B、C 间短距离；

L_2——A、C 间短距离。

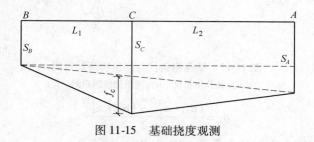

图 11-15　基础挠度观测

3. 裂缝观测

建筑物出现裂缝时，除了增加沉降观测次数，还应立即进行裂缝观测，以掌握裂缝的发展情况。

裂缝观测的方法如图 11-16a 所示，用两块的白铁皮，一块 150mm × 150mm 固定在裂缝一侧，另一片 50mm × 200mm 固定在裂缝的另一侧，使其中一部分紧贴在相邻的正方形白铁片之上，然后在两块铁片上均涂上红色油漆。当裂缝发展时，两块铁片将被逐渐拉开，正方形白铁片便露出原来被上面一块白铁片覆盖着没有涂油漆的部分，其宽度即为裂缝增加的宽度，可用直尺直接量出。

观测的装置也可沿裂缝布置成图 11-16b 所示的测标，随时检查裂缝的发展程度。有时也可在裂缝两侧墙面分别做标志（画"十"字线），然后用尺子量测两侧"十"字线标志的距离变化，得到裂缝变化的数据。

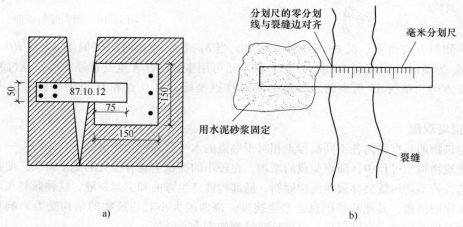

a)　　　　　　　　　　　　　　　　　　　　b)

图 11-16　裂缝观测

思考题与习题

11-1　为什么要建立专门的厂房控制网？厂房控制网是如何建立的？

11-2　柱子吊装测量有哪些主要工作内容？

11-3　为什么进行变形测量？变形测量主要包括哪几项内容？

11-4　深基坑变形测量的特点是什么？监测内容有哪些？

11-5　房屋建筑沉降异常的表现形式是什么？

11-6　沉降观测的步骤有哪些？每次观测为什么要保证仪器、人员、路线不变？如何根据观测成果判断沉降已趋于稳定？

11-7　A、B 为一基础轴线上的两个沉降点，距离 25m，C 为 A、B 之间的一个沉降点，距 A 点 12m，现测得 A、B、C 三点的沉降量分别为 16.7mm、14.1mm、20.8mm。试计算其挠度。

第 12 章　道路中线测量

【重点与难点】

重点： 1. 交点和转点的测设。

2. 中线里程桩测设的基本方法。

3. 道路圆曲线和缓和曲线测设方法。

难点： 1. 复曲线测设方法(含 C 型和卵形曲线、回头曲线)。

2. 道路中线逐桩坐标计算与测设。

道路工程一般由路基、路面、桥涵、隧道及各种附属设施等构成。在道路的勘测设计和施工中所进行的测量工作称为道路工程测量。其工作程序也应遵循"先控制后碎部"的原则，一般为先进行道路工程控制测量和沿路线走向的带状地形图测绘，再进行道路工程的勘测设计。道路勘测分为初测和定测，初测阶段的任务是在指定范围内布设导线，测量路线各方案的带状地形图和纵断面图，收集沿线水文、地质等有关资料，为纸上定线、编制比较方案等初步设计提供依据；定测阶段的任务是在选定方案的路线上进行中线测量、纵断面测量、横断面测量以及局部地区的大比例尺地形图测绘等，为路线纵坡设计、工程量计算等道路技术设计提供详细的测量资料。

技术设计经批准后，即可施工。在施工前、施工中以及竣工后，还应进行道路工程的施工测量。

12.1　概述

道路作为一个空间三维的工程结构物，它的中线是一条空间曲线，在水平面上的投影就是平面线形，它受自然条件(如沿线的地形、地质、水文、气候等)的制约，需要改变路线方向。这样，在转折处为了满足行车要求，需要用适当的曲线把前后直线连接起来，这种曲线称为平曲线。平曲线包括圆曲线和缓和曲线。

道路平面线形由直线、圆曲线、缓和曲线三要素组成，如图 12-1 所示。圆曲线是具有一定曲率半径的圆弧。缓和曲线是在直线和圆曲线之间或两不同半径的圆曲线之间设置的曲率连续变化的曲线。我国公路、铁路缓和曲线的线形采用回旋线。

图 12-1　道路平面线形

道路工程中线测量是通过直线和曲线的测设，将道路中线的平面位置具体地敷设到地面上，并标定其里程，供设计和施工之用。而道路中线上的曲线及直线的控制点和圆的曲线要素有关，下面介绍的交点及转点的测设和曲线及直线测设有关。

12.1.1　交点的测设

所谓交点是指路线改变方向时相邻两直线的延长线相交的转折点。它是中线测量的主要控制点，在路线测设时，首先要选定出交点。当公路设计采用一阶段的施工图设计时，交点的测设可采用现场标定的方法，即根据已定的技术标准，结合地形、地质等条件，在现场反复测设比较，直接定出路线交点的位置。这种方法不需测地形图，比较直观，但只适合技术简单、方案明确的低等级公路。

当公路设计采用两阶段的初步设计和施工图时，应采用先纸上定线，再实地放线确定交点的方法。对于高等级公路或地形、地物复杂的情况，要先在实地布设导线，测绘大比例地形图（通常为 1：1000 或 1：2000 地形图），在地形图上定线，然后再到实地放线，把交点在实地标定出来，一般有放点穿线法、拨角放线法、坐标放样法等方法。

1. 放点穿线法

放点穿线法是纸上定线放样时常用的方法，它是以初测时测绘的带状地形图上就近的导线点为依据，按照地形图上设计的路线与导线之间的角度和距离关系，在实地将路线中线的直线段测设出来，然后将相邻直线延长相交，定出交点桩的位置。具体测设步骤如下：

（1）放点　简单易行的放点方法有支距法和极坐标法两种。在地面上测设路线中线的直线部分，只需定出直线上若干个点，就可确定这一直线的位置。如图 12-2 所示，欲将纸上定出的两段直线 JD_3—JD_4 和 JD_4—JD_5 测设于地面，只需在地面上定 1、2、3、4、5、6 等临时点即可。这些临时点可选取支距点，即垂直于初测导线边、垂足为导线点的直线与纸上所定路线的直线相交的点，如 1、2、4、6 点；也可选择初测导线边与纸上所定路线的直线相交的点，如 3 点；或选择能够控制中线位置的任意点，如 5 点。为便于检查核对，一条直线应选择三个以上的临时点。这些点一般应选在地势较高通视良好、距初测导线点较近、便于测设的地方。临时点选定之后，即可在地形图上用比例尺和量角器量取点所用的距离和角度，如图 12-2 中距离 l_1，l_2，l_3，$\cdots$，l_6 和角度 β。然后绘制放点示意图，标明点位和数据，作为放点的依据。

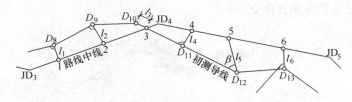

图 12-2　初测导线与纸上所定路线

放点时，在现场找到相应的初测导线点。临时点如果是支距点，可用支距法放点，步骤为：用经纬仪和方向架定出垂线方向，再用皮尺量出支距 l 定出点位。如果是任意点则用极坐标法放点，步骤为：将经纬仪安置在相应的导线点上，拨角 β 定出临时点方向，再用皮尺量距 l 定出点位。

（2）穿线　由于图解数据和测量误差的影响，在图上同一直线上的各点放到地面后，一般均不能准确位于同一直线上。如图 12-3 所示，为在图纸上某一直线段上选取的 1、2、3、4 点，放样到现场的情况，显然所放 4 点是不共线的。这时可根据实地情况，采用目估或经纬仪法穿线，通过比较和选择定出一条尽可能多地穿过或靠近临时点的直线 AB，在 A、B 或其方向线上打下两个或两个以上的方向桩，随即取消临时点，这种确定直线位置的工作称为穿线。

（3）交点　当相邻两直线 AB、CD 在地面上定出后，即可延长直线进行交会，定出交点

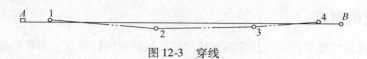

图 12-3　穿线

（JD）。如图 12-4 所示，按下述操作步骤进行：

1）将经纬仪安置于 B 点，盘左瞄准 A 点，倒转望远镜沿视线方向，在交点（JD）的概略位置前后，打下两个木桩，俗称"骑马桩"，并沿视线方向用铅笔在两桩顶上分别标出 a_1 和 b_1。

2）盘右仍瞄准 A 点后，再倒转望远镜，用与上述同样的方法在两桩顶上又标出 a_2 和 b_2 点。

3）分别取 a_1 与 a_2、b_1 与 b_2 的中点并钉上小钉得 a 和 b 两点。

图 12-4　交点

4）用细线将 a、b 两点连接。

这种以盘左、盘右两个盘位延长直线得方法称为正倒镜分中法。

5）将仪器置于 C 点，瞄准 D 点，仍按上述 1）、2）、3）步，同法定出 c 和 d 两点，拉上细线。

6）在两条细线（ab、cd）相交处打下木桩，并在桩顶钉以小钉，便得到交点（JD）。

2. 拨角放线法

这种方法是先在地形图上量算出纸上所定路线的交点坐标，反算相邻交点间的直线长度、坐标方位角及转折角；然后在野外将仪器置于中线起点或已确定的交点上，拨出转角，测设直线长度，依次定出各交点的位置。

如图 12-5 所示，N_1、N_2、…为初测导线点。在 N_1 点安置经纬仪，瞄准 N_2 点，拨水平角 β_1，量出距离 S_1，由此便可定出交点 JD_1。然后在 JD_1 上安置经纬仪，瞄准 N_1 点，拨水平角 β_2，量出距离 S_2，便可定出交点 JD_2。以同样的方法，将经纬仪安置于 JD_2，瞄准 JD_1，拨水平角量出距离定出交点 JD_3。同法依次定出其他交点。

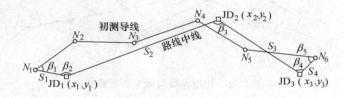

图 12-5　拨角放线法定线

这种方法工作效率高，适用于测量导线点较少的线路，缺点是拨角放线的次数越多，误差累计也越大，故每隔一定距离（一般每隔 3～5 个交点）应将测设的中线与测图导线联测，以检查拨角放线的质量，然后重新以初测导线点开始放出以后的交点。检查满足要求，可继续观测；否则应查明原因予以纠正。

3. 坐标放样法

交点坐标在地形图上确定以后，利用测图导线按全站仪坐标放样法将交点直接放样到地面上，这种方法施工速度快，而且由于利用测图导线放点，所以不会出现误差累积的现象。

12.1.2 转点的测定

转点是指路线测量过程中，相邻两交点间互不通视时，在其连线或延长线上定出一点或数点，以供交点测角、量距或延长直线时瞄准之用的点。

1. 在两交点间设转点

如图 12-6 所示，设 JD_5、JD_6 为互不通视的两相邻交点，ZD' 为目估定出的转点位置。将经纬仪置于 ZD' 上，用正倒镜分中法延长直线 JD_5—ZD' 至 JD_6，如 JD_6' 与 JD_6 重合或偏差 f 在路线允许移动的范围内，则转点位置即为 ZD'，此时应将 JD_6 移至 JD_6'，并在桩顶钉上小钉表示交点位置。

当偏差 f 超过允许范围或 JD_6 为死点，不许移动时，则需重新设置转点。设 e 为 ZD' 应横向移动的距离，仪器在 ZD' 处，用视距测量方法测出距离 a、b，则

$$e = \frac{a}{a+b} f \tag{12-1}$$

将 ZD' 沿偏差 f 的相反方向横移 e 至 ZD。将仪器移至 ZD，延长直线 JD_5—ZD 看是否通过 JD_6 或偏差 f 是否小于允许值。否则应再次设置转点，直至符合要求为止。

2. 在两交点延长线设转点

如图 12-7 所示，设 JD_8、JD_9 互不通视，ZD' 为其延长线上转点的目估位置。仪器置于 ZD' 处，盘左瞄准 JD_8，在 JD_9 附近标出一点，盘右在瞄准 JD_8，在 JD_9 附近处又标出一点，取两次所标点的中点得 JD_9'。若 JD_9' 和 JD_9 重合或偏差 f 在允许范围内，即可将 JD_9' 代替 JD_9 作为交点，ZD' 即作为转点。若偏差 f 超出允许范围或 JD_9 为死点，不许移动，则应调整 ZD' 的位置。ZD' 横向移动的距离 e 为

$$e = \frac{a}{a-b} f \tag{12-2}$$

将 ZD' 沿偏差 f 的相反方向横移 e 至 ZD，然后将仪器移至 ZD，重复上述方法，直至 f 小于允许值为止，最后将转点 ZD 和交点 JD_9 用木桩标定在地面上。

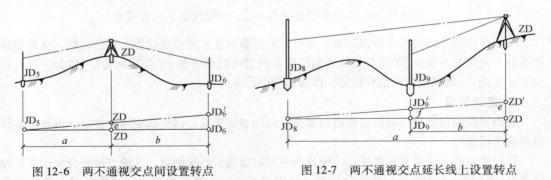

图 12-6　两不通视交点间设置转点　　　　图 12-7　两不通视交点延长线上设置转点

12.2　路线转角的测定和里程桩的设置

12.2.1　路线转角的测定

按路线的前进方向，以路线中心线为界，在路线右侧的水平角称为右角，通常以 β 表示，如图 12-8 中的所示的 β_5、β_6。在中线测量采用测回法测定。

上、下两个半测回所测角值的不符值视公路等级而定：高速公路、一级公路限差为 ±20″，满足要求取平均值，取位至 1″；二级及二级以下的公路限差为 ±60″，满足要求取平均值，取位至 30″（即 10″舍去，20″、30″、40″取为 30″，50″进为 1′）。

1. 转角的计算

所谓转角是指路线由一个方向偏转为另一个方向时，偏转后的方向与原方向的夹角，通常以 α 表示。如图 12-8 所示，转角有左转、右转之分，按路线前进方向，偏转后的方向在原方向的左侧称为左转角，通常以 $\alpha_{左}$（或 α_Z）表示；反之为右转角，通常以 $\alpha_{右}$（或 α_Y）表示。转角是设置平曲线的必要元素，通常是通过测定路线的右角 β 计算求得。

$$若 \beta > 180° 为左转角，则 \alpha_{左} = \beta - 180° \tag{12-3a}$$

$$若 \beta < 180° 为右转角，则 \alpha_{右} = 180° - \beta \tag{12-3b}$$

2. 曲线中点方向桩的钉设

为便于设置曲线中点桩，在测角的同时，需将曲线中点方向桩（即分角线方向桩）钉设出来，如图 12-9 所示。分角线方向桩离交点距离应尽量大于曲线外距，以利于定向插点。一般转角越大，外距也越大，这样分角桩就应设置得远一点。

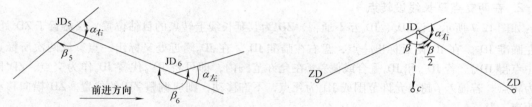

图 12-8　路线的右角和转角　　　　　　图 12-9　标定分角线方向

用经纬仪定分角线方向，首先就要计算出分角线方向的水平度盘读数，通常这项工作是测角之后在测角读数的基础上进行的（即保持水平度盘位置不变），根据测得右角的前后视读数，按下式即可计算出分角线方向的读数：

$$分角线方向的水平度盘读数 = \frac{1}{2}（前视读数 + 后视读数）$$

有了分角线方向的水平度盘读数，即可转动照准部使水平度盘读数为这一读数，此时望远镜照准的方向即为分角线方向（分角线方向应设在设置曲线的一侧，如果望远镜指向相反一侧，只需倒转望远镜）。沿视线指向插杆钉桩，即为曲线中点方向桩。

3. 视距测量

观测视距的目的是用视距法测出相邻交点间的直线距离，以便提交给中桩组，供其与实际丈量距离进行校核。

视距测量的方法通常有两种：一种是利用测距仪或全站仪测量，这种方法是分别于交点和相邻交点（或转点）上安置反射棱镜和仪器，采用仪器的距离测量功能，从读数屏可直接读出两点间平距；另一种是利用经纬仪标尺测量，它是于交点和相邻交点（或转点）上分别安置经纬仪和标尺（水准尺或塔尺），采用视距测量的方法计算两点间平距。这里尤应指出的是，用测距仪或全站仪测得的平距可用来计算交点桩号，而用经纬仪所测得的平距，只能用作参考来校核在中线测设中有无丢链现象（即校核链距）。

当交点间距离较远时，为了保证测量精度，可在中间加点采取分段测距方法。

4. 磁方位角观测与计算方位角校核

观测磁方位角的目的，是为了校核测角组测角的精度和展绘平面导线图时检查展线的精度。

路线测量规定，每天作业开始与结束要观测磁方位角，至少各一次，以便与根据观测值推算的方位角校核，其误差不得超过 2°，若超过规定，必须查明产生误差的原因，并及时予以纠正。若符合要求，则可继续观测。

磁方位角通常用森林罗盘仪观测，也可用附有指北装置的仪器直接观测。

5. 路线控制桩位固定

为便于以后施工时恢复路线及放样，对于中线控制桩，如路线起点桩、终点桩、交点桩、转点桩，大中桥位桩以及隧道起、终点桩等重要桩志，均须妥善固定和保护，以防止丢失和破坏。因此，应主动与当地政府联系，协商保护桩志的措施，并积极向当地群众宣传保护测量桩志的重要性，共同维护好桩志。

桩志固定的方法应因地制宜，可采取埋土堆、垒石堆、设护桩(也称"栓桩")等法。护桩方法很多，如距离交会法、方向交会法、导线延长法等，具体采用什么方法应根据实际情况灵活掌握。公路工程测量通常多采用距离交会法定位。护桩一般设三个，护桩间夹角不宜小于 60°，以减少交会误差，如图 12-10 所示。

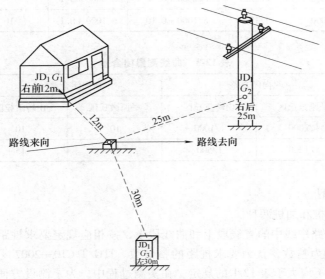

图 12-10　距离交会法护桩

护桩应尽可能利用附近固定的地物点，如房基墙角、电杆、树木、岩石等设置。如无此条件可埋混凝土桩或钉设大木桩。护桩位置的选择，应考虑不致为日后施工或车辆行人所毁坏。在护桩或在作为控制的地物上用红油漆画出标记和方向箭头，写明所控制的固定桩志名称、编号，以及距桩志的斜向距离，并绘出示意草图，记录在手簿上，供日后编制"路线固定护桩一览表"。

12.2.2　里程桩的设置

在路线交点、转点及转角测定后，即可进行道路中线测量，经过实地量距设置里程桩，以标定道路中线的具体位置。

1. 道路中线测量的基本要求

道路中线的边长测量要求同导线测量。中线上设有里程桩，也称为中桩，桩上写有桩号，表示该桩至路线起点的水平距离。例如，桩号记为 K1 + 125.45，表示该桩至路线起点的水平距离为 1125.45m。

中桩的设置应按规定满足其桩距及精度的要求，直线上的桩距一般为20m，地形平坦时不应大于50m；曲线上的桩距一般为20m，且与圆曲线半径大小有关。中桩桩距应符合表12-1的规定。

表12-1　中桩桩距表

直线/m		曲线/m			
平原微丘区	山岭重丘区	不设超高曲线	$R>60$	$60 \geqslant R \geqslant 30$	$R<30$
≤50	≤25	25	20	10	5

注：表中 R 为平曲线半径(m)。

中线量距精度及桩位限差，不得超过表12-2的规定。曲线测量闭合差，应符合表12-3的规定。

表12-2　中线量距及中桩桩位限差表

公路等级	距离限差	视距校链限差	桩位纵向误差/m		桩位横向误差/m	
			平原微丘区	山岭重丘区	平原微丘区	山岭重丘区
高速、一级	1/2000	1/200	$S/2000+0.05$	$S/2000+0.1$	5	10
二、三、四级	1/1000	1/100	$S/1000+0.10$	$S/1000+0.1$	10	15

表12-3　曲线测量闭合差

公路等级	纵向闭合差		横向闭合差/cm		曲线偏角闭合差/″
	平原微丘区	山岭重丘区	平原微丘区	山岭重丘区	
高速、一级	1/2000	1/1000	10	10	60
二、三、四级	1/1000	1/500	10	15	120

2. 里程桩的类型

里程桩可分为整桩和加桩两种。

（1）整桩　在公路中线中的直线段上和曲线段上，按相应规定要求桩距而设置的桩称为整桩。它的里程桩号均为整数，且为要求桩距的整倍数。JTG/T C10—2007《公路勘测细则》规定：路线中桩间距，不应大于表12-1的规定。在实测过程中，为了测设方便，里程桩号应尽量避免采用零数桩号，一般宜采用20m或50m及其倍数。当量距至每百米及每公里时，要钉设百米桩及公里桩。

（2）加桩　加桩又分为地形加桩、地物加桩、曲线加桩、地质加桩、断链加桩和行政区域加桩等。加桩应取位至米，特殊情况下可取位至0.1m。

1）地形加桩。沿路线中线在地面起伏突变处，横向坡度变化处以及天然河沟处等均应设置的里程桩。

2）地物加桩。沿路线中线在有人工构造物处(如拟建桥梁、涵洞、隧道、挡土墙等构造物处；路线与其他公路、铁路、渠道、高压线、地下管道等交叉处,拆迁建筑物处,占用耕地及经济林的起终点处)均应设置的里程桩。

3）曲线加桩。曲线上设置的起点、中点、终点桩等。

4）地质加桩。沿路线在土质变化处及地质不良地段的起、终点处要设置的里程桩。

5）断链加桩。由于局部改线或事后发现距离错误或分段测量中由于假设起点里程等原因，致使路线的里程不连续，桩号与路线的实际里程不一致，这种现象称为"断链"，为说明该情况而设置的桩，称为断链加桩。测量中应尽量避免出现"断链"现象。

6）行政区域加桩。在省、地（市）县级行政区分界处应加桩。

7）改、扩建路加桩。在改、扩建公路地形特征点、构造物和路面面层类型变化处应加的桩。

3. 里程桩的书写及钉设

对于中线控制桩，如路线起、终点桩、公里桩、转点桩、大中桥位桩以及隧道起终点等重要桩，一般采用尺寸为 $5cm \times 5cm \times 30cm$ 的方桩；其余里程桩一般多用 $(1.5 \sim 2)cm \times 5cm \times 25cm$ 的板桩。

（1）里程桩的书写　所有中桩均应写明桩号和编号，在桩号书写时，除百米桩、公里桩和桥位桩要写明公里数外，其余桩可不写。另外，对于交点桩、转点桩及曲线基本桩还应在桩号之前标明桩号（一般标其缩写名称）。目前，我国公路工程上桩名采用汉语拼音的缩写名称，见表 12-4。

表 12-4　路线主要标志桩名称表

标志桩名称	简称	汉语拼音缩写	英文缩写	标志桩名称	简称	汉语拼音缩写	英文缩写
转角点	交点	JD	IP	公切点	—	GQ	CP
转点	—	ZD	TP	第一缓和曲线起点	直缓点	ZH	TS
圆曲线起点	直圆点	ZY	BC	第一缓和曲线终点	缓圆点	HY	SC
圆曲线中点	曲中点	QZ	MC	第二缓和曲线起点	圆缓点	YH	CS
圆曲线终点	圆直点	YZ	EC	第二缓和曲线终点	缓直点	HZ	ST

桩志一般用红色油漆或记号笔书写（在干旱地区或马上施工的路线也可用墨汁书写），书写字迹应工整醒目，一般应写在桩顶以下 5cm 范围内，否则将被埋于地面以下无法判别里程桩号。

（2）钉桩　新线桩志打桩，不要露出地面太高，一般以 5cm 左右能露出桩号为宜。钉设时将写有桩号的一面朝向路线起点方向，如图 12-11 所示。对起控制作用的交点桩、转点桩以及一些重要的地物加桩，如桥位桩、隧道定位桩等均应钉设方桩，将方桩钉至与地面齐平，桩顶钉一小铁钉表示点位。在距方桩约 20cm 设置指示桩，上面书写桩的名称和桩号，字面朝向方桩。

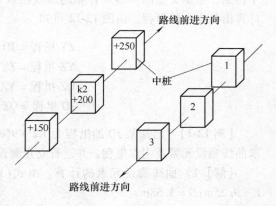

图 12-11　桩号和编号方向

改建桩志位于旧路上时，由于路面坚硬，不宜采用木桩，此时常采用大帽钢钉。钉桩时一律打桩至与地面齐平，然后在路旁一侧打上指示桩，桩上注明距中线的横向距离及其桩号，并以箭头指示中桩位置。在直线上，指示桩应钉在路线的同一侧；交点桩的指示桩应在圆心和交点连线方向的外侧，字面朝向交点；曲线主点桩的指示桩均应钉在曲线的外侧，字面朝向圆心。

遇到岩石地段无法钉桩时，应在岩石上凿刻"⊕"标记，表示桩位并在其旁边写明桩号、编号等。在潮湿或有虫蚀地区，特别是近期不施工的路线，对重要桩位（如路线起、终点、交点、转点等）可改埋混凝土桩，以利于桩的长期保存。

12.3 圆曲线的测设

圆曲线是指具有一定半径的一段圆弧线，是路线转向常用的一种曲线形式。圆曲线的测设一般分以下两步进行：首先测设曲线的主点，称为圆曲线的主点测设，即测设曲线的起点（称为直圆点，ZY 表示）、中点（称为曲中点，以 QZ 表示）和终点（称为圆直点，以 YZ 表示）；然后在已测定的主点之间进行加密，按规定桩距测设曲线上的其他各桩点，称为曲线的详细测设。

1. 圆曲线测设元素的计算

如图 12-12 所示，设交点（JD）的转角为 α，圆曲线半径为 R，则曲线的测设元素可按下列公式计算

$$
\left.\begin{array}{ll}
\text{切线长} & T = R\tan\dfrac{\alpha}{2} \\[2mm]
\text{曲线长} & L = R\alpha\,(\text{式中}，\alpha\ \text{的单位应换算成 rad}) \\[2mm]
\text{外　距} & E = \dfrac{R}{\cos\dfrac{\alpha}{2}} - R = R\left(\sec\dfrac{\alpha}{2} - 1\right) \\[2mm]
\text{切曲差} & D = 2T - L
\end{array}\right\}\quad(12\text{-}4)
$$

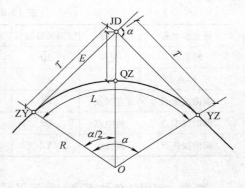

图 12-12　圆曲线的主点测设

2. 主点测设

（1）主点里程的计算　交点（JD）的里程由中线丈量中得到，根据交点的里程和计算的曲线测设元素，即可计算出各主点的里程。由图 12-12 可知

$$
\left.\begin{array}{l}
\text{ZY 里程} = \text{JD 里程} - T \\
\text{YZ 里程} = \text{ZY 里程} + L \\
\text{QZ 里程} = \text{YZ 里程} - L/2 \\
\text{JD 里程} = \text{QZ 里程} + D/2\,(\text{校核})
\end{array}\right\}\quad(12\text{-}5)
$$

【例 12-1】　已知某 JD 的里程为 K2 + 968.43，测得转角 $\alpha = 34°12'$，圆曲线半径 $R = 200\mathrm{m}$，求曲线测设元素及主点里程，并进行立点测设。

【解】　1）曲线测设元素的计算。由式（12-4）代入数据计算得：$T = 61.53\mathrm{m}$；$L = 119.38\mathrm{m}$；$E = 9.25\mathrm{m}$；$D = 3.68\mathrm{m}$。

2）主点里程的计算。由式（12-5）得：

JD 里程	K2 + 968.43
-，T	-61.53
ZY 里程	K2 + 906.90
+，L	+119.38
YZ 里程	K3 + 026.28
-，L/2	-59.69
QZ 里程	K2 + 966.59
+，D/2	+1.84
JD 里程	K2 + 968.43

（2）主点的测设　圆曲线的测设元素和主点里程计算出后，便可按下述步骤进行主点测设：

1）ZY 的测设。测设 ZY 时，将仪器置于交点 JD_i 上，望远镜照准后一交点 JD_{i-1} 或此方向上的转点，沿望远镜视线方向量取切线长 T，得 ZY，先插一测钎标志，然后用钢尺丈量 ZY 至最近一个直线桩的距离。如两桩号之差等于所丈量的距离或相差在允许范围内，即可在测钎处打下 ZY 桩。如超出容许范围，应查明原因，重新测设，以确保桩位的正确性。

2）YZ 的测设。在 ZY 点测设完成后，转动望远镜照准前一交点 JD_{i+1} 或此方向上的转点，往返丈量切线长 T，得 YZ 点，打下 YZ 桩。

3）QZ 的测设。可自交点 JD_i 沿分角线方向往返丈量外距 E，打下 QZ 桩。

3. 圆曲线的详细测设

在圆曲线的主点设置后，即可进行详细测设。其桩距 l_0 应符合表 12-1 的规定。按桩距 l_0 在曲线上设桩，通常有两种方法：

1）整桩号法。将曲线上靠近起点（ZY）的第一个桩的桩号凑整成为 l_0 倍数的整桩号，且与 ZY 点的桩距小于 l_0，然后按桩距 l_0 连续向曲线终点 YZ 设桩。这样设置的桩的桩号均为整桩。

2）整桩距法。从曲线起点 ZY 和终点 YZ 开始，分别以桩距 l_0 连续向曲线中点 QZ 设桩。由于这样设置的桩的桩号一般为零数桩号，因此，在实测中应注意加设百米桩和公里桩。

目前公路中线测量中一般均采用整桩号法。

圆曲线的详细测设方法很多，下面仅介绍两种常用方法。

（1）切线支距法　切线支距法又称直角坐标法，是以曲线 ZY 点（对于前半曲线）或 YZ 点（对于后半曲线）为坐标原点，以过 ZY 点或 YZ 点的切线为 x 轴，过原点的半径为 y 轴，按曲线上各点坐标 x、y 设置曲线上各点的位置。

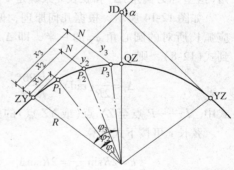

图 12-13　切线支距法详细测设圆曲线

如图 12-13 所示，设 P_i 为曲线上欲测设的点位，该点 ZY 点或 YZ 点的弧长为 l_i，φ_i 为 l_i 所对的圆心角，R 为圆曲线半径，则 P_i 点的坐标按下式计算

$$\left.\begin{array}{l} x_i = R\sin\varphi_i \\ y_i = R(1 - \cos\varphi_i) = x_i\tan\dfrac{\varphi_i}{2} \end{array}\right\} \quad (12\text{-}6)$$

式中　φ_i——$\varphi_i = \dfrac{l_i}{R}(\text{rad})$　　(12-7)

【**例 12-2**】　在例 12-1 中，若采用切线支距法，并按整桩号设桩，试计算各桩坐标。例 1 中已计算出主点里程（ZY 里程、QZ 里程 YZ 里程），在此基础上按整桩号法列出详细测设的桩号，并计算其坐标。

【**解**】　具体计算见表 12-5。

表 12-5　切线支距法坐标计算表

桩号	桩点至曲线起（终）点的弧长 l/m	横坐标 x_i/m	纵坐标 y_i/m
ZY 桩：K2 + 906.90	0	0	0
+920	13.10	13.09	0.43
+940	33.10	32.95	2.73
+960	53.10	52.48	7.01

（续）

桩号	桩点至曲线起（终）点的弧长 l/m	横坐标 x_i/m	纵坐标 y_i/m
QZ 桩：K2 +966. 59	59. 69	58. 81	8. 84
+980	46. 28	45. 87	5. 33
K3 +000	26. 28	26. 20	1. 72
+020	6. 28	6. 28	0. 10
YZ 桩：K3 +026. 28	0	0	0

切线支距法详细测设圆曲线，为了避免支距过长，一般是由 ZY 点和 YZ 点分别向 QZ 点施测，其测设步骤如下：

1）从 ZY 点（或 YZ 点）用钢尺或皮尺沿切线方向量取 P_i 点的横坐标 x_i 得垂足 N_i。

2）在垂足点 N_i 上，用方向架或经纬仪定出切线的垂直方向，沿垂直方向量出 y_i，即得到待测定点 P_i。

3）曲线上各点测设完毕后，应量取相邻各桩之间的距离，并与相应的桩号之差作比较，若较差均在限差之内，则曲线测设合格，否则应查明原因，予以纠正。

这种方法适用于平坦开阔地区，具有测点误差不累积的优点。

（2）偏角法　偏角法是以曲线起点（ZY）或终点（YZ）至曲线上待测设点 P_i 的弦线于切线之间的弦切角（这里称为偏角）Δ_i 和弦长 c_i 来确定 P_i 点的位置。

如图 12-14 所示，根据几何原理，偏角 Δ_i 等于相应弧长所对的圆心角 φ_i 的一半，即 $\Delta_i = \varphi_i/2$。考虑到式（12-8），则

$$\Delta_i = \frac{l_i}{2R}(\mathrm{rad}) = \frac{l_i}{R}\frac{90°}{\pi} \qquad (12\text{-}8)$$

式中　l_i——P_i 点至 ZY 点（或 YZ 点）的曲线长度。

弦长 c 可按下式计算

$$c = 2R\sin\frac{\varphi_i}{2} = 2R\sin\Delta_i \qquad (12\text{-}9)$$

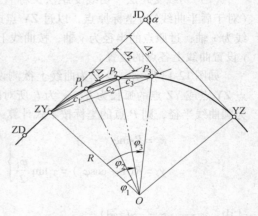

图 12-14　偏角法详细测设圆曲线

【例 12-3】　仍以例 12-1 为例，采用偏角法按整桩号设桩，计算各桩的偏角和弦长。

【解】　设曲线由 ZY 点向 YZ 点测设，计算内容及结果见表 12-6。

表 12-6　偏角法详细测设圆曲线测设数据计算表

桩号	桩点至 ZY 点的曲线长 l_i/m	偏角值 Δ_i/ (°　′　″)	长弦 C_i/m	短弦 c_i/m
ZY 桩：K2 +906. 90	0. 00	00　00　00	0	0
+920	13. 10	1　52　35	13. 10	13. 10
+940	33. 10	4　44　28	33. 06	19. 99
+960	53. 10	7　36　22	52. 94	19. 99

（续）

桩号	桩点至 ZY 点的曲线长 l_i/m	偏角值 Δ_i/ (° ′ ″)	长弦 C_i/m	短弦 c_i/m
QZ 桩:K2 +966.59	59.69	8 33 00	59.47	6.59
+980	73.10	10 28 15	72.69	13.41
K3 +000	93.10	13 20 08	92.26	19.99
+020	113.10	16 12 01	111.60	19.99
YZ 桩:K3 +026.28	119.38	17 06 00	117.62	6.28

注：1. 用公式 $\Delta_i = \dfrac{l_i}{2R}$ 计算的偏角单位为弧度，应将其换算为度、分、秒。

2. 表中长弦指桩点至曲线起点（ZY）的弦长；短弦指相邻两桩点间的弦长。

测设方法如下：用偏角法详细测设圆曲线上各桩点，因测设距离的方法不同，分为长弦偏角法和短弦偏角法两种。前者测量测站至各桩点的距离（长弦 C_i），适合于用全站仪；后者测量相邻各桩点之间的距离（短弦 c_i），适合于用经纬仪加钢尺。本例仍按上例，具体测设步骤如下：

1）安置经纬仪（或全站仪）于曲线起点（ZY）上，盘左瞄准交点（JD），将水平盘读数设置为 $0°00'00''$。

2）转动照准部，使水平度盘读数为：+920 桩的偏角值 $\Delta_1 = 1°52'35''$，然后从 ZY 点开始，沿望远镜视线方向量测出弦长 $C_1 = 13.10$m，定出 P_1 点，即为 K2 +920 的桩位。

3）再继续转动照准部，使水平度盘读数为：+940 桩的偏角值 $\Delta_2 = 4°44'28''$，从 ZY 点开始，沿望远镜视线方向量测长弦 $C_2 = 33.06$m，定出 P_2 点；或从 P_1 测设短弦 $c_2 = 19.99$m 与水平度盘读数为偏角 Δ_2 时的望远镜视线方向相交而定出 P_2 点。依此类推，测设 P_3，P_4，…直至 YZ 点。

4）测设至曲线终点（YZ）作为检核。继续水平转动照准部，使水平度盘读数为 $\Delta_{YZ} = 17°06'00''$，从 ZY 点开始，沿望远镜视线方向量测出长弦 $C_{YZ} = 117.62$m，或从 K3 +020 桩测设短弦 $c = 6.28$m，定出一点。此点如果与 YZ 不重合，其闭合差应符合表 12-3 所规定。

上例路线为右转角，当路线为左转时，由于经纬仪的水平度盘注记为顺时针增加，则偏角增大，而水平度盘的读数是减小的。此时应查表 12-5 的数据，采用经纬仪角度反拨的方法。将经纬仪安置于 ZY 点上，瞄准 JD，使水平度盘的读数为 $00°00'00''$（可理解为 $360°00'00''$），则瞄准 +920 桩时，需拨偏角 $\Delta_1 = 01°52'35''$，此时水平度盘的读数应为 $358°07'25''$（由 $360°00'00'' \sim 01°52'35''$ 得到），此拨角法称为角度反拨。依此类推拨出其他桩的偏角，进行测设。

偏角法不仅可以在 ZY 点上安置仪器测设曲线，也可在 YZ 或 QZ 上安置仪器进行测设，还可以将仪器安置在任一点上测设。偏角法是一种测设精度较高、适用性较强的常用方法。但在用短弦偏角法时存在测点误差累积的缺点，所以宜采取从曲线两端向中点或自中点向两端测设曲线的方法。

12.4　带有缓和曲线的平曲线测设

汽车在行驶过程中，经历一条曲率连续变化的曲线，这条曲线称为缓和曲线，即为了使路线的平面线形更加符合汽车的行驶轨迹、离心力的逐渐变化，确保行车的安全和舒适，需要在直线与圆曲线之间插入一段曲率半径由无穷大逐渐变化到圆曲线半径的过渡性曲线。

缓和曲线的作用是使曲率连续变化，车辆便于遵循，保证行车安全；离心加速度逐渐变化，有利于旅客的舒适；曲线上超高和加宽的逐渐过渡，行车平稳和路容美观；与圆曲线配合适当的缓和曲线，可提高驾驶员的视觉平稳性，增加线形美观。带有缓和曲线的平曲线，其最基本形式由三部分组成，如图 12-15 所示，即由直线终点到圆曲线起点的缓和段，称为第一缓和段；由圆曲线起点到圆曲线终点的单曲线段；以及由圆曲线终点到下一段直线起点的缓和段，称为第二缓和段。因此，带有缓和曲线的平曲线的基本线形的主点有直缓点（ZH）、缓圆点（HY）、曲中点（QZ）、圆缓点（YH）和缓直点（HZ）（见表 12-4）。

我国实施的 JTG B01—2003《公路工程技术标准》中规定：缓和曲线采用回旋曲线，也称辐射螺旋线。

下面介绍带有缓和曲线的平曲线的基本线形测设数据计算与测设方法。

1. 缓和曲线公式

（1）基本公式　如图 11-16 所示，回旋曲线是曲率半径 ρ 随曲线长度 l 的增大而成反比地均匀减小的曲线，即在回旋曲线上任一点的曲率半径 ρ 为

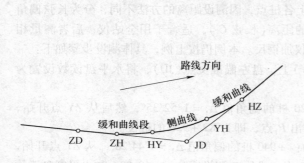

图 12-15　带有缓和曲线的平曲线基本线形

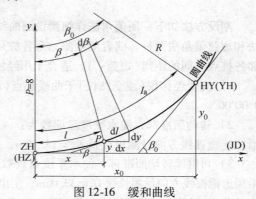

图 12-16　缓和曲线

$$\rho = \frac{c}{l} \tag{12-10}$$

式中　c——常数，表示缓和曲线曲率半径 ρ 的变化率，与行车速度有关。目前我国公路采用：
$c = 0.035v^3$（其中，v 为计算行车速度，以 km/h 为单位）。

在曲线上，c 值又可按以下方法确定，在第一缓和曲线终点即 HY 点（或第二缓和曲线起点 YH 点）的曲率半径等于圆曲线半径 R，即 $\rho = R$，该点的曲线长度即是缓和曲线的全长 l_s，由式（12-10）可得

$$c = Rl_s \tag{12-11}$$

式中，$c = 0.035v^3$，故有缓和曲线的全长为

$$l_s = \frac{0.035v^3}{R} \tag{12-12}$$

我国实施的 JTG B01—2003《公路工程技术标准》中规定：当公路平曲线半径小于设超高的最小半径时，应设缓和曲线。缓和曲线采用回旋曲线。缓和曲线的长度应根据其计算行车速度 v 求得，并尽量采用大于表 12-7 所列数值。

表 12-7　各级公路缓和曲线最小长度

公路等级	高速公路				一		二		三		四	
计算行车速度/（km/h）	120	100	80	60	100	60	80	40	60	30	40	20
缓和曲线最小长度/m	100	85	70	50	85	50	70	35	50	25	35	20

（2）回旋曲线切线角公式 缓和曲线上任一点 P 处的切线与曲线的起点（ZY）或终点（HZ）切线的交角 β 与缓和曲线上该点至曲线起点或终点的曲线长所对的中心角相等。为求切线角 β 可在曲率半径为 ρ 的 P 点处取一微分弧段 $\mathrm{d}l$，其所对应的中心角 $\mathrm{d}\beta$ 为

$$\mathrm{d}\beta = \frac{\mathrm{d}l}{\rho} = \frac{l\mathrm{d}l}{c}$$

积分得

$$\beta = \frac{l^2}{2c} = \frac{l^2}{2Rl_s} \tag{12-13}$$

当 $l = l_s$ 时，则缓和曲线全长 l_s 所对应中心角即为缓和曲线的切线角，也称为缓和曲线角 β_0，则

$$\beta_0 = \frac{l_s}{2R}$$

以角度表示则为

$$\beta_0 = \frac{l_s}{2R} \cdot \frac{180°}{\pi} \tag{12-14}$$

（3）参数方程 如图 12-16 所示，设以缓和曲线的起点（ZH 点）为坐标原点，过 ZH 点的切线为 x 轴，半径方向为 y 轴，缓和曲线上任意一点 P 的坐标为 (x, y)，仍在 P 点处取一微分弧段 $\mathrm{d}l$，由图 12-16 可知，微分弧段在坐标轴上的投影为

$$\left.\begin{array}{l} \mathrm{d}x = \mathrm{d}l\cos\beta \\ \mathrm{d}y = \mathrm{d}l\sin\beta \end{array}\right\} \tag{12-15}$$

将式中 $\cos\beta$、$\sin\beta$ 按级数展开为

$$\cos\beta = 1 - \frac{\beta^2}{2!} + \frac{\beta^4}{4!} - \cdots$$

$$\sin\beta = \beta - \frac{\beta^3}{3!} + \frac{\beta^5}{5!} - \cdots$$

考虑到式（12-13），则式（12-15）可写为

$$\mathrm{d}x = \left[1 - \frac{1}{2}\left(\frac{l^2}{2Rl_s}\right)^2 + \frac{1}{24}\left(\frac{l^2}{2Rl_s}\right)^4 - \cdots\right]\mathrm{d}l$$

$$\mathrm{d}y = \left[\frac{l^2}{2Rl_s} - \frac{1}{6}\left(\frac{l^2}{2Rl_s}\right)^3 + \frac{1}{1200}\left(\frac{l^2}{2Rl_s}\right)^5 - \cdots\right]\mathrm{d}l$$

积分后略去高次项得

$$\left.\begin{array}{l} x = l - \dfrac{l^5}{40R^2l_s^2} \\ y = \dfrac{l^3}{6Rl_s} - \dfrac{l^7}{336R^3l_s^3} \end{array}\right\} \tag{12-16}$$

式（12-16）称为缓和曲线的参数方程。

当 $l = l_s$ 时，则第一缓和曲线的终点（HY）的直角坐标为

$$x_0 = l_s - \frac{l_s^3}{40R^2}, \quad y_0 = \frac{l_s^2}{6R} - \frac{l_s^4}{336R^3} \tag{12-17}$$

2. 带有缓和曲线的平曲线的主点测设

（1）内移值 p 和切线增长值 q 的计算　如图 12-17 所示，当圆曲线加设缓和曲线段后，为使缓和曲线起点与直线段的终点相衔接，必须将圆曲线向内移动一段距离 p（称为内移值），这时曲线发生变化，使切线增长距离 q（称为切线增长值）。

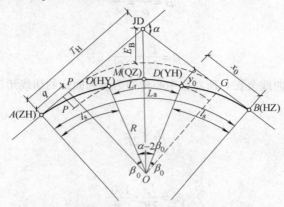

图 12-17　主点测设

圆曲线内移有两种方法：一种是圆心不动，半径相应减小；另一种是半径不变，而改变圆心的位置。目前公路工程中，一般采用圆心不动，半径相应减小的平行移动方法，即未设缓和曲线时的圆曲线为 FG，其半径为 $(R+p)$ 插入两段缓和曲线 AC 和 DB 后，圆曲线内移，保留部分为 CDM 段，半径为 R，该段所对的圆心角为 $(\alpha-2\beta_0)$，在图 12-17 中由几何关系可知

$$R+p = y_0 + R\cos\beta_0$$
$$q + R\sin\beta_0 = x_0$$

即

$$p = y_0 - R(1-\cos\beta_0), \quad q = x_0 - R\sin\beta_0 \tag{12-18}$$

将式（12-18）中的 $\cos\beta_0$、$\sin\beta_0$ 展开为级数，略去积分高次项并将式（12-14）中 β_0 和式（12-17）中的 x_0、y_0 代入后整理可得

$$p = \frac{l_s^2}{24R}, \quad q = \frac{l_s}{2} - \frac{l_s^3}{240R^2} \tag{12-19}$$

（2）测设元素的计算　在圆曲线上增设缓和曲线后，要将圆曲线与缓和曲线作为一个整体考虑。如图 12-17 所示，当通过测算得到转角 α，并确定圆曲线半径 R 与缓和曲线长 l_s 后，即可按式（12-14）和式（12-19）求得切线角 β_0、内移值 p 和切线增长值 q，此时必须有 $\alpha \geqslant 2\beta_0$，否则无法设置缓和曲线，应重新调整 R 或 l_s，直至满足 $\alpha \geqslant 2\beta_0$，然后按下式计算测设元素：

$$\left. \begin{array}{ll} \text{切线长} & T_H = (R+p)\tan\dfrac{\alpha}{2} + q \\[2mm] \text{曲线长} & L_H = R(\alpha-2\beta_0)\dfrac{\pi}{180°} + 2l_s \\[2mm] \text{其中圆曲线长} & L_y = R(\alpha-2\beta_0)\dfrac{\pi}{180°} \\[2mm] \text{外距} & E_H = (R+p)\sec\dfrac{\alpha}{2} - R \\[2mm] \text{切曲差} & D_H = 2T_H - L_H \end{array} \right\} \tag{12-20}$$

（3）主点里程计算与测设　根据交点里程和曲线的测设元素值，计算各主点里程：

直缓点　ZH 里程 = JD 里程 − T_H

缓圆点　HY 里程 = ZH 里程 + l_s

圆缓点　YH 里程 = HY 里程 + L_Y

缓直点　HZ 里程 = YH 里程 + l_s

曲中点　QZ 里程 = HZ 里程 − $L_H/2$

交点　JD 里程 = QZ 里程 + $D_H/2$（校核）

(12-21)

主点 ZH、HZ、QZ 的测设方法与圆曲线主点测设方法相同。HY、YH 点是根据缓和曲线终点坐标(x_0, y_0)用切线支距法测设。

3. 带有缓和曲线平曲线的详细测设

（1）切线支距法　切线支距法是以 ZH 点或 HZ 点为坐标原点，以过原点的切线为 x 轴，过原点的半径为 y 轴，利用缓和曲线段和圆曲线段上的各点的坐标(x,y)测设曲线。在缓和曲线段上各点坐标(x,y)可按缓和曲线的参数方程式(12-16)求得，即

$$x = l - \frac{l^5}{40R^2 l_s^2}, \quad y = \frac{l^3}{6Rl_s} - \frac{l^7}{336R^3 l_s^3} \tag{12-22}$$

在圆曲线上各点的坐标可由图 12-18 按几何关系求得

$$x = R\sin\varphi + q, \quad y = R(1 - \cos\varphi) + p \tag{12-23}$$

式中　φ——$\varphi = \dfrac{l - l_s}{R} \times \dfrac{180}{\pi} + \beta_0$；

l——该点至 ZH 点或 HZ 点的曲线长。

在计算出缓和曲线段上和圆曲线段上各点的坐标(x,y)后，即可按用切线支距法测设圆曲线的同样方法进行测设。

另外，圆曲线上各点也可以缓圆点 HY 或圆缓点 YH 为坐标原点，用切线支距法进行测设。此时只要将 HY 或 YH 点的切线定出。如图 12-19 所示，计算出 T_d 之长度后，HY 或 YH 点的切线即可确定。T_d 可由下式计算

$$T_d = x_0 - \frac{y_0}{\tan\beta_0} = \frac{2}{3}l_s + \frac{l_s^3}{360R^2} \tag{12-24}$$

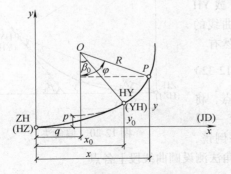

图 12-18　圆曲线上点的坐标

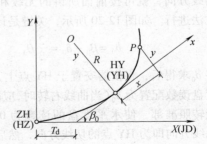

图 12-19　HY 或 YH 点的切线方向

（2）偏角法　用偏角法详细测设带有缓和曲线的平曲线时，其偏角应分为缓和曲线段上的偏角与圆曲线段上的偏角两部分进行计算。

1）缓和曲线段上各点测设。对于测设缓和曲线段上的各点，可将经纬仪安置于缓和曲线的 ZH 点（或 HZ 点）上进行测设，如图 12-20 所示，设缓和曲线上任一点 P 的偏角值为 δ，由图12-20

可知

$$\tan\delta = \frac{y}{x} \qquad (12\text{-}25)$$

式(12-25)中的 x、y 为 P 点的直角坐标,可由曲线参数方程式(12-22)求得,由此求得

$$\delta = \arctan\frac{y}{x} \qquad (12\text{-}26)$$

在实测中,因偏角 δ 较小,一般取

$$\delta \approx \tan\delta = \frac{y}{x} \qquad (12\text{-}27)$$

将曲线参数方程式(12-22)中 x、y 代入式(12-27)得(取第一项)

$$\delta = \frac{l^2}{6Rl_s} \qquad (12\text{-}28)$$

在式(12-28)中,当 $l = l_s$ 时,得 HY 点或 YH 点的偏角值 δ_0,称之为缓和曲线的总偏角,即

$$\delta_0 = \frac{l_s}{6R} \qquad (12\text{-}29)$$

由 $\beta_0 = \frac{l_s}{2R}$ 得

$$\delta_0 = \frac{1}{3}\beta_0 \qquad (12\text{-}30)$$

由式(12-28)和式(12-29)并考虑到式(12-30)可得

$$\delta = \left(\frac{l}{l_s}\right)^2 \delta_0 = \frac{1}{3}\left(\frac{l}{l_s}\right)^2 \beta_0 \qquad (12\text{-}31)$$

在按式(12-28)或式(12-31)计算出缓和曲线上各点的偏角值后,采用与偏角法测设圆曲线同样的步骤进行缓和曲线的测设。由于缓和曲线上弦长 $c = l - \frac{l^5}{90R^2 l_s^2}$,近似地等于相应的弧长,因而在测设时,弦长一般就取弧长值。

2)圆曲线段上各点测设。圆曲线段上各点的测设,应将仪器安置于 HY 或 YH 点上进行。这时只要定出 HY 或 YH 点的切线方向,就可按前面所讲的无缓和曲线的圆曲线的测设方法进行。如图 12-20 所示,关键是计算 b_0,显然有

$$b_0 = \beta_0 - \delta_0 = \frac{2}{3}\beta_0 \qquad (12\text{-}32)$$

将 b_0 求得后,将仪器安置于 HY 点上,瞄准 ZH 点,将水平度盘读数配置为 b_0(当曲线右转时,应配置为 $360° - b_0$)后,旋转照准部,使水平度盘的读数为 $00°00'00''$ 并倒镜,此时视线方向即为 HY 点的切线方向,然后按前述偏角法测设圆曲线段上各点。

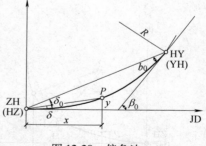

图 12-20 偏角法

4. 极坐标法

由于全站仪在公路工程中的广泛使用,极坐标法已成为曲线测设的一种简便、迅速、精确的方法。

用极坐标法测设带有缓和曲线的平曲线时,首先设定一个直角坐标系:一般以 ZH 或 HZ 点为坐标原点,以其切线方向为 x 轴,并且正向朝向交点 JD,自 x 轴正向顺时针旋转 $90°$ 为 y 轴正向。这时,曲线上任一点 P 的坐标 $(x_P、y_P)$ 仍可按式(12-22)和式(12-23)计算。但当曲线位于 x 轴正向左侧时,y_P 应为负值。

如图 12-21 所示，在待测设曲线附近选择一视野开阔、便于安置仪器的点 A，将仪器安置于坐标原点 O 上，测定 OA 的距离 S 和 x 轴正向顺时针至 A 点的角度 α_{OA}（即直线 OA 在设定坐标系中的方位角），则 A 点的坐标为

$$x_A = S\cos\alpha_{OA}, \quad y_A = S\sin\alpha_{OA} \qquad (12\text{-}33)$$

直线 AO 和 AP 在设定的坐标系中的方位角为

$$\alpha_{AO} = \alpha_{OA} \pm 180°, \quad \alpha_{AP} = \arctan\frac{y_P - y_A}{x_P - x_A} \qquad (12\text{-}34)$$

则

$$\left.\begin{array}{l} \delta = \alpha_{AP} - \alpha_{AO} \\ D_{AP} = \sqrt{(x_P - x_A)^2 + (y_P - y_A)^2} \end{array}\right\} \qquad (12\text{-}35)$$

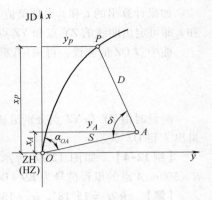

图 12-21　极坐标法

在按上述公式计算出曲线上各点测设角度和距离后，将仪器安置在 A 点上，后视坐标原点，并将水平度盘配制为 $00°00'00''$，然后转动照准部，拨水平角 δ，便得到 A 点至 P 点的方向线，沿此方向线，测定距离 D_{AP} 即得待测点 P 的地面位置。按此方法便可将曲线上各点的位置测定。

12.5　虚交平曲线的测设

曲线测设中，往往因地形复杂、地物障碍，不能按常规方法进行，如交点、曲线起点不能安置仪器，视线受阻等，必须根据现场情况具体解决。虚交是道路中线测量中常见的一种情形，它是指路线的交点（JD）落入水中或遇建筑物等不能设桩或安置仪器处不能设桩，更无法安置仪器（如交点落入河中、深谷中、峭壁上和建筑物上等）时的处理方法。有时交点虽可定出，但因转角很大，交点远离曲线或遇地形地物等障碍，也可改成虚交。下面介绍两种常用的处理方法。

1. 圆外基线法

如图 12-22 所示，路线交点落入河里不能设桩，这样便形成虚交点（JD），为此在曲线外侧沿两切线方向各选择一辅助点 A、B，将经纬仪分别安置在 A、B 两点测算出 α_a 和 α_b，用钢尺往返测量得到 A、B 两点的距离 $\overline{AB}$，所测角度和距离均应满足规定的限差要求。由图 12-22 可知：在由辅助点 A、B 和虚交点（JD）构成的三角形中，应用边角关系及正弦定理可得

$$\left.\begin{array}{l} \alpha = \alpha_a + \alpha_b \\ a = \overline{AB}\dfrac{\sin\alpha_b}{\sin(180° - \alpha)} = \overline{AB}\dfrac{\sin\alpha_b}{\sin\alpha} \\ b = \overline{AB}\dfrac{\sin\alpha_a}{\sin(180° - \alpha)} = \overline{AB}\dfrac{\sin\alpha_a}{\sin\alpha} \end{array}\right\} \qquad (12\text{-}36)$$

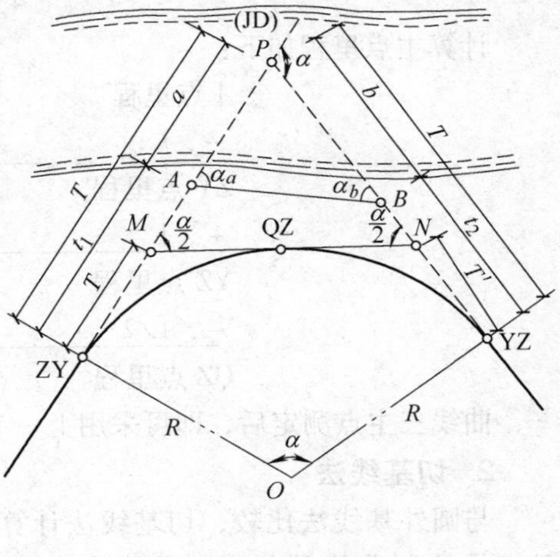

图 12-22　圆外基线法

根据转角 α 和选定的半径 R，即可算得切线长 T 和曲线长 L，再由 a、b、T，分别计算辅助点 A、B 至曲线起点 ZY 点和终点 YZ 点的距离 t_1 和 t_2，即

$$t_1 = T - a, \quad t_2 = T - b \qquad (12\text{-}37)$$

式中　T——$T = R\tan\dfrac{\alpha_a + \alpha_b}{2}$。

如果计算出的 t_1 和 t_2 出现负值，说明曲线的 ZY 点或 YZ 点位于辅助点与虚交点之间。根据 t_1 和 t_2 即可定出曲线的 ZY 点和 YZ 点。A 点的里程得出后，曲线主点的里程也可算出。

曲中点 QZ 的测设，可采用以下方法：如图 12-22 所示，设 MN 为 QZ 点的切线，则

$$T' = R\tan\frac{\alpha}{4} \tag{12-38}$$

测设时由 ZY 和 YZ 点分别沿切线量出 T' 得 M 点和 N 点，再由 M 点和 N 点沿 MN 或 NM 方向量出 T' 得 QZ 点。

【例 12-4】 如图 12-22 所示，测得 $\alpha_a = 15°18'$，$\alpha_b = 18°22'$，$\overline{AB} = 54.68$m，选定半径 $R = 300$m，A 点的里程桩号为 K9+048.53。试计算测设主点的数据及主点的里程桩号。

【解】 由 $\alpha_a = 15°18'$，$\alpha_b = 18°22'$得，$\alpha = \alpha_a + \alpha_b = 33°40' = 33.667°$。

根据 $\alpha = 33.667°$，$R = 300$m，计算 T 和 L。

$$T = R\tan\frac{\alpha}{2} = 300 \times \tan\frac{33.667°}{2}\text{m} = 90.77\text{m}$$

$$L = R\alpha\frac{\pi}{180°} = 300 \times 33.667° \times \frac{\pi}{180°}\text{m} = 176.28\text{m}$$

$$a = \overline{AB}\frac{\sin\alpha_b}{\sin\alpha} = 54.68 \times \frac{\sin 18.367°}{\sin 33.667°}\text{m} = 31.08\text{m}$$

$$b = \overline{AB}\frac{\sin\alpha_a}{\sin\alpha} = 54.68 \times \frac{\sin 15.3°}{\sin 33.667°}\text{m} = 26.03\text{m}$$

$$t_1 = T - a = (90.77 - 31.08)\text{m} = 59.69\text{m}$$

$$t_2 = T - b = (90.77 - 26.03)\text{m} = 64.74\text{m}$$

为测设 QZ 点，计算 T'如下

$$T' = R\tan\frac{\alpha}{4} = 300 \times \tan\frac{33.667°}{2} = 44.39\text{m}$$

计算主点里程如下：

A 点里程	K9+048.53
$-$，t_1	-59.69
ZY 点里程	K8+988.84
$+$，L	$+176.28$
YZ 点里程	K9+165.12
$-$，L/2	-88.14
QZ 点里程	K9+076.98

曲线三主点测定后，即可采用上一节的方法进行曲线的详细测设。

2. 切基线法

与圆外基线法比较，切基线法计算较简单，而且容易控制曲线的位置，是解决虚交问题的常用方法。

如图 12-23 所示，设定根据地形需要，曲线通过 GQ 点（GQ 点为公切点），则圆曲线被分为两个同半径的圆曲线，其切线长分别为 T_1 和 T_2，过 GQ 点的切线 AB 称为切基线。

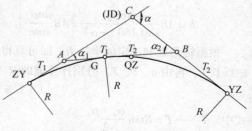

图 12-23 切基线法

现场施测时，应根据现场的地形和路线的最佳位置，在两切线方向上选取 A、B 两点，构成切基线 AB，并量测 A、B 两点间的长度 $\overline{AB}$，观测计算出角度 α_1 和 α_2。因

$$T_1 = R\tan\frac{\alpha_1}{2} \qquad\qquad T_2 = R\tan\frac{\alpha_2}{2} \tag{12-39}$$

将式 $(12-39)$ 中两式相加得 $\overline{AB} = T_1 + T_2$
整理后得

$$R = \frac{T_1 + T_2}{\tan\dfrac{\alpha_1}{2} + \tan\dfrac{\alpha_2}{2}} = \frac{\overline{AB}}{\tan\dfrac{\alpha_1}{2} + \tan\dfrac{\alpha_2}{2}} \tag{12-40}$$

由式 $(12-40)$ 求得 R 后（算至厘米），即可根据 R、α_1 和 α_2，利用式 $(12-39)$ 求得 T_1、T_2 和 L_1、L_2，将 L_1 与 L_2 相加即得到圆曲线的总长 L。

测设主点时，在 A 点安置仪器，分别沿两切线方向量测长度 T_1 得到 ZY 点和 GQ 点；在 B 点安置仪器，分别沿两切线方向量测长度 T_2 得到 YZ 点和 GQ 点，以 GQ 点进行校核。

曲中点 QZ 可在 GQ 点处用切线支距法测设。由图可知 GQ 点与 QZ 点之间的弧长为：

1）当 QZ 点在 GQ 点之前时，弧长 $l = L/2 - L_1$。

2）当 QZ 点在 GQ 点之后时，弧长 $l = L/2 - L_2$。

在运用切基线法测设时，当求得的曲线半径 R 不能满足规定的最小半径或不适合于地形时，说明切基线位置选择不当，可把已定的 A、B 点作为参考点进行调整，使其满足要求。

曲线三主点定出后，即可采用前述的方法进行曲线的详细测设。

12.6　复曲线测设

复曲线是由两个或两个以上不同半径的同向曲线相连而成的曲线。因其连接方式不同，分为以下三种情况。

1. 不设缓和曲线的复曲线测设

两个不同半径的圆曲线 R_1、R_2，当小圆半径 R_2 大于不设超高的最小半径时，两圆可径相衔接。如图 12-24 所示，设 JD 为 C，切基线为 AB。测出 α_1、α_2 和基线 AB。设计时先根据限定条件确定一个控制较严的半径如 R_1，则另一个半径 R_2 可由式 $(12-41)$ 确定。

由于 $\overline{AB} = T_1 + T_2 = R_1\tan\dfrac{\alpha_1}{2} + R_2\tan\dfrac{\alpha_2}{2}$ 则

$$R_2 = \frac{\overline{AB} - R_1\tan\dfrac{\alpha_1}{2}}{\tan\dfrac{\alpha_2}{2}} \tag{12-41}$$

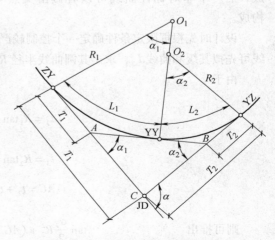

图 12-24　两圆曲线组成的复曲线

当圆曲线半径 R_1、R_2 确定之后，有关测设要素计算如下

$$T_1 = R_1 \tan \frac{\alpha_1}{2}, \quad T_2 = R_2 \tan \frac{\alpha_2}{2}, \quad L_1 = \frac{\pi \alpha_1 R_1}{180}, \quad L_1 = \frac{\pi \alpha_2 R_2}{180} \tag{12-42}$$

测设时，从 A 及向 B 向前分别量出 T_1 及 T_2 定出 ZY 及 YZ，在 AB 方向，量出 T_1 或 T_2 定出 YY，即可详细测设曲线。

2. 两端设有缓和曲线，中间用圆曲线直接连接的复曲线测设

两个不同半径的圆曲线 R_1、R_2，根据线形设计要求，圆曲线的两端设有缓和曲线，中间用圆曲线直接连接而构成的复曲线。如图 12-25 所示，设交点 JD 为 D，切基线为 AC，测出 α_1、α_2 和基线 AC。这种复曲线可以看做由两个非对称性平曲线首尾相接而成。

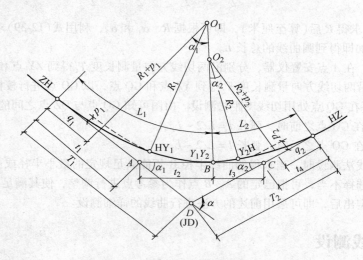

图 12-25　两端设有缓和曲线的复曲线

前一个非对称性曲线可以看做由交点 A、转角 α_1、半径 R_1、缓和曲线分别为 l_{s1} 和 O_1 构成，后一个非对称性曲线可以看做由交点 C、转角 α_2、半径 R_2、缓和曲线分别为 O_2 和 l_{s2} 构成。

设计时先根据限定条件确定一个控制较严的半径如 R_1 和 l_{s1}，计算求出切线长 t_2。另一端曲线可先拟其缓和曲线 l_{s2}，求出其圆曲线半径 R_2。

由于

$$t_2 = R_1 \tan \frac{\alpha_1}{2} + \frac{l_{s1}^2}{24 R_1 \sin \alpha_1}$$

$$t_3 = R_2 \tan \frac{\alpha_2}{2} + \frac{l_{s2}^2}{24 R_2 \sin \alpha_2}$$

$$AC = t_2 + t_3$$

则可推出

$$\tan \frac{\alpha_2}{2} R_2^2 + (AC - t_2) R_2 + \frac{l_{s2}^2}{24 \sin \alpha_2} = 0 \tag{12-43}$$

式 (12-43) 为 R_2 的一元二次方程，解此方程即可求出 R_2。

当小圆半径 R_1、R_2 确定之后，有关测设要素计算如下

$$t_1 = (R_1 + p_1)\tan\frac{\alpha_1}{2} - \frac{p_1}{\sin\alpha_1} + q_1$$

$$t_2 = R_1\tan\frac{\alpha_1}{2} + \frac{p_1}{\tan\alpha_1}$$

$$L_1 = \frac{\pi\alpha_1 R_1}{180} + \frac{l_{s1}}{2}$$

$$t_3 = R_2\tan\frac{\alpha_2}{2} + \frac{p_2}{\tan\alpha_2}$$

$$t_4 = (R_2 + p_2)\tan\frac{\alpha_2}{2} - \frac{p_2}{\sin\alpha_2} + q_2$$

$$L_2 = \frac{\pi\alpha_2 R_2}{180} + \frac{l_{s2}}{2}$$

（12-44）

式中，$p_1 = \dfrac{l_{s1}^2}{24R_1}$，$q_1 = \dfrac{l_{s1}}{2} - \dfrac{l_{s1}^3}{240R_1^2}$；$p_2 = \dfrac{l_{s2}^2}{24R_2}$，$q_2 = \dfrac{l_{s2}}{2} - \dfrac{l_{s2}^3}{240R_2^2}$。

测设时可沿 A 点向前切线方向量 t_1 定出 ZH 点，沿着 C 点向后切线方向量 t_4 定出 HZ，再从 A 点（或 C 点）沿 AC（或 CA）方向量 t_2（或 t_3）定出 B 点，然后可采用任意一种方法进行曲线详细测设。

3. 两端设有缓和曲线，中间用缓和曲线连接的复曲线测设

两个不同圆心的圆曲线 R_1、R_2，设小圆半径为 R_2。当半径相差较大时，按设计规范要求，应当在两圆曲线间插入一段缓和曲线以使曲率渐变。这样，用一段缓和曲线连接两个不同心的圆曲线就构成了卵形曲线。卵形曲线的公用缓和曲线参数 A 最好在 $R_2/2 \leqslant A \leqslant R_1$ 范围内，两圆的半径之比 $R_1/R_2 = 0.2 \sim 0.8$ 为宜，两圆曲线的间距 $D/R_2 = 0.003 \sim 0.03$ 为宜（D 为两圆曲线间的最小间距）。

如图 12-26 所示，卵形曲线两端圆曲线半径和缓和曲线长度分别为 R_1、l_{s1} 和 R_2、l_{s2}，中间连接两圆曲线的公用缓和曲线长度为 L_F。L_F 一端 E 的曲率半径为 R_1，另一端的曲率半径为 R_2。设 $R_1 > R_2$，$p_1 < p_2$，由图 12-26 可知：

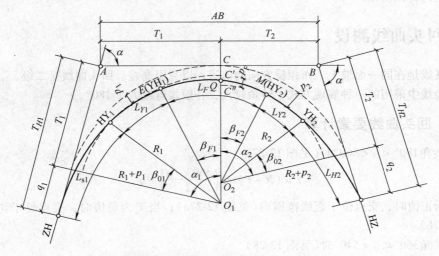

图 12-26　两端及中间均设缓和曲线的复曲线

$$L_F = \sqrt{\frac{24R_1R_2p_F}{R_1 - R_2}}$$

$$(p_F = p_2 - p_1)$$

$$\beta_{F_1} = \frac{L_F}{2R_1} \cdot \frac{180}{\pi}$$

$$\beta_{F_2} = \frac{L_F}{2R_2} \cdot \frac{180}{\pi}$$

$$T_{H1} = (R_1 + p_1)\tan\frac{\alpha_1}{2} + q_1 = T_1 + q_1$$

$$T_{H2} = (R_2 + p_2)\tan\frac{\alpha_2}{2} + q_2 = T_2 + q_2$$

$$L_{Y1} = R_1(\alpha_1 - \beta_{01} - \beta_{F1})\frac{\pi}{180°}$$

$$L_{Y2} = R_2(\alpha_2 - \beta_{02} - \beta_{F2})\frac{\pi}{180°}$$

$$L_{H1} = L_{Y1} + L_{s1} + \frac{L_F}{2}$$

$$L_{H2} = L_{Y2} + L_{s2} + \frac{L_F}{2}$$

$$L_H = L_{H1} + L_{H2}$$

(12-45)

测设时可置镜于交点 A 及 B，分别沿切线方向量 T_{H1}、T_{H2} 定出 ZH 点和 HZ 点，再由 A 点（或 B 点）沿 AB（或 BA）方向量 T_1（或 T_2）定出 C 点。

在已定出的控制点 C 作 AB 的垂线，在垂线上分别量取 p_1、$p_1 + \frac{p_F}{2}$、p_2，得 C'、Q、C'' 点，其中间点 Q 就是中间缓和曲线的中点。

ZH—YH$_1$ 和 HY$_2$—HZ 两端的曲线可采用平曲线的任意一种方法测设。中间的缓和曲线 L_F 可按偏角法进行详细测设。

12.7 回头曲线测设

回头展线是在同一面坡上，作相反方向的前进，以克服高差。回头曲线是二级、三级、四级公路在越岭线中采用的一种展现方式，转角较大，一般接近或大于 180°。

12.7.1 回头曲线要素计算

（1）转角 180° < α < 360° 时（见图 12-27）

$$T = (R + P)\tan\left(\frac{360° - \alpha}{2}\right) - q \tag{12-46}$$

当 T 为正值时，交点位于直线范围内（见图 12-27a）；当 T 为负值时，交点位于切线范围内（见图 12-27b）。

（2）转角 360° ≤ α < 540° 时（见图 12-28）

$$T = (R + P)\tan\left(\frac{\alpha - 360°}{2}\right) + q \tag{12-47}$$

不论 α 为任何角度，回头曲线总长 L 为

$$L = \frac{\pi R}{180°}(\alpha - 2\beta) + 2l_s = \frac{\pi R}{180°}\alpha + l_s \qquad (12\text{-}48)$$

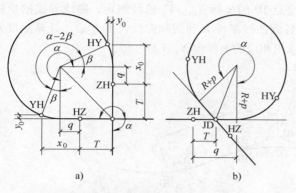 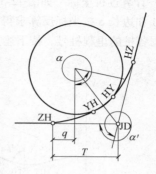

图 12-27　回头曲线（$180° < \alpha < 360°$）　　　　图 12-28　回头曲线（$360° \leqslant \alpha < 540°$）

12.7.2　回头曲线的测设

若能在现场定出交点，可由交点量 T 长定出 ZH 点和 HZ 点，如无交点，如图 12-29 所示，在 ZH、HZ 点附近设置副交点 B、C，测出转向角 θ_1、θ_2 及 BC 长度，按此推算 BA、CA 长度，由 $BD = T - BA$、$CE = T - AC$（图 12-29 中 D、E 分别为 ZH、HZ 点），便可在 B、C 点分别定出 ZH、HZ 点，也可以按虚交进行处理。

回头曲线详细测设可用本节前述各种方法。由于回头曲线转向角大，曲线长，故宜将曲线分成几段来测设，并宜适当提高测角测距精度，以保证闭合差在允许范围内。详细测设之前应仔细检查各段曲线控制桩是否位置准确。当其误差在允许范围之内，才可进行分段详细测设。

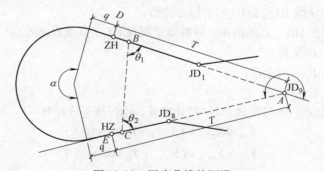

图 12-29　回头曲线的测设

12.8　道路中线逐桩坐标计算与测设

1. 道路中线逐桩坐标计算

逐桩坐标的测量和计算方法是按"从整体到局部"的原则进行的。

（1）测定和计算导线点坐标　采用两阶段勘测设计的路线或一阶段设计但遇地形困难的路线工程，一般都要先做平面控制测量，而路线的平面控制测量多采用导线测量的方法。在有条件时可优先采用 GPS 卫星全球定位系统测量控制点的坐标。

（2）计算交点坐标　当导线点的坐标得到后，将导线点展绘在图纸上测绘地形图。在测出地形图之后，即可进行纸上定线，交点坐标可以在地形图上量取；受条件限制或地形方案较简单，也可采用现场定线，交点坐标则可用红外测距仪或全站仪测量、计算获得。

（3）计算逐桩坐标　如图 12-30 所示，交点 JD 的坐标 X_{JD}、Y_{JD} 已经测定，路线导线的坐标方位角 A 和边长 S 按坐标反算求得。在选定各圆曲线半径 R 和缓和曲线长度 l_s 后，计算测设元素，根据各桩的里程桩号，按下述方法即可求出相应的坐标值 X、Y。

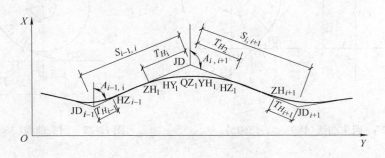

图 12-30　中桩坐标计算示意图

1）HZ 点（包括路线起点）至 ZH 点之间的中桩坐标计算。如图 12-30 所示，此段为直线，桩点的坐标按下式计算

$$\left. \begin{array}{l} X_i = X_{HZ_{i-1}} + D_i \cos A_{i-1,i} \\ Y_i = Y_{HZ_{i-1}} + D_i \sin A_{i-1,i} \end{array} \right\} \tag{12-49}$$

$$\left. \begin{array}{l} X_{HZ_{i-1}} = X_{JD_{i-1}} + T_{H_{i-1}} \cos A_{i-1,i} \\ Y_{HZ_{i-1}} = Y_{JD_{i-1}} + T_{H_{i-1}} \sin A_{i-1,i} \end{array} \right\} \tag{12-50}$$

式中　$A_{i-1,i}$——路线导线 JD_{i-1} 至 JD_i 的坐标方位角；

　　　　D_i——桩点至 HZ_{i-1} 点的距离，即桩点里程与 HZ_{i-1} 点里程之差；

$X_{HZ_{i-1}}$、$Y_{HZ_{i-1}}$——HZ_{i-1} 的坐标；

$X_{JD_{i-1}}$、$Y_{JD_{i-1}}$——交点 JD_{i-1} 的坐标；

　　　　$T_{H_{i-1}}$——切线长。

ZH 点为直线的起点，除可按式（12-49）计算外，也可按下式计算

$$\left. \begin{array}{l} X_{ZH_i} = X_{JD_{i-1}} + (S_{i-1,i} - T_{H_i}) \cos A_{i-1,i} \\ Y_{ZH_i} = Y_{JD_{i-1}} + (S_{i-1,i} - T_{H_i}) \sin A_{i-1,i} \end{array} \right\} \tag{12-51}$$

式中　$S_{i-1,i}$——路线导线 JD_{i-1} 至 JD_i 的边长。

2）ZH 点至 YH 点之间的中桩坐标计算。此段包括第一缓和曲线及圆曲线，可按切线支距公式先算出切线支距坐标 x、y，然后通过坐标变换将其转换为测量坐标 X、Y。坐标变换公式为

$$\begin{bmatrix} X_i \\ Y_i \end{bmatrix} = \begin{bmatrix} X_{ZH_i} \\ Y_{ZH_i} \end{bmatrix} + \begin{bmatrix} \cos A_{i-1,i} & -\sin A_{i-1,i} \\ \sin A_{i-1,i} & -\cos A_{i-1,i} \end{bmatrix} \begin{bmatrix} x_i \\ y_i \end{bmatrix} \tag{12-52}$$

在运用式（12-45）计算时，当曲线为左转角时，应以 $y_i = -y_i$ 代入。

3）YH 点至 HZ 点之间的中桩坐标计算。此段为第二缓和曲线，仍可按切线支距公式先算出切线支距坐标，再按下式转换为测量坐标

$$\begin{bmatrix} X_i \\ Y_i \end{bmatrix} = \begin{bmatrix} X_{\mathrm{HZ}_i} \\ Y_{\mathrm{HZ}_i} \end{bmatrix} - \begin{bmatrix} \cos A_{i,i+1} & -\sin A_{i,i+1} \\ \sin A_{i,i+1} & -\cos A_{i,i+1} \end{bmatrix} \begin{bmatrix} x_i \\ y_i \end{bmatrix} \tag{12-53}$$

当曲线为右转角时，应以 $y_i = -y_i$ 代入。

【例 12-5】 路线交点 JD_2 的坐标：$X_{JD_2} = 2588711.270\mathrm{m}$，$Y_{JD_2} = 20478702.880\mathrm{m}$；$JD_3$ 的坐标：$X_{JD_3} = 2591069.056\mathrm{m}$，$Y_{JD_3} = 20478662.850\mathrm{m}$；$JD_3$ 的坐标：$X_{JD_4} = 2594145.875\mathrm{m}$，$Y_{JD_4} = 20481070.750\mathrm{m}$。$JD_3$ 的里程桩号为 K6 + 790.306，圆曲线半径 $R = 2000\mathrm{m}$，缓和曲线长 $l_s = 100\mathrm{m}$。

【解】 （1）计算路线转角

$$\tan A_{32} = \frac{Y_{JD_2} - Y_{JD_3}}{X_{JD_2} - X_{JD_3}} = \frac{+40.030}{-2357.3786} = -0.016977792$$

$$A_{32} = 180° - 0°58'21.6'' = 179°01'38.4''$$

$$\tan A_{34} = \frac{Y_{JD_4} - Y_{JD_3}}{X_{JD_4} - X_{JD_3}} = \frac{+2407.900}{+3076.819} = 0.78259397$$

$$A_{34} = 38°02'47.5''$$

右角 $\qquad \beta = 179°01'38.4'' - 38°02'47.5'' = 140°58'50.9''$

$$\beta < 180°，为右转角$$

转角 $\qquad \alpha = 180° - 140°58'50.9'' = 39°01'09.1''$

（2）计算曲线测设元素

$$\beta_0 = \frac{l_s}{2R} \cdot \frac{180°}{\pi} = 1°25'56.6''$$

$$p = \frac{l_s^2}{24R} = 0.208\mathrm{m}$$

$$q = \frac{l_s}{2} - \frac{l_s^3}{240R^2} = 49.999\mathrm{m}$$

$$T_H = (R + p)\tan\frac{\alpha}{2} + q = 758.687\mathrm{m}$$

$$L_H = R(\alpha - 2\beta_0)\frac{\pi}{180°} + 2l_s = 1462.027\mathrm{m}$$

$$L_Y = R(\alpha - 2\beta_0)\frac{\pi}{180°} = 1262.027\mathrm{m}$$

$$E_H = (R + p) \cdot \sec\frac{\alpha}{2} - R = 122.044\mathrm{m}$$

$$D_H = 2T_H - L_H = 55.347\mathrm{m}$$

（3）计算曲线主点里程

$$\begin{aligned}
\mathrm{ZH} &= JD_3 - T_H = \mathrm{K6} + 790.306 - 758.687 = \mathrm{K6} + 031.619 \\
\mathrm{HY} &= \mathrm{ZH} + l_s = \mathrm{K6} + 031.619 + 100 = \mathrm{K6} + 131.619 \\
\mathrm{YH} &= \mathrm{HY} + L_Y = \mathrm{K6} + 131.619 + 1262.027 = \mathrm{K7} + 393.646 \\
\mathrm{HZ} &= \mathrm{YH} + l_s = \mathrm{K7} + 393.646 + 100 = \mathrm{K7} + 493.646 \\
\mathrm{QZ} &= \mathrm{HZ} - L_H/2 = \mathrm{K7} + 493.646 - 731.014 = \mathrm{K6} + 762.632 \\
JD_3 &= \mathrm{QZ} + D_H/2 = \mathrm{K6} + 762.632 + 27.674 = \mathrm{K6} + 790.306（校核）
\end{aligned}$$

（4）计算曲线主点及其他中桩坐标

ZH 点的坐标

$$S_{23} = \sqrt{(X_{JD_3} - X_{JD_2})^2 + (Y_{JD_3} - Y_{JD_2})^2} = 2358.126\text{m}$$

$$A_{23} = A_{32} = 180° \approx 359°01'38.4''$$

$$X_{ZH_3} = X_{JD_2} + (S_{23} - T_{H_3})\cos A_{23} = 2590310.479\text{m}$$

$$Y_{ZH_3} = Y_{JD_2} + (S_{23} - T_{H_3})\sin A_{23} = 20478675.729\text{m}$$

1）第一缓和曲线上的中桩坐标的计算。如中桩 K6 + 100 的支距法坐标为

$$x = l - \frac{l^5}{40R^2 l_s^2} = 68.380\text{m}, \quad y = \frac{l^3}{6Rl_s} = 0.266\text{m}$$

按式（12-51）转换坐标

$$X = X_{ZH_3} + x\cos A_{23} - y\sin A_{23} = 2590378.854\text{m}$$

$$Y = Y_{ZH_3} + x\sin A_{23} + y\cos A_{23} = 20478674.834\text{m}$$

2）圆曲线部分的中桩坐标计算。如中桩 K6 + 500 的切线支距法坐标为

$$x = R\sin\varphi + q = 465.335\text{m}, \quad y = R(1 - \cos\varphi) + p = 43.809\text{m}$$

代入式（12-51）得 K6 + 500 的坐标

$$X = X_{ZH_3} + x\cos A_{23} - y\sin A_{23} = 2590776.491\text{m}$$

$$Y = Y_{ZH_3} + x\sin A_{23} + y\cos A_{23} = 20478711.632\text{m}$$

QZ 点坐标为（同 K6 + 500 计算相同）

$$X_{QZ} = 2591666.257\text{m}, \quad Y_{QZ} = 20478778.562\text{m}$$

HZ 点的坐标为

$$X_{HZ_3} = X_{JD_3} + T_{H_3}\cos A_{34} = 2591666.530\text{m}$$

$$Y_{HZ_3} = Y_{JD_3} + T_{H_3}\sin A_{34} = 20479130.430\text{m}$$

YH 点的支距法坐标与 HY 点完全相同，即 $x_0 = 99.994\text{m}$，$y_0 = 0.833\text{m}$ 按式（12-52）转换坐标，并顾及曲线为右转角，$y = -y_0$ 代入得

$$X_{YH_3} = X_{HZ_3} - x_0\cos A_{34} - y_0\sin A_{34} = 2591587.270\text{m}$$

$$Y_{YH_3} = Y_{HZ_3} - x_0\sin A_{34} - (-y_0)\cos A_{34} = 20479069.460\text{m}$$

3）第二缓和曲线上的中桩坐标计算。如中桩 K7 + 450 的支距法坐标为 $x = 43.646\text{m}$，$y = 0.069\text{m}$ 按式（12-52）转换坐标，y 以负值代入得

$$X = 2591632.116\text{m}, \quad Y = 20479195.976\text{m}$$

4）直线上的中桩坐标计算。如 K7 + 600，$D = 106.354$，代入式（12-49）得

$$X = X_{HZ_3} + D\cos A_{34} = 2591750.285\text{m}$$

$$Y = X_{HZ_3} + D\sin A_{34} = 20479195.976\text{m}$$

2. 极坐标法测设中线

极坐标法测设中线的基本原理是以控制导线为依据，以角度和距离定点。如图 12-31 所示，在导线点 G_i 安置仪器，后视 G_{i+1}，待放点为 P。已知 G_i 的坐标 (X_i, Y_i)，G_{i+1} 的坐标 (X_{i+1}, Y_{i+1})，P 点的坐标 (X_P, Y_P)，由此求出坐标方位角 A、A_0，则

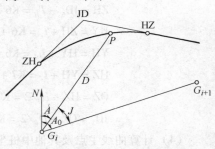

图 12-31　极坐标法测设中桩

$$J = A_0 - A \qquad (12\text{-}54)$$

$$D = \sqrt{(X_P - X_i)^2 + (Y_P - Y_i)^2} \qquad (12\text{-}55)$$

当仪器瞄准 G_{i+1} 定向后，根据夹角 J 找到 P 点的方向，从 G_i 沿此方向量取距离 D，即可定出 P 点。

若利用全站仪的坐标放样功能测设点位，只需输入有关的坐标值即可，现场不需做任何手工计算，而是由仪器内电脑自动完成有关数据计算。测设时，将全站仪置于导线点 G_i 上，按程序计算中线的逐桩坐标测设。在中桩位置定出后，随即测出该桩的地面高程（Z 坐标），这样纵断面测量的中平测量就无须单独进行，大大简化了外业测量工作。具体操作可参照全站仪操作手册。

另外，对于通视条件较差的路线，也可用 GPS、RTK 卫星定位系统进行中桩定位。

12.9　用 GPS、RTK 技术测设公路中线

GPS、RTK（Real Time Kinematic）是能够在野外实时得到厘米级定位精度的测量方法，它采用了载波相位动态实时差分方法，是 GPS 测量技术与数据传输技术的结合，是 GPS 测量技术发展中的一个新方向，目前该技术日臻成熟，已被广泛应用于控制测量、施工放样及地形碎部测量等诸多工程测量中。

12.9.1　GPS、RTK 的基本原理

RTK 测量系统是 GPS 测量技术与数据传输技术构成的组合系统，是以载波相位观测量为基础的实时差分测量技术。常规的 GPS 测量方法，如静态、快速静态、准动态和动态相对定位等，如果不与数据传输系统相结合，其定位结果都需要通过观测数据的后处理而获得，不仅无法实时给出观测站的定位结果，而且也无法对基准站和流动站观测数据的质量进行实时检核，因而难以避免在数据后处理中发现不合格的测量成果而返工重测。实时动态测量通过实时计算定位结果，可监测基准站与流动站观测成果的质量和解算结果的收敛情况，从而可实时判定解算结果是否成功，以减少冗余观测，缩短观测时间。

RTK 基本原理是：利用两台以上的 GPS 接收机，将其中一台接收机设置在基准站（即已知点）上，另外一台或数台接收机安置在流动站（即待定点）上，同时接收所有相同的可见 GPS 卫星信号，同步观测获得所需的观测数据，使用无线电传输技术把基准站上的观测数据发送到流动站上；然后根据相对定位原理，利用这些观测数据进行差分，实时地解算并得到流动站上的三维坐标；最后根据计算结果的收敛情况，实时地判定解算结果是否满足要求，从而减少冗余观测量，缩短观测时间，由此提高生产效率（见图 12-32）。

图 12-32　RTK 测设基本原理

在 RTK 作业模式下，基准站通过数据链将其观测值和测站坐标信息一起传送给流动站。流动站不仅采集观测数据，还要通过数据链接收来自基准站的数据，并在系统内组成差分观测值进行实时处理，同时给出厘米级定位结果，历时不到一秒钟。流动站可处于静止状态，也可处于运动状态；可在固定点上先进行初始化后再进入动态作业，也可在动态条件下直接开机，并在动态环境下完成整周模糊度的搜索求解。在整周未知数解固定后，即可进行每个历元的实时处理，只要能保持四颗以上卫星相位观测值的跟踪和必要的几何图形，则流动站可随时给出厘米级定位结果。

RTK 技术的关键在于数据处理技术和数据传输技术，RTK 定位时要求基准站接收机实时地把观测数据（伪距观测值、相位观测值）及已知数据传输给流动站接收机，数据量比较大，一般都要求 9600 的波特率，这在无线电上不难实现。

随着科学技术的不断发展，RTK 技术已由传统的"1 + 1"或"1 + 2"发展到了广域差分系统 WADGPS，有些城市建立起 CORS 系统，这就大大提高了 RTK 的测量范围，当然在数据传输方面也有了长足的进展，由原先的电台传输发展到现在的 GPRS 和 GSM 网络传输，大大提高了数据的传输效率和范围。在仪器方面，现在的仪器不仅精度高，而且比传统的更简洁、更容易操作。

12.9.2　GPS、RTK 的组成

RTK 测量系统一般由接收设备、数据传输设备和软件系统三部分组成。数据传输系统由基准站的发射电台与流动站的接收电台组成，它是实现实时动态测量的关键设备。软件系统则能够实时快速地解算出流动站的三维坐标。一套完整的 RTK 测量系统包括一台参考站和数台流动站，其中参考站的作用是为测量系统提供基准，并将计算结果归算到已知的测量控制网点上，因此必须将其架设在已知的控制点上；流动站的作用是进行点位坐标测量和点位放样。

1. GPS 接收机

RTK 测量系统中至少包含两台 GPS 接收机，其中一台安置在基准站上，另一台或若干台分别安置在不同的流动站上。基准站应尽可能设在测区内地势较高，且观测条件良好的已知点上。在作业中，基准站的接收机应连续跟踪全部可见 GPS 卫星，并将观测数据通过数据传输系统实时发送给流动站。

2. 数据传输系统

基准站与流动站之间的联系是靠数据传输系统（数据链）来实现的。数据传输设备是完成实时动态测量的关键设备之一，由调制解调器和无线电台组成。在基准站上，利用调制解调器将有关数据进行编码和调制，然后由无线电发射台发射出去。在流动站上利用无线电接收台将其接收，并由解调器将数据解调还原，送入 GPS 流动站上的接收机中进行数据处理。

3. 软件系统

软件系统的功能和质量，对于保障实时动态测量的可行性、测量结果的可靠性及精度具有决定性意义。以载波相位为观测量的实时动态测量，其主要问题仍在于载波相位初始整周模糊度的精密确定，流动观测中对卫星的连续跟踪，以及失锁后的重新初始化问题。快速解算和动态结算整周模糊度技术的发展，为实时动态测量的实施奠定了基础。实时动态测量软件系统应具备快速解算或动态快速解算整周模糊度、实时解算流动站的三维坐标、求解坐标系空间的转换参数、进行坐标系统的转换、解算结果的质量分析与评价、作业模式（如静态、准动态、动态等）的选择与转换以及测量结果的显示与绘图等基本功能。

12.9.3 RTK 基准站和流动站的基本要求

1. 基准站要求

作为路线定线测量，基准站的安置是顺利实施实时动态定位（RTK）测量的关键之一，所以基准站的点位选择必须严格，因为基准站接收机每次卫星信号失锁将会影响网络内所有流动站的正常工作。

1）基准站 GPS 天线周围无高度超过 15°的障碍物阻挡卫星信号，周围无信号反射物（如大面积水域、大型建筑物等），以减少多路径干扰，并要尽量避开交通要道、过往行人的干扰。

2）基准站要远离微波塔、通信塔等大型电磁发射源 200m 外，要远离高压输电线路、通信线路 50m 外。

3）基准站应选在地势相对高的地方，如建筑物屋顶、山头等，以利于电台的作用距离。

4）基准站连接必须正确，注意电池的正负极（红正黑负）。RTK 作业期间，基准站不允许移动或关机又重新启动，若重启动后必须重新校正。

5）确认输入正确的控制点三维坐标。

2. 流动站要求

1）在 RTK 作业前，应首先检查仪器内存容量能否满足工作需要，并备足电源。

2）要确保手簿与主机连通。

3）为了保证 RTK 的高精度，最好有三个以上平面坐标已知点进行校正，而且点精度要均等，并要均匀分布于测区周围，以便计算坐标转换参数，供线路定测工作需要。

4）流动站一般默认采用 2m 流动杆作业，当高度不同时，应修正此值。

12.9.4 RTK 技术在公路中线放样中的应用

设计和施工中进行定位放样时，在沿线布设控制网并精确测得各控制点坐标和高程，作为定线测量设置基准站的条件，然后便可开始坐标放样。为了快速而准确地放样道路中线，利用 RTK 技术，选择公路某一控制点作为基准站，用手持 RTK 接收机作为流动站，沿着施工线路按照一定间隔进行测设，就可对道路中线进行准确定位并在实地上标定出来。利用 RTK 测量进行公路中线放样，主要有两种作业方式。

第一种是根据现有的各种线形中桩坐标计算软件，计算出公路中线上各桩点的坐标，然后将中桩点坐标传输到 GPS 控制手簿中，建立以桩号为标识符的公路放样文件，个别加桩点的坐标手工输入电子手簿。另外，现场调用 RTK 系统中的实时放样功能，可以很方便地根据操作面板上的图形指示，快速放样出中桩点的点位。由于每个点测量都是独立完成的，不会产生累积误差，各点放样精度基本一致。

第二种是利用 RTK 系统中自带的道路放样模块进行操作。放样时，首先将路线的平面定线元素（起点里程、起始方位角、直线段距离、圆曲线半径、缓和曲线等）输入电子手簿，背着 GPS 接收机，按里程桩号进行放样。这种方法简单迅速，随机性强，加桩方便，比起传统的极坐标法测设要快得多。目前的 RTK 系统都内嵌有道路放样模块，因此可采用第二种方式，直接输入道路曲线要素进行中桩定位。

12.9.5 应用 RTK 技术进行线路定测的优点

1）常规的中线测量总是先确定平面位置，而后再确定高程，即先放线，后做中平测量。RTK 技术可提供三维坐标信息，因此在放样中线的同时也获得了点位的高程信息，无需再进行中平测量，大大提高了工作效率。

2）目前基准站数据链的作用半径可以达到10km以上，因此整个线路上只要布设首级控制网便可完成控制，而不必布设加密等级的控制网。只要保存好首级点，即可随时放样中线或恢复整个线路，因此也不必担心桩位的遗失而给线路测量带来困难等。

3）在RTK定线测量中，首级控制网直接与中线桩点联系，点位精度可达厘米级，不存在中间点的误差积累问题，因此能达到很高的精度，适合高等级线路工程的要求。

4）RTK基准站发出的数据链信息，可供多个流动站应用，而基准站只需由1个人单独操作，这就大大节省了人力，提高了功效。

5）应用RTK技术进行线路定测工作比较轻松，流动站作业员只要进入放样模式，并调出放样点，手簿软件中的电子罗盘就会引导作业员到达放样点。当屏幕显示流动站杆位和设计点位重合时，检查精度，记录放样点坐标和高程，然后标记地面点位（如打桩）。

6）RTK技术可与常规全站仪相结合，充分发挥GPS无需通视以及常规全站仪灵活方便的优点，把两者相结合，可满足公路工程各种场合测量工作的需要，并大大加快观测速度，提高观测质量，形成新一代的线路勘测系统。

思考题与习题

12-1　道路中线测量的主要任务是什么？

12-2　简述放点穿线法测设交点的步骤。

12-3　什么是正倒镜分中法？简述正倒镜分中法延长直线的操作方法。

12-4　什么叫道路中线测量中的转点？它与水准测量的转点有何不同？

12-5　什么是路线的右角和路线的转角？它们之间有何关系？如何区分左偏还是右偏？

12-6　什么是里程桩？在中线的哪些地方应设置里程桩？

12-7　怎样推算圆曲线的主点里程？圆曲线主点位置是如何测定的？

12-8　什么是整桩号法设桩？什么是整桩距法设桩？各有什么特点？

12-9　切线支距法详细测设圆曲线的原理是什么？简述其操作步骤。

12-10　简述偏角法测设圆曲线的操作步骤。

12-11　偏角法详细测设圆曲线时，设转角为左偏，将仪器置于起点（ZY），后视切线方向（JD），此时测设曲线上点的偏角时正拨还是反拨？后视时水平度盘读数设置到多少度可使以后点的偏角计算更简便？

12-12　什么是缓和曲线？设置缓和曲线有何作用？

12-13　简述有缓和曲线段的平曲线上主点桩的测设方法和步骤。

12-14　什么是虚交？道路中线测量中遇到虚交应如何解决？

12-15　什么是复曲线？什么是回头曲线？简述顶点且基线测设回头曲线的步骤。

12-16　简述用坐标法测设曲线的原理和方法。

12-17　如何根据两点的坐标推算两点连线的方位角？

12-18　如何根据路线导线边的方位角计算交点的转角？

12-19　已知下列右角 β，试计算路线的转角 α，并判断是左转角还是右转角：

（1）$\beta_1 = 210°42'$；（2）$\beta_2 = 162°06'$。

12-20　在路线右角测定后，保持原度盘位置，若后视方向的读数为 $b_1 = 30°42'$，前视方向的读数为 $b_1 = 130°12'$，试计算分角线方向的度盘读数。

12-21　已知交点 JD 的桩号为 K2 + 513.80，转角 $\alpha_z = 32°32'$、半径 $R = 200$m。

（1）计算圆曲线测设元素。

（2）计算主点桩号。

12-22　一测量员在路线交点 JD_6 上安置仪器，观测右角，测得后视读数为 $42°18'24''$，前视读数为 $174°36'8''$。求该弯道的转角是多少？是左转还是右转？若观测完毕后仪器度盘不动，分角线方向读数应是多少？

12-23　已知弯道 JD10 的桩号为 K5 + 119.99，右角 $β = 136°24'$，圆曲线半径 $R = 300$m。试计算圆曲线主点元素和主点里程，并叙述测设曲线上主点的操作步骤。

12-24　在道路中线测量中，已知交点的里程桩号为 K3 + 318.46，测得转角 $α_左 = 15°28'$，圆曲线半径 $R = 600$m。若采用切线支距法并按整桩号法设桩，试计算各桩坐标，并说明测设方法。

12-25　在道路中线测量中，设某交点 JD 的桩号为 K4 + 182.32，测得右偏角 $α_右 = 38°32'$，设计圆曲线半径 $R = 500$m。若采用偏角法按整桩号设桩，试计算各桩的偏角及弦长，并用正拨、反拨说明偏角法测设步骤。

12-26　在道路中线测量中，已知交点的里程桩号为 K19 + 318.46，转角 $α_左 = 38°28'$，圆曲线半径 $R = 300$m，缓和曲线长 l_s 采用 75m。试计算该曲线的测设元素、主点里程，并说明主点的测设方法。

12-27　某山岭区二级公路，已知 JD_1、JD_2、JD_3 的坐标分别为 (40961.914,91066.103)、(40433.528,91250.097)、(40547.416,91810.392)，JD_2 处的里程桩号为 K2 + 200.000，$R = 150$m，缓和曲线长为 40m。计算此曲线的主点坐标。

12-28　如图 12-24 复曲线，设 $α_1 = 30°32'$、$α_2 = 20°42'$，主曲线半径 $R_1 = 300$m，基线 $AB = 382.34$m。试计算复曲线的测设元素。

第13章 路线纵、横断面测量

【重点与难点】

重点：1. 路线纵、横断面测量的基本方法。

2. 基平测量和中平测量方法与成果整理。

3. 路基施工测量放样。

难点：1. 管道施工测量放样。

13.1 概述

路线纵断面测量又称为中线高程测量，它的任务是道路中线测定之后，测定中线各里程桩的地面高程，供路线纵断面图点绘地面线和设计纵坡之用。横断面测量是测定路中线各里程桩两侧垂直于中线方向的地面高程，供路线横断面图绘出地面线、路基设计、土石方数量计算及施工边桩放样等使用。

路线纵断面高程测量采用水准测量。为了保证测量精度和有效地进行成果检核，按照"从整体到局部"的测量原则，纵断面测量可分为基平测量和中平测量。一般先是沿路线方向设置水准点，建立路线高程控制测量，即为基平测量；再根据基平测量测定的水准点高程，分段进行水准点测量，测定路线各里程桩的地面高程，称为中平测量。

13.2 基平测量

基平测量工作主要是沿线设置水准点，测定其高程，建立路线高程控制测量，作为中平测量、施工放样及竣工验收的依据。

1. 路线水准点设置

路线水准点是用水准测量方法建立的路线高程控制点，在道路设计、施工及竣工验收阶段都要使用。因此，根据需要和用途不同，道路沿线可布设永久性水准点和临时性水准点。在路线的起终点、大桥两岸、隧道两侧及一些需要长期观测高程的重点工程附近均应设置永久性水准点，在一般地区也应每隔适当距离设置一个。永久性水准点应为混凝土桩，也可在牢固的永久性建筑物顶面凸出处位置，点位用红油漆画上"×"记号；山区岩石地段的水准点桩可利用坚硬稳定的岩石并用金属标志嵌在岩石上。混凝土水准点桩顶面的钢筋应锉成球面。为便于引测及施工放样方便，还需沿线布设一定数量的临时水准点。临时性水准点可埋设大木桩，顶面钉入大铁钉作为标志，也可设在地面凸出的坚硬岩石或建筑物墙角处，并用红油漆标记。

水准点布设的密度，应根据地形和工程需要而定。水准点宜沿路线设于道路中线两侧 50～300m 范围之内。水准点布设间距宜为 1～1.5km；山岭重丘区可根据需要适当加密为 1km 左右；大桥、隧道洞口及其他大型构造物两端应按要求增设水准点。水准点应选在稳固、醒目、易于引测、便于定测和施工放样，且不易被破坏的地点。

水准点用"BM"标注，并注明编号、水准点高程、测设单位及埋设的年月。

2. 基平测量的方法

基平测量时，首先应将起始水准点与附近国家水准点进行联测，以获取绝对高程，并对测量结果进行检测。如有可能，应构成附合水准路线。当路线附近没有国家水准路线或引测困难时，则可参考地形图或用气压表选定一个与实际高程接近的高程作为起始水准点的假定高程。

我国公路水准测量的等级，高速、一级公路为四等，二、三、四级公路为五等。公路有关构造物的水准测量等级应按有关规定执行。点的高程测定，应根据水准测量的等级选定水准仪及水准尺，通常采用一台水准仪在水准点间作往返观测，也可用两台水准仪作单程观测。具体观测及计算方法也可参见水准测量一章。

基平测量时，采用一台水准仪往返观测或两台水准仪单程观测所得高差不符值应符合水准测量的精度要求，且不得超过允许值 $f_{h允}$（单位：mm）。高速、一级公路：平原、微丘区，$f_{h允} = \pm 20\sqrt{L}$，其中 L 为水准点的路线长度（km）；n 为测站数，山岭重丘区，$f_{h允} = \pm 0.6\sqrt{n}$ 或 $f_{h允} = \pm 25\sqrt{L}$；二、三、四级公路：平原、微丘区 $f_{h允} = \pm 30\sqrt{L}$，山岭重丘区 $f_{h允} = \pm 45\sqrt{L}$。

当测段高差不符值在规定允许闭合差之内，取其高差平均值作为两水准点间的高差，超出限差则必须重测。

13.3　中平测量

13.3.1　中平测量

中平测量主要是利用基平测量布设的水准点及高程，引测出各桩的地面高程，作为绘制路线纵断面地面的依据。

1. 中平测量的方法

中平测量的实施如图 13-1 所示。水准仪安置于 I 站，后视水准点 BM_1，前视转点 ZD_1，将两读数分别记入表 13-1 中相应的后视、前视栏内。然后观测 BM_1 和 ZD_1 间的中间点 K0 + 000、+ 020、+ 040、+ 060，并将读数分别记入相应的中视栏，并按式（13-1）分别计算 ZD_1 和各中桩点的高程，第一个测站的观测与计算完成。将仪器搬至 II 站，后视转点 ZD_1，前视转点 ZD_2，将读数分别记入相应后视、前视栏。然后观测两转点间的各中间点，将读数分别记入相应的中视

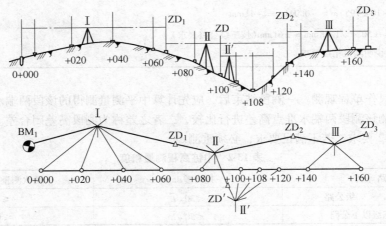

图 13-1　中平测量

栏，并计算 ZD_2 和各中桩点的高程，第二个测站的观测与计算完成。按上述方法继续向前观测，直至附合于水准点 BM_2。前视点高程及中桩处地面高程应用式(13-1)，按所属测站的视线高进行计算，参考表13-1。

$$\left.\begin{array}{l}测站视线高 = 后视点高程\ H_A + 后视读数\ a \\ 前视转点\ B\ 的高程\ H_B = 视线高程 - 前视读数\ b \\ 中桩高程\ H_K = 视线高程 - 中视读数\ k\end{array}\right\} \qquad (13\text{-}1)$$

表 13-1　中平测量记录计算表

工程名称：＿＿＿＿＿＿＿＿　　日期：＿＿＿＿＿＿＿＿　　观测员：＿＿＿＿＿＿＿＿

仪器型号：＿＿＿＿＿＿＿＿　　天气：＿＿＿＿＿＿＿＿　　记录员：＿＿＿＿＿＿＿＿

测点	水准尺度数/m			视线高/m	测点高程/m	备注
	后视 a	中视 k	前视 b			
BM_1	2.317			106.573	104.256	基平测得
K0+000		2.16			104.41	
+020		1.83			104.74	
+040		1.20			105.37	
+060		1.43			105.14	
ZD_1	0.744		1.762	105.555	104.811	
+080		1.90			103.66	沟内分开测
ZD_2	2.116		1.405	106.266	104.150	
+140		1.82			104.45	
+160		1.79			104.48	
ZD_3			1.834		104.432	基平测得 BM_2 点高程为:104.795m
…	…	…	…	…	…	
K1+480		1.26			104.21	
BM_2			0.716		104.754	

复核：$\Delta h_测 = 104.754 - 104.256 = 0.498\text{m}$

$\sum a - \sum b = (2.317 + 0.744 + 2.116 + \cdots)\text{m} - (1.762 + 1.405 + 1.834 + \cdots + 0.716)\text{m} = 0.498\text{m}$

说明高程计算无误。

$f_h = (104.754 - 104.795)\text{m} = -0.041\text{m} = -41\text{mm}$

$f_{h允} = \pm 50\sqrt{L} = \pm 50 \times \sqrt{1.48}\text{mm} = \pm 61\text{mm}(按三级公路要求)$

显然 $f_h < f_{h允}$，说明满足精度要求。

中平测量只作单程观测。一测段结束后，应先计算中平测量测得的该段两端水准点高差。并将其与基平所测该测段两端水准点高差进行比较，二者之差称为测段高差闭合差。测段高差闭合差应满足表13-2要求。若不满足要求，必须重测。

表 13-2　中桩高程测量精度

公路等级	闭合差/mm	两次测量之差/cm
高速公路，一、二级公路	$\leqslant 30\sqrt{L}$	$\leqslant 5$
三级及三级以下公路	$\leqslant 50\sqrt{L}$	$\leqslant 10$

注：L 为高程测量的路线长度(km)。

2. 跨越沟谷中平测量

中平测量遇到跨越沟谷时，由于沟坡和沟底钉有中桩，且高差较大，按中平测量一般方法进行，要增加许多测站和转点，以致影响测量的速度和精度。为避免这种情况，可采用以下方法进行施测。

（1）沟内、沟外分开测　如图 13-2 所示，当采用一般方法测至沟谷边缘时，仪器置于测站 I，在此测站，应同时设两个转点，用于沟外测量的 ZD_{16} 和用于沟内测量的 ZD_A。施测时后视 ZD_{15}，前视 ZD_{16} 和 ZD_A，分别求得 ZD_{16} 和 ZD_A 的高程。此后以 ZD_A 进行沟内中桩点高程的测量，以 ZD_{16} 继续沟外测量。

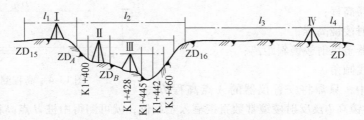

图 13-2　跨越沟谷中平测量

测量沟内中桩时，仪器下沟安置于测站 II，后视 ZD_A，观测沟谷内两侧的中桩并设置转点 ZD_B。再将仪器迁至测站 III，后视转点 ZD_B，观测沟底各中桩，至此沟内观测结束。然后仪器置于测站 IV，后视转点 ZD_{16}，继续前测。

这种测法使沟内、沟外高程传递各自独立，互不影响。沟内的测量不会影响到整个测段的闭合，但由于沟内的测量为支水准路线，缺少检核条件，故施测时应倍加注意。另外，为了减少 I 站前、后视距不等所引起的误差，仪器置于 IV 站时，尽可能使 $l_3 = l_2$、$l_4 = l_1$ 或者 $l_3 + l_1 = l_2 + l_4$。

（2）接尺法　中平测量遇到跨越沟谷时，若沟谷较窄、沟边坡度较大，个别中桩处高程不便测量，可采用接尺的方法进行测量，如图 13-3 所示。用两根水准尺，一人扶 A 尺，另一人扶 B 尺，从而把水准尺接长使用。必须注意此时的读数应为从望远镜内的读数加上接尺的数值。

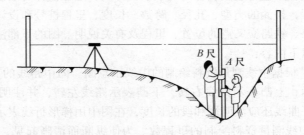

图 13-3　接尺法

利用上述方法测量时，沟内沟外分开测的记录要断开，另作记录，接尺要加以说明，以利于计算和检查，否则容易发生混乱和错误。

3. 用全站仪进行中平测量

传统的中平测量方法是用水准仪测定中桩处地面高程，施测过程中测站多，特别是在地形起伏较大的地区测量，工作量相当繁重。全站仪由于具有三维坐标测量的功能，在中线测量中可以同时测量中桩高程（中平测量）。

全站仪中平测量是在中线测量时进行的。仪器安置于控制点，利用坐标测设中桩点。在中桩位置定出后，即可测出该桩的地面高程。

如图 13-4 所示，设 A 点为已知控制点，B 点为待测高程的中桩点。将全站仪安置在已知高程的 A 点，反射棱镜立于待测高程的中桩点 B 点上，量出仪器高 i 和反射棱镜高 l，全站仪照准反射棱镜测出视线倾角 α。则 B 点的高程 H_B 为

$$H_B = H_A + S\sin\alpha + i - l \qquad (13\text{-}2)$$

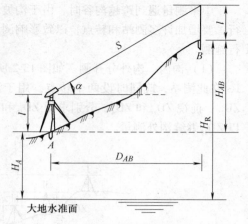

图 13-4 高程测量原理

式中 H_A——已知控制点 A 点高程；

$\quad H_B$——待测高程的中桩点 B 点高程；

$\quad i$——仪器高程；

$\quad l$——反射棱镜高程；

$\quad S$——仪器至反射棱镜斜距离；

$\quad \alpha$——视线倾角。

在实际测量中，只需将安置仪器的 A 点高程 H_A、仪器高 i、反射棱镜高 l 及反射棱镜常数直接输入全站仪，就可测得中桩 B 点高程 H_B。

该方法的优点是在中桩平面位置测设过程中直接完成中桩高程测量，而不受地形起伏及高差大小的限制，并能进行较远距离的高程测量。高程测量数据可从仪器中直接读取，或存入仪器并在需要时调入计算机处理。

13.3.2 纵断面图的绘制

纵断面图是表示沿路线中线方向的地面起伏状态和设计纵坡的线状图，它反映出各路段纵坡的大小和中线位置处的填挖尺寸，是道路设计和施工中的重要文件资料。

1. 纵断面图

如图 13-5 所示，在图的上半部，从左至右有两条贯穿全图的线。一条是细的折线，表示中线方向的实际地面线，它是以里程为横坐标、高程为纵坐标，根据中平测量的中桩地面高程绘制的。图中另一条是粗线，是包含竖曲线在内的纵坡设计线，是在设计时绘制的。此外，图上还注有水准点的位置和高程，桥涵的类型、孔径、跨数、长度、里程桩号和设计水位，竖曲线示意图及其曲线元素，同公路、铁路交叉点的位置、里程及有关说明。图的下部注有有关测量及纵坡设计的资料，主要包括以下内容：

（1）直线与曲线　根据中线测量资料绘制的中线示意图。图中路线的直线部分用直线表示；圆曲线部分用折线表示，上凸表示路线右转，下凸表示路线左转，并注明交点编号和圆曲线半径；带有缓和曲线的平曲线还应注明缓和段的长度，在图中用梯形折线表示。

（2）里程　根据中线测量资料绘制的里程数。为使纵断面清晰起见，图上按里程比例尺只标注百米桩里程（以数字 1～9 注写）和公里桩的里程（以 Ki 注写，如 K9、K10）。

（3）地面高程　根据中平测量成果填写相应里程桩的地面高程数值。

（4）设计高程　设计高程是指设计出的各里程桩处的对应高程。

（5）坡度　从左至右向上倾斜的直线表示上坡（正坡），向下倾斜的表示下坡（负坡），水平的表示平坡。斜线或水平线上面的数字是以百分数表示的坡度的大小，下面的数字表示坡长。

（6）土壤地质说明　标明路段的土壤地质情况。

2. 纵断面图的绘制

纵断面图的绘制一般可按下列步骤进行：

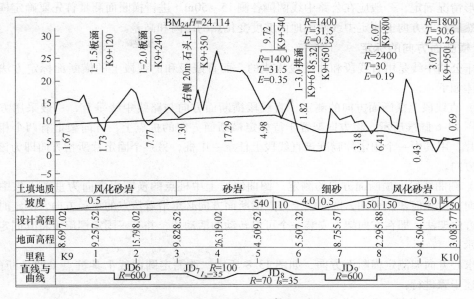

图 13-5　路线设计纵断面图

1）按照选定的里程比例尺和高程比例尺（一般对于平原微丘区里程比例尺常用 1∶5000 或 1∶2000，相应的高程比例尺为 1∶500 或 1∶200；山岭重丘区里程比例尺常用 1∶2000 或 1∶1000，相应的高程比例尺为 1∶200 或 1∶100），打格制表，填写里程、地面高程、直线与曲线、土壤地质说明等资料。

2）绘出地面线。首先选定纵坐标的起始高程，使绘出的地面线位于图上适当位置。一般是以 10m 整数倍数的高程定在 5cm 方格的粗线上，便于绘图和阅图。然后根据中桩的里程和高程，在图上按纵、横比例尺依次点出各中桩的地面位置，再用直线将相邻点一个个连接起来，就得到地面线。在高差变化较大的地区，如果纵向受到图幅限制时，可在适当地段变更图上高程起算位置，此时地面线将形成台阶形式。

3）计算设计高程。当路线的纵坡确定后，即可根据设计纵坡和两点间的水平距离，由一点的高程计算另一点的设计高程。设计坡度为 i，起算点的高程为 H_0，待推算点的高程为 H_P，待推算点至起算点的水平距离为 D，则

$$H_P = H_0 + iD \tag{13-3}$$

式（13-3）中设计坡度 i 上坡时 i 为正，下坡时 i 为负。

4）计算各桩的填挖尺寸。同一桩号的设计高程与地面高程之差，即为该桩处的填土高度（正号）或挖土深度（负号）。在图上填土高度应写作相应点纵坡设计线之上，挖土深度则相反。也有在图中专列一栏注明填挖尺寸的。

5）在图上注记有关资料，如水准点、桥涵、竖曲线等。

需要说明的是，目前在工程设计中，由于计算机应用的普及，路线纵断面图基本采用计算机绘制。

13.4　横断面测量

路线横断面测量是测定各中桩处垂直于中线方向上的地面起伏情况，然后绘制成横断面图，供路基、边坡、特殊构造物的设计、土石方的计算和施工放样之用。横断面测量的宽度由路基宽

度和地形情况确定，一般应在公路中线两侧各测 15~50m。进行横断面测量首先要确定横断面的方向，然后在此方向上测定中线两侧地面坡度变化点的距离和高差。

1. 横断面方向的标定

由于公路中线是由直线段和曲线段构成的，而直线段和曲线段上的横断面标定方法是不同的，具体如下：

（1）直线段上横断面方向的测定　直线段横断面方向与路线中线垂直，一般采用方向架测定。如图 13-6 瞄准所示，将方向架置于待标定横断面方向的桩点上，方向架上有两个相互垂直的固定片，用其中一个固定片瞄准该直线段上任意一中桩，另一个固定片所指方向即为该桩点的横断面方向。

（2）圆曲线段上横断面方向的测定　圆曲线段上中桩点的横断面方向为垂直于该中桩点切线的方向。由几何知识可知，圆曲线上一点横断面方向必定沿着该点的半径方向。测定时一般采用求心方向架法，即在方向架上安装一个可以转动的活动片，并有一固定螺旋可将其固定，如图 13-7 所示。

用求心方向架测定横断面方向，如图 13-8 所示，欲测定圆曲线上某桩点 1 的横断面方向，可按下述步骤进行：

1）将求心方向架置于圆曲线的 ZY（或 YZ）点上，用方向架的一固定片 ab 照准交点（JD）。此时 ab 方向即为 ZY（或 YZ）点的切线方向，则另一固定片 cd 所指明方向即为 ZY（或 YZ）点横断面方向。

2）保持方向架不动，转动活动片 ef，使其照准 1 点，并将 ef 用螺旋固定。

3）将方向架搬至 1 点，用固定片 cd 照准圆曲线的 ZY（或 YZ）点，则活动片 ef 所指方向即为 1 点的横断面方向，标定完毕。

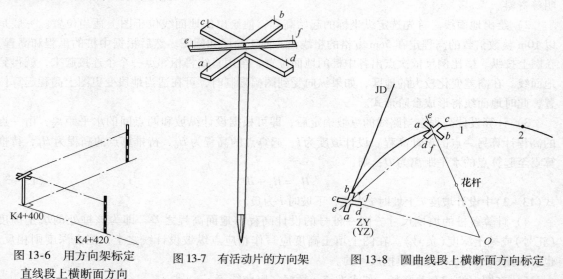

图 13-6　用方向架标定
直线段上横断面方向

图 13-7　有活动片的方向架

图 13-8　圆曲线段上横断面方向标定

在测定 2 点横断面方向时，可在 1 点的横断面方向上插一花杆，以固定片 cd 照准花杆，ab 片的方向即为切线方向，此后的操作与测定 1 点横断面方向时完全相同，保持方向架不动，用活动片 ef 瞄准 2 点并固定之。将方向架搬至 2 点，用固定片 cd 瞄准 1 点，活动片 ef 方向即为 2 点的横断面方向。

如果圆曲线上桩距相同，在定出 1 点横断面方向后，保持活动片 ef 原来位置，将其搬至 2 点上，用固定片 cd 瞄准 1 点，活动片 ef 即为 2 点的横断面方向，圆曲线上其他各点的横断面方向也可按照上述方法进行标定。

（3）缓和段上横断面方向的标定　缓和曲线段上一中桩点处的横断面方向是通过该点指向曲率半径的方向，即垂直于该点切线的方向。可采用下述方法进行标定：利用缓和曲线的弦切角 Δ 和偏角 δ 的关系（$\Delta = 2\delta$），定出中桩点处曲率切线的方向，有了切线方向，即可用带度盘的方向架或经纬仪标定出法线（横断面）方向。

如图 13-9 所示，P 点为待标定横断面方向的中桩点。具体步骤如下：

1）按式 $\delta = \left(\dfrac{l}{l_s}\right)^2 \delta_0 = \dfrac{1}{3}\left(\dfrac{l}{l_s}\right)^2 \beta_0$ 计算出偏角 δ，并由 $\Delta = 2\delta$ 计算弦切角 Δ。

2）将带度盘的方向架或经纬仪安置于 P 点。

3）操作方向架的定向杆或经纬仪的望远镜，照准缓和曲线的 ZH 点，同时使度盘读数为 Δ。

4）顺时针转动方向架的定向杆或经纬仪的望远镜，直至度盘的读数为 90°（或 270°）。此时，定向杆或望远镜所指方向即为横断面方向。

2. 横断面的测量方法

横断面测量中的距离、高差的读数取位至 0.1m，即可满足工程的要求。因此横断面测量多采用简易的测量工具和方法，以提高工作效率，下面介绍几种常用的方法。

（1）标杆皮尺方法（抬杆法）　标杆皮尺法（抬杆法）是用一根标杆和一卷皮尺测定横断面方向上的两相邻变坡点的水平距离和高差的一种简易方法。如图 13-10 所示，要进行横断面测量，根据地面情况选定变坡点 1，2，3，…。将标杆竖立于 1 点上，皮尺靠在中桩地面拉平，量出中桩点至 1 点的水平距离，而皮尺截于标杆的红白格数（通常每格为 0.2m）即为两点间的高差。测量员报出测量结果，以便绘图或记录，报数时通常省去"水平距离"四字，高差用"低"或"高"报出，例如，图示中桩点与 1 点间，报为"6.0m 低 1.6m"记录见表 13-3。同法可测得 1 点与 2 点、2 点与 3 点、…的距离和高差。表 13-3 中按路线前进方向分左、右侧，以分数形式表示各测段的高差和距离，分子表示高差，正号为升高，负号为降低；分母表示距离。自中桩由近及远逐段测量与记录。

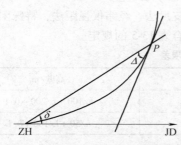

图 13-9　缓和段横断面方向标定

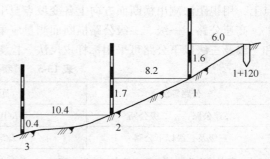

图 13-10　抬杆法测横断面

表 13-3　抬杆法横断面测量记录表

左　侧			里程桩号	右　侧		
…$\dfrac{-0.4}{10.4}$	$\dfrac{-1.7}{8.2}$	$\dfrac{-1.6}{6.0}$	K1 + 120	$\dfrac{+1.0}{4.8}$	$\dfrac{+1.4}{12.5}$	$\dfrac{-2.2}{8.6}$…
⋮			⋮	⋮		

（2）水准仪皮尺法　水准仪皮尺法是利用水准仪和皮尺，按水准测量的方法测定各变坡点

与中桩点间的高差，用皮尺丈量两点的水平距离的方法。如图13-11所示，水准仪安置后，以中桩点为后视点，在横断面方向的变坡点上立尺进行前视读数，并用皮尺量出各变坡点至中桩的水平距离。水准尺读数准确到厘米，水平距离准确到分米，记录格式见表13-4。此法适用于断面较宽的平坦地区，其测量精度较高。

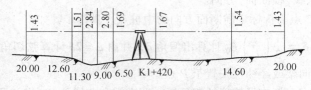

图 13-11 水准仪皮尺法测横断面

表 13-4 水准仪皮尺法横断面测量记录计算表

桩号	各变坡点至中桩点的水平距离/m		后视读数/m	前视读数/m	各变坡点与中桩点间的高差/m	备注
K1+420	左侧	0.00	1.67	—		
		6.50	—	1.69	−0.02	
		9.00	—	2.80	−1.13	
		11.30	—	2.84	−1.17	
		12.60	—	1.51	+0.15	
		20.00	—	1.43	+0.24	
	右侧	14.60	—	1.54	+0.13	
		20.00	—	1.43	+0.24	

（3）经纬仪视距法　经纬仪视距法是指在地形复杂、山坡较陡的地段采用经纬仪按视距测量的方法测得各变坡点与中桩点间的水平距离和高差的一种方法。施测时，将经纬仪安置在中桩点上，用视距法测出横断面方向上各变坡点至中桩的水平距离和高差。

高速公路，一级、二级公路横断面测量应采用水准仪皮尺法、经纬仪视距法，特殊困难地区和三级及三级以下公路可采用标杆皮尺法。检测限差应符合表13-5的规定。

表 13-5 横断面检测互差限差

公路等级	距离/m	高差/m
高速公路，一、二级公路	$L/100 + 0.1$	$h/100 + L/200 + 0.1$
三级及三级以下公路	$L/50 + 0.1$	$h/50 + L/100 + 0.1$

注：表中的L为测站点至中桩点的水平距离(m)；h为测点至中桩的高差。

3. 横断面图的绘制

横断面图一般采取在现场边测边绘，这样既可省略记录工作，也能及时在现场核对，减少差错。如遇不便现场绘图的情况，须做好记录工作，带回室内绘图，再到现场核对。

横断面图的比例尺一般是1:200或1:100，横断面图绘在厘米方格纸上，图幅为350×500mm，每厘米有一细线条，每5cm有一粗线条，细线间一小格是1mm。

绘图时以一条纵向粗线为中线，以纵线、横线相交点为中桩位置，向左右两侧绘制。先标注中桩的桩号，再用铅笔根据水平距离和高差，将变坡点点在图纸上，然后用小三角板将这些点连接起来，就得到横断面的地面线。显然一幅图上可绘多个断面图，一般规定，绘图顺序是从图纸左下方起，自下而上、由左向右，依次按桩号绘制。

目前，横断面绘图大多采用计算机，选用合适的软件进行绘制。

13.5　道路施工测量

在公路工程建设中，测量工作必须先行，施工测量就是将设计图中的各项元素按规定的精度要求准确无误地测设于实地，作为施工的依据；并在施工过程中进行一系列的测量工作，以保证施工按设计要求进行。施工测量俗称"施工放样"。

施工测量是保证施工质量的一个重要环节，公路施工测量的主要任务包括：

1）研究设计图并勘察施工现场。根据工程设计的意图及对测量精度的要求，在施工现场找出定测时的各控制桩或点（如交点桩、转点桩、主要的里程桩以及水准点）的位置，为施工测量做好充分准备。

2）恢复公路中线的位置。公路中线定测后，一般情况要过一段时间才能施工，在这段时间内，部分标志桩被破坏或丢失，因此，施工前必须进行一次复测工作，以恢复公路中线的位置。

3）测设施工控制桩。由于定测时设立的及恢复的各中桩，在施工中都要被挖掉或掩埋，为了在施工中控制中线的位置，需要在不受施工干扰，便于引用，易于保存桩位的地方测设施工控制桩。

4）复测、加密水准点。水准点是路线高程控制点，在施工前应对破坏的水准点进行恢复定测，为了施工中测量高程方便，在一定范围内应加密水准点。

5）路基边坡桩的放样。根据设计要求，施工前应测设路基的填筑坡脚边桩和路堑的开挖坡顶边桩。

6）路面施工放样。路基施工后，应测出路基设计高度，放样出铺筑路面的标高，作为路面铺设依据。在路面施工中，讲究层层放线，层层操平。层层放线是指每施工一层路面结构层都要放出该层的路面中心线和边缘线，有时为了精确做出路拱，还要放出路面左右标高各 1/4 的宽度线桩；层层操平是指每施工一层路面结构层都要对各控制的断面在其放样的标高控制位置处进行高程测定，以控制各层的施工标高。

另外，还包括对排水设施、附属设施等工程的放样。主要应放出边沟、排水沟、截水沟、跌水井、急流槽、护坡、挡土墙等的位置和开挖或填筑断面线等。

为做到放样尽可能地准确，上述放样工作仍应遵循测量工作"先控制、后碎部、步步有校核"的基本原则。

13.5.1　道路中线恢复

从路线勘测到开始施工经常会出现由于时间过长而引起的丢桩现象，所以施工前要根据设计文件进行道路中桩的恢复，并对原有中线进行复核，保证施工的准确性。恢复中线的方法与路线中线测量方法基本相同。此外，对路线水准点也应进行复核，必要时应增加一些水准点以满足施工的需求。常用的方法有延长线法、平行线法。延长线法是在道路转弯处的中线延长线上以及曲线中点 QZ 至交点 JD 的延长线上，测设施工控制桩。平行线法是在线路直线段路基以外测设两排平行于中线的施工控制桩。控制桩的间距一般为 20m。

13.5.2　路基边桩的放样

路基边桩的放样就是在地面上将每一个横断面的设计路基边坡线与地面相交的点测设出来，

并用桩标定下来，作为路基施工的依据。常用的有图解法和解析法。

1. 图解法

图解法是直接在路基设计的横断面图上，量出中心桩至边桩的距离，然后到现场直接量取距离，定出边桩位置。此法一般用在填挖不大的地区。

2. 解析法

解析法是根据路基设计的填挖高度、边坡率、路基宽度和横断面地形情况，先计算出路基中心桩至边桩的距离，然后到实地沿横断面方向量出距离，定出边桩的位置。对于平原地区和山区来说，其计算和测设方法是不同的。

（1）平坦地区路基边桩的测设　填方路基称为路堤，如图 13-12a 所示。路堤边桩至中心桩的距离为

$$D = \frac{B}{2} + mh \tag{13-4}$$

挖方路基称为路堑，如图 13-12b 所示。路堑边桩至中心桩的距离为

$$D = \frac{B}{2} + s + mh \tag{13-5}$$

式中　　B——路基设计宽度；

　　　　m——边坡率；$1:m$ 为路基边坡坡度；

　　　　h——填（挖）方高度；

　　　　s——路堑边沟顶宽。

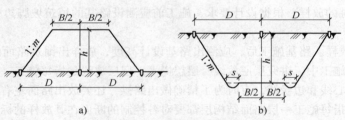

图 13-12　平坦地区路基边桩的测设

a）路堤　b）路堑

（2）山区地段路基边桩的测设　在山区地面倾斜地段，路基边桩至中心桩的距离随着地面坡度的变化而变化。如图 13-13a 所示，路堤边桩至中心桩的距离为

$$\left. \begin{array}{ll} \text{斜坡下侧} & D_{\text{下}} = \dfrac{B}{2} + m(h_{\text{中}} + h_{\text{下}}) \\[2mm] \text{斜坡上侧} & D_{\text{上}} = \dfrac{B}{2} + m(h_{\text{中}} - h_{\text{上}}) \end{array} \right\} \tag{13-6}$$

如图 13-13b 所示，路堑边桩至中心桩的距离为

$$\left. \begin{array}{ll} \text{斜坡下侧} & D_{\text{下}} = \dfrac{B}{2} + s + m(h_{\text{中}} - h_{\text{下}}) \\[2mm] \text{斜坡上侧} & D_{\text{上}} = \dfrac{B}{2} + s + m(h_{\text{中}} + h_{\text{上}}) \end{array} \right\} \tag{13-7}$$

式中　　$D_{\text{上}}$、$D_{\text{下}}$——斜坡上、下侧边桩至中桩的平距；

　　　　$h_{\text{中}}$——中桩处的地面填挖高度，也为已知设计值；

　　　　$h_{\text{上}}$、$h_{\text{下}}$——斜坡上、下侧边桩处与中桩处的地面高差（均以其绝对值代入），在边桩未定出之前为未知数。

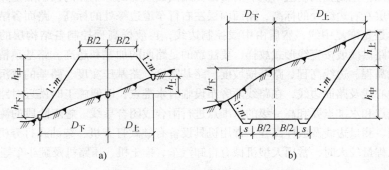

图 13-13 山区地段路基边桩的测设

在实际放样过程中应采用逐渐趋近法测设边桩。先根据地面实际情况，并参考路基横断面图，估计边桩的位置。然后测出该估计位置与中桩的平距 $D_上$、$D_下$ 以及高差 $h_上$、$h_下$ 并以此代入式(13-6)或式(13-7)，若等式成立或在允许误差范围内，说明估计位置与实际位置相符，即为边桩位置。否则应根据实测资料重新估计边桩位置，重复上述工作，直至符合要求为止。

13.5.3 边坡放样

有了边桩后，即可确定边坡的位置。可按下述方法测定：

1) 路堤边坡放样。当填土高度较小(如填土小于 3m)时，可用长木桩、木板或竹竿标记填土高度，然后用细绳拉起，即为路堤外廓形，如图 13-14a 所示。当路堤填土较高时，可采用分层填土，逐层挂线的方法进行边坡的放样，如图 13-14b 所示。

2) 路堑边坡放样。路堑边坡放样一般采用两边桩外侧钉设坡度样板的方法，如图 13-14c 所示。

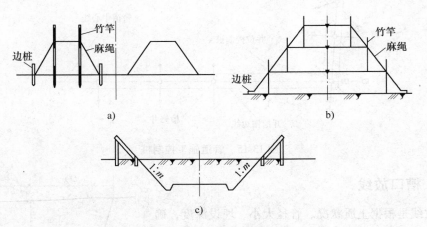

图 13-14 路基边坡放样

13.5.4 路面结构层的放样

为了便于测量，通常在施工之前，将线路两侧的导线点和水准点引测到路基上，以便施工时就近对路面进行标高复核。引测的导线点与水准点和高一级的水准点进行附合或者闭合导线。

施工阶段的测量放样工作依然包括恢复中线、测量边线及放样高程。路面基层的施工测量方法与路面垫层的相同，但高程控制值不同。需要计算路面面层上的 3 个标高控制点是路面中心线的中桩标高、路面面层左右边缘处的标高、路面面层左右行车道边缘处的标高。路面各结构层的施工放样测量工作依然是先恢复中线，然后由中线控制边线，再放样高程控制各结构层的标高。除面层外，各结构层的路拱横坡按直线形式放样，要注意的是路面的加宽和超高。路基顶精加工验收的内容包括路基中线高程、边线高程、路基横坡度、路基宽度、路基压实度、路基的弯沉值等。根据设计图放出路线中心线及路面边线，在路线两旁布设临时水准点，以便施工时就近对路面进行标高复核。引测的导线点和水准点要和高一级的水准点进行附合或闭合导线。施工阶段的测量放样工作依然包括恢复中线、测量边线及放样高程。常用机具设备有蛙式打夯机、柴油式打夯机、手推车、筛子、铁锹等；工程量较大时，常用大型机械有自卸汽车、推土机、压路机及翻斗车等。

13.6 管道施工测量

13.6.1 复核中线和测设施工控制桩

为保证管道中线的准确位置，在施工前应对管道设计中线的主点（起、终点及各转折点）进行现场复核，对损坏或丢失的应给予恢复，并同时对高程控制点进行复核，必要时可增设临时水准点，便于施工引测。此外，根据设计资料，在中线上标定出检查井及附属构筑物的位置。

在施工中，为了便于恢复中线和检查井位置，应在引测方便、易于保存的地方测设施工控制桩。管道施工控制桩分为中线控制桩和井位控制桩两类，如图 13-15 所示。中线控制桩测设在管道起止点及各转折点处中线的延长线上，井位控制桩一般设置在垂直于管道中线的方向上。

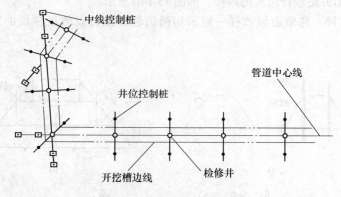

图 13-15 管道施工控制桩

13.6.2 槽口放线

槽口放线是根据土质状况、管径大小、埋设深度，确定基槽开挖宽度，在地面上定出槽口开挖边线的位置，作为开槽的依据。

当横断面坡度较平缓时，如图 13-16 所示，B 为槽底宽度，为管节外径与两倍施工工作面宽度之和；m 所为沟槽边坡系数，h 为中线挖土深度，槽口半宽可按下式计算

$$D_{左} = D_{右} = \frac{B}{2} + mh \qquad (13-8)$$

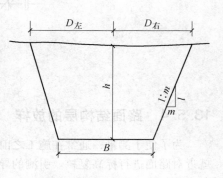

图 13-16 槽口放线

基槽开挖深度 h 还应包括管道基础的厚度，施测时应注意。当横断面坡度较陡、管径大且埋设较深时，可参照图 13-16、式(13-8)及其说明来确定管道中线两侧的槽口宽度。开挖时槽口线应用白灰撒定，若与开挖间隔时间过长，应用木桩桩定。

13.6.3　地下管道施工控制标志的测设

管道施工测量的主要任务是控制管道中线位置和管底设计高程，保证管道沿设计方向和坡度敷设，所以在开槽前应设置管道中线和高程的施工控制标志。

1. 坡度板和中线钉设置

为了控制管节轴线与设计中线相符，并使管底高程与设计高程一致，基槽开挖到一定程度，一般每隔 10～20m 处及检查井处沿中线跨槽设置坡度板，如图 13-17 所示。

坡度板埋设要牢固，顶面应水平。

根据中线控制桩，用经纬仪将管道中线投测到坡度板上，并钉上小钉(称为中线钉)。此外，还需将里程桩号或检查井编号写在坡度板侧面。各坡度板上中线钉的连线即为管道的中线方向。在连线上挂垂球线可将中线位置投测到基槽内，以控制管道按中线方向敷设。

2. 设置高度板和测设坡度钉

为了控制基槽开挖的深度，根据附近水准点，用水准仪测出各坡度板顶面高程 $H_顶$，并标注在坡度板表面。板顶高程与管底设计高程 $H_底$ 之差 k 就是坡度板顶面往下开挖至管底的深度，也称下返数，通常用 C 表示。k 也称为管道埋置深度。

由于各坡度板下的下返数都不一样，且不是整数，无论施工或者检查都不方便，为了使下返数在同一段管线内均为同一整数值 $C(C<k)$，则由下式计算出每一坡度板顶应向下或向上量的调整数 δ，如图 13-17 所示。

$$\delta = C - k = C - (H_顶 - H_底) \tag{13-9}$$

在坡度板中线钉旁钉一竖向小木板桩，称为高程板。根据计算的调整数 δ，在高程板上向下或向上量 δ 定出点位，再钉上小钉，称为坡度钉，如图 13-17 所示，$k = 2.826$m，取 $C = 2.500$m，则调整数 $\delta = -0.326$m。从板顶向下量 0.326m 钉坡度钉，从坡度钉向下量 2.500m，便是管底设计高程。同法可钉出各处高程板和坡度钉。各坡度钉的连线即平行于管底设计高程的坡度线，各坡度钉下返数均为 C，施工时只需用一标有长度 C 的木杆就可随时检查是否挖到设计深度。

3. 平行轴腰桩法

对管径较小、坡度较大、精度要求较低的管道，可用平行轴腰桩法来控制施工，其步骤如下：

1) 测设平行轴线。管沟开挖前，在中线的一侧测设一排平行轴线桩，如图 13-18 所示，轴线桩至中线桩的平距为 a，桩距一般为 20m，各检查井位也应在平行轴线上设桩。

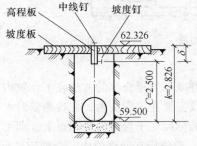

图 13-17　地下管道坡度板设置

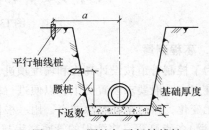

图 13-18　腰桩与平行轴线桩

2）钉腰桩。为了控制管道中线的高程，在基槽坡上（距槽底 0.5～1.0m）再钉一排木桩，称为腰桩，如图 13-18 所示。

3）引测腰桩高程。腰桩上钉一小钉，用水准仪测出腰桩上小钉的高程。小钉高程与该处管底设计高程之差 h 即为下返数。由于各点下返数不一样，容易出错。因此，可先确定下返数为一整数 C，在每个腰桩沿垂直方向量出该下返数 C，与腰桩下返数 h 之差 $\delta(\delta = C - h)$，打一木桩，并钉小钉，此时各小钉的连线与设计坡度线平行，而小钉的高程与管底高程相差为一常数 C，从小钉往下量测，即可检查是否挖到管底设计高程，应用十分简便。

13.6.4 顶管施工测量

在管道穿越铁路、公路、河流或重要建筑物时，为了不影响正常的交通秩序或避免大量的拆迁和开挖工作，可采用顶管施工方法敷设管道。首先在欲设顶管的两端挖好工作坑，在坑内安装导轨（铁轨或方木），将管材放在导轨上，将管材沿中线方向顶进土中，然后挖出管筒内泥土。顶管施工测量的主要任务是控制管道中线方向、高程及坡度。

1. 中线测量

如图 13-19 所示，用经纬仪将地面中线引测到工作坑的前后，钉立木桩和铁钉，称为中线控制桩。按前述槽口放线的方法确定工作坑的开挖边界线，而后实施工作坑施工。工作坑开挖到设计高程时，再进行顶管的中线测设。测设时，根据中线控制桩，用经纬仪将中线引测到坑壁上，并钉立木桩，称为顶管中线桩，以标定顶管中线位置。

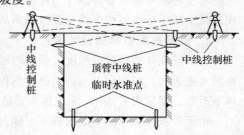

图 13-19 顶管中线桩测设

在进行顶管中线桩测量时，如图 13-20 所示，在两个顶管中线桩之间拉一细线，在线上挂两个垂球，两垂球的连线方向即为顶管的中线方向。这时在管内前端横放一水平尺，尺长等于或略小于管径，尺上分划是以尺中点为零向两端增加。当尺子在管内水平放置时，尺子中点若位于两垂球的连线方向上，顶管中心线即与设计中心线一致。若尺子中点偏离两垂球的连线方向，其偏差大于允许值时则应校正顶管方向。

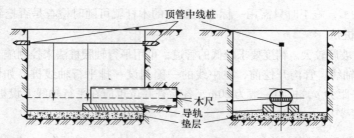

图 13-20 顶管中线测量

2. 高程测量

为了控制管道按设计高程和坡度顶进，先按隧道竖井联系测量介绍的方法在工作坑内设置临时水准点。一般要求设置两个，以便进行检核。将水准仪安置在工作坑内，先检测临时水准点高程有无变化，再后视临时水准点，用一根长度小于管径的标尺立于管道内待测点上，即可测得管底（内壁）各点高程。将测得的管底高程与设计高程比较，差值应在允许值内，否则应进行校正。

对于短距离（小于 50m）的顶管施工，一般每顶进 0.5m 可按上述方法进行一次中线和高程测量；当距离较长时，须每隔100m设一个工作坑，采用对向顶管施工。顶管施工中，高程允许偏差为 ±10mm；中线允许偏差为 ±30mm；管子错口一般不超过 10mm，对顶时错口不得超过 30mm。

在大型管道施工中，应采用自动化顶管施工技术。使用激光准直仪配置光电接收靶和自控装置，即可用激光束实现自动化顶管施工的动态方向监控。首先将激光准直仪安置在工作坑内中线桩上，调整好激光束的方向和坡度（倾斜度），在掘进机上安置光电接收靶和自控装置。当掘进方向出现偏差时，光电接收靶接收准直仪的光束便与靶中心出现相同的偏差，该偏差信号通过偏差装置自动调整掘进机顶进方向，沿中线方向继续顶进。

由智能全站仪构成的自动测量和控制系统（测量机器人）已实现了开挖和掘进自动化。利用多台自动寻标全站仪构成顶管自动引导测量系统，在计算机的控制下，实时测出掘进机位置并与设计坐标进行比较，可及时引导掘进机走向正确位置。

思考题与习题

13-1 路线纵断面测量的任务是什么？

13-2 简述路线纵断面测量的施测步骤。

13-3 中平测量遇到跨沟谷时，采用哪些措施进行施测？采取这些措施的目的是什么？

13-4 横断面测量的任务是什么？

13-5 如何用求心方向架测定圆曲线上任意中桩处横断面方向？

13-6 横断面测量的施测方法有哪几种？

13-7 横断面测量的记录有什么特点？

13-8 横断面测量的记录有什么特点？横断面的绘制方法是怎样的，请简述。

13-9 什么是施工测量？道路施工测量主要包括哪些内容？

13-10 试述测设已知长度、已知水平角和已知高程的方法。

13-11 已知点的平面位置测设有哪几种常用方法？

13-12 简述路基边坡放样的方法步骤。

13-13 在中平测量中有一段跨沟谷测量如图 13-21 所示，试根据图上的观测数据设计表格完成中平测量的记录和计算。已知 ZD_2 的高程为 347.426m。

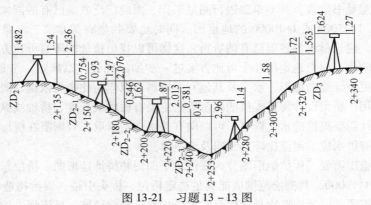

图 13-21 习题 13-13 图

第 14 章 桥 梁 测 量

【重点与难点】

重点：1. 桥位控制测量与放样。

　　　2. 桥墩桥台施工测量放样。

　　　3. 涵洞施工测量放样。

难点：其他构造物与大坝施工测量。

14.1 概述

桥梁是公路、铁路和城市道路重要的组成部分之一。在公路建设中，无论从投资比重、施工期限、技术要求等诸方面看，桥梁都居于十分重要的位置。尤其是一些大型桥梁或技术复杂的桥梁的修建对于一条公路能否高质量的建成通车具有很大的作用，甚至起着主要的控制作用。

桥梁测量的主要内容包括桥位勘测和桥梁施工测量两部分。要经济合理的建造一座桥梁，首先要选好桥址。桥位勘测的目的就是为选择桥址和进行设计提供地形和水文资料。这些资料提供得越详细、全面，就越有利于选出最优的桥址方案和做出经济合理的设计。当然决定桥址优劣的因素还有地质条件等因素。对于中小桥及技术条件简单、造价比较低廉的大桥，其桥址位置取决于路线走向的需要，不单独进行勘测，而是包括在路线勘测之内。但对于特殊桥梁或技术条件复杂的桥梁，由于其工程量大、造价高、施工期长，则桥位选择合理与否，对造价和使用条件都有极大的影响，所以路线的位置要服从桥梁的位置，为了能够选出最优的桥址，通常需要单独进行勘测。

桥梁设计通常经过设计意见书、初步设计、施工图设计等几个阶段，各阶段要相应的进行不同的测量。

在编制设计意见书阶段，并不单独进行测量工作，而应广泛收集已有的国家地图，向有关单位索取 1:50000、1:25000 或 1:10000 的地形图。同时也要收集有关水文、气象、地质、农田水利、交通网规则、建筑材料等各项已有的资料，这样可以找出桥址的所有可比方案。

在初步设计阶段，要对选定的几个可比方案进一步加以比较，以确定一个最优的设计方案，为此就要求提供更为详细的地形、水文及其他有关资料，以作为比选的依据，同时也供桥梁及附属构造物设计之用。桥梁设计需要提供的测量资料主要有桥轴线长度、桥轴线纵断面图、桥位地形图等。桥梁设计需要提供的水文资料，可以向有关水文站索取，否则需在桥址位置进行水文观测。观测的内容有洪水位、河流比降、流向及流速等。

根据设计和施工需要，桥位地形图分为桥位总平面图和桥址地形图。桥位总平面图，比例尺一般为 1:2000 ~ 1:10000，其测绘范围应能满足选定桥位、桥头引道、调治构造物的位置和施工场地轮廓布置的需要。调治构造物是指桥台的锥形护坡、台前护坡、导流坝、护岸墙等工程，它对保证河道流水顺畅和防止破坏生态环境破坏有着极其重要的作用。一般情况下，上游测绘长度约为洪水泛滥宽度的 2 倍，下游约为 1 倍；顺桥轴线方向为历史最高洪水位以上 2~5m 或洪水泛滥线以外 50m。桥址地形图，比例尺一般为 1:500 ~ 1:2000，其测绘范围应能满足桥梁孔跨、桥头引道路基和调治构造物设计的需要。一般情况下，上游测绘长度约为桥长的两倍，下游约为一倍；顺桥轴线方向为历史最高洪水位以上 2m 或洪水泛滥线以外 50m。

桥梁在施工阶段，为了保证施工质量达到设计要求的平面位置、标高和几何尺寸，就必须采用正确的测量方法进行施工测量。桥位勘测和桥梁施工测量的技术要求应符合 JTJ 062—1991《公路桥位勘测设计规范》和 JTG T F 50—2011《公路桥涵施工技术规范》的规定。

14.2 桥位控制测量

14.2.1 平面控制

桥梁的中心线称为桥轴线。桥轴线两岸控制在 A、B 间的水平距离称为桥轴线长度，如图 14-1 所示。建立桥位控制网的目的是为了按规定精度求出桥轴线的长度和放样墩台的位置。

建立桥位控制网传统的方法是采用三角网（也称测角网），这种方法只测三角形的内角和一条或两条基线。随着电磁波测距仪的广泛应用，测边已经很方便了。如果在控制网中只测三角形的边长，从而求算控制点的位置，这种控制网称为测边网。测边网有利于控制长度误差即纵向误差，而测角网有利于控制方向误差即横向误差。为了充分发挥二者的优点，可布设同时测角和测边的控制网，这种控制网称为边角网。

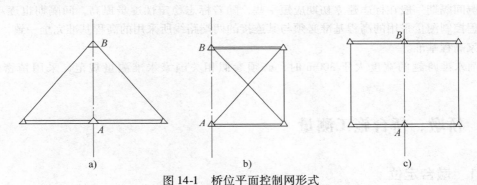

图 14-1 桥位平面控制网形式
a）双三角形 b）四边形 c）较大河流上采用的双四边形

在桥梁边角网中，不一定观测所有的角度及边长，可在测角网的基础上按需要加测若干个边长，或在测边网的基础上加测若干个角度。测角网、测边网及边角网只是观测要素不同，而观测方法及布设形式是相同的。桥位平面控制网形式如图 14-1 所示。桥位三角网的布设，除满足三角测量本身的需要外，还要求控制点选在不被水淹、不受施工干扰的地方。桥轴线应与基线一端连接且尽可能正交。基线长度一般不小于桥轴线长度的 0.7 倍，困难地段不小于 0.5 倍。

桥位三角网的主要技术要求应符合表 14-1 的规定。

表 14-1 桥位三角网主要技术指标

等 级	桥轴线长度/m	测角中误差（″）	桥轴线相对中误差/m	基线相对中误差（″）	三角形最大闭合差（″）
五	501～1000	1/20000	±5.0	1/40000	±15.0
六	201～500	1/10000	±10.0	1/20000	±30.0
七	≤200	1/5000	±20.0	1/10000	±60.0

桥位三角网基线(边长)观测采用精密量距的方法或测距仪测距的方法，三角网水平角观测采用方向观测法。桥轴线、基线(边长)及水平角观测的测回数应满足表 14-2 的规定。

表 14-2　桥位三角网观测技术要求

等　级	丈量测回数		测距仪测回数		方向观测法测回数		
	桥轴线	基线	桥轴线	基线	J_1	J_2	J_3
五	2	3	2	3	4	6	9
六	1	2	2	2	2	4	6
七	1	1	1~2	1~2	—	2	4

14.2.2　高程控制

桥位的高程控制，一般是在路线基平测量时建立的。当路线跨越水面宽度在 150m 以上的河流、海湾、湖泊时，两岸水准点的高程应采用跨河水准测量的方法建立。桥梁在施工过程中，还必须加设施水准点。所有桥址高程水准点不论是基本水准点还是施工水准点，都应根据其稳定性和应用情况定期检测，以保证施工高程放样测量和以后桥梁墩台变形观测的精度。

检测间隔期一般在标志建立初期应短一些，随着标志稳定性逐步提高，间隔期也逐步加长。桥址高程控制测量采用的高程基准必须与其连接的两端路线所采用的高程基准完全一致，一般多采用国家高程基准。

跨河水准跨越的宽度大于 300m 时，必须参照相关国家水准测量规范，采用精密水准仪观测。

14.3　桥墩、桥台施工测量

14.3.1　墩台定位

在桥梁墩、台的施工过程中，首要的是测设出墩、台的中心位置，其测设数据是根据控制点坐标和设计的墩、台中心位置计算出来的。放样方法则可采用直接测设或交会的方法。

直线桥的墩、台中心位置都位于桥轴线的方向上。墩、台中心的设计里程及桥轴线起点的里程是已知的，如图 14-2 所示，相邻两点的里程相减即可求得它们之间的距离。根据地形条件，可采用直接测距法或交会法测设出墩、台中心的位置。

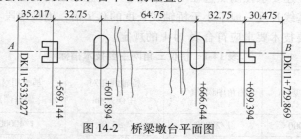

图 14-2　桥梁墩台平面图

（1）直接测距法　直接测距法适用于无水或浅水河道。根据计算出的距离，从桥轴线的一个端点开始，用检定过的钢尺逐段测设出墩、台中心，并附合于桥轴线的另一个端点上。如在限差范围之内，则依据各段距离的长短按比例调整已测设出的距离。在调整好的位置上钉一个小钉，即为测设的点位。

为保证测设精度，施加的拉力应与检定标尺时的拉力相同。在测设出的点位上要用大木桩进行标志，在桩上应钉一小钉，以准确的顺序最好从一端到另一端，并在终端与桥轴线上的控制桩进行校核，也可以从中间向两端测设。按照这种顺序，容易保证每一跨都满足精度要求。只有在不得已时，才从桥轴线两端的控制桩向中间测设，这样容易将误差积累在中间衔接的一跨上，因而一定要对衔接的一跨设法进行校核。直接丈量定位，其距离必须丈量两次以上作为校核。当校核结果证明定位误差不超过 1.5~2cm 时，则认为满足要求。

（2）电磁波测距法　电磁波测距法最为迅速、方便，只要墩、台中心处可以安置反射棱镜，而且测距仪与反射棱镜能够通视，不管中间是否有水流障碍均可采用。若采用全站仪，先算出放样墩、台的中心坐标，测站点可以选在施工控制网的任意控制点上，用直角坐标法或极坐标法进行定位。

测设时应根据当时的气象参数和测设的距离求出气象改正值。对全站仪可将气象参数输入仪器。为保证测设点位准确，常采用换站法校核，即将仪器搬到另一测站重新测设，两次测设的点位之差应满足图 14-3 所示墩台交会法测设要求。

（3）交会法　如果桥墩所在的位置河水较深，无法直接丈量，也不便于采用电磁波测距仪时，则可用角度交会法测设墩位。如果桥墩所在的位置河水较深，无法直接丈量，也不便于采用电磁波测距仪时，则可用角度交会法测设墩位。

用角度交会测设墩位的方法，如图 14-3 所示。它是利用已有的平面控制点及墩位的已知坐标，计算出在控制点上应测设的角度 α、β，将型号为 DJ_2 或 DJ_1 的三台经纬仪分别安置在控制点 A、B、D 上，从三个方向（其中线为桥轴线方向）交会得出。交会的误差三角形在桥轴线上的距离 C_2C_3，对于墩底定位不宜超过 25mm，对于墩顶定位不宜超过 15mm。再由 C_1 向桥轴线作垂线 C_1C，C 点即为桥墩中心。

在桥墩的施工过程中，随着工程的进展，需要多次交会出桥墩的中心位置。为了简化工作，可把交会方向延伸到对岸，用觇牌加固定，如图 14-4 所示。这样在以后交会墩位时，只要照准对岸觇牌即可。为避免混淆，应在相应的觇牌上表示出桥墩的编号。

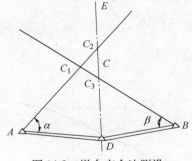
图 14-3　墩台交会法测设

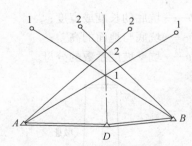
图 14-4　墩台觇牌交会法测设

14.3.2　墩台纵横轴线测设

为了进行墩、台施工的细部放样，需要测设其纵、横轴线。所谓纵轴线是指过墩、台中心平行与线路方向的轴线，而横轴线是指过墩、台中心垂直于线路方向的轴线；桥台的横轴线是指桥台的胸墙线。

直线桥墩、台的纵轴线与线路中线的方向重合，在墩、台中心架设仪器，自线路中线方向测设 90°角，即为横轴线的方向(见图 14-5)。

曲线桥的墩、台轴线位于桥梁偏角的分角线上，在墩、台中心架设仪器，照准相邻的墩、台中心，测设 $\alpha/2$ 角，即为纵轴线的方向。自纵轴线方向测设 90°角，即为横轴线方向(见图 14-6)。

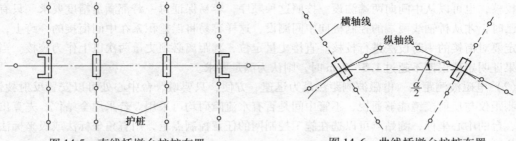

图 14-5 直线桥墩台护桩布置   图 14-6 曲线桥墩台护桩布置

在施工过程中，墩、台中心的定位桩要被挖掉，但随着工程的进展，又要经常需要恢复墩、台中心的位置，因而要在施工范围以外钉设护桩，据以恢复墩台中心的位置。

所谓护桩即在墩、台的纵、横轴线上，于两侧各钉设至少两个木桩，因为有两个桩点才可恢复轴线的方向。为防破坏，可以多设几个。在曲线桥上的护桩纵横交错在使用时极易弄错，所以在桩上一定要注明墩、台编号。

14.3.3 墩台基础及细部施工放样

随着施工的进展，随时都要进行放样工作，但桥梁的结构及施工方法千差万别，所以测量的方法及内容也各不相同。总的来说，主要包括基础放样，墩、台放样及架梁时的测量工作。

中小型桥梁的基础，最常用的是明挖基础和桩基础。明挖基础的构造如图 14-7 所示，它是在墩、台位置处挖出一个基坑，将坑底平整后，再灌注基础及墩身。根据已经测设出的墩中心位置，纵、横轴线及基坑的长度和宽度，测设出基坑的边界线。在开挖基坑时，如坑壁需要有一定的坡度，则应根据基坑深度及坑壁坡度设出开挖边界线。D(见图 14-8)按下式计算

$$D = \frac{b}{2} + hm \qquad (14-1)$$

式中 b——坑底的长度或宽度；

  h——坑底与地面的高差；

  m——坑壁坡度系数的分母。

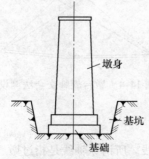

图 14-7 明挖基础构造

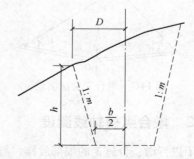

图 14-8 边坡桩至墩台轴线的距离示意图

如图 14-9 所示，它是在基础的下部打入基桩，在桩群的上部灌注承台，使桩和承台连成一体，再在承台以上修筑墩身。基桩位置的放样如图 14-10 所示，它是以墩、台的纵、横轴线为坐

标轴，按设计位置用直角坐标法测设。在基桩施工完成以后，承台修筑以前，应再次测定其位置，以作竣工资料。

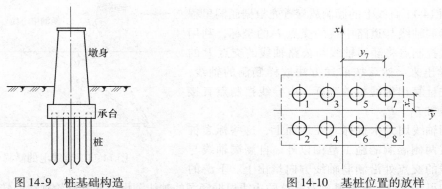

图 14-9　桩基础构造　　　　　　　图 14-10　基桩位置的放样

明挖基础的基础部分、桩基的承台以及墩身的施工放样，都是先根据护桩测设出墩、台的纵、横轴线，再根据轴线设立模板。在模板上标出中线位置，使模板中线与桥墩的纵、横轴线对齐，即为其应有的位置。

墩、台施工中的高程放样，通常都在墩、台附近设立一个施工水准点，根据这个水准点以水准测量方法测设各部分的设计高程。但在基础底部及墩、台的上部，由于高差过大，难以用水准尺直接传递高程时，可用悬挂钢尺的办法传递高程。

架梁是建造桥梁的最后一道工序。无论是钢梁还是混凝土梁，都是预先按设计尺寸做好，再运到工地架设。

梁的两端是用位于墩顶的支座支撑，支座放在底板上，底板则用螺栓固定在墩、台的支承垫石上。架梁的测量工作，主要是测设支座底板的位置，测设时也是先设计出它的纵、横中心线的位置。支座底板的纵、横中心线与墩、台纵横轴线的位置关系是在设计图上给出的。因而在墩、台顶部的纵横轴线设出以后，即可根据它们的相互关系，用钢尺将支座底板的纵、横中心线设放出来。

14.4　涵洞施工测量

公路工程中桥梁和涵洞按跨径划分，单孔跨径小于 5m，多孔跨径总长小于 8m 均为涵洞（管涵和箱涵无论孔径大小均称为涵洞）。涵洞施工测量和桥梁施工测量方法大体相似，不同的是涵洞属于小型构造物，无需单独建立施工控制网，直接利用道路导线控制点即可进行放样工作。

涵洞施工放样工作大体为放样涵洞的轴线，以确定涵洞的平面位置；放样涵洞的进、出口高程，使之符合设计坡度的要求；在此基础上放样涵洞的细部位置；涵洞洞口附属测设放样。

在进行涵洞放样前，应研究设计图，找出涵洞的中心里程和涵洞的布置形式及各部尺寸，再到实地进行放样。

涵洞施工测量时要首先放出涵洞的轴线位置，即根据设计图上涵洞的里程，放出轴线与路线中线的交点，并根据涵洞轴线与路线中线的夹角，放出涵洞的轴线方向。

放样直线上的涵洞时，依涵洞的里程，自附近测设的里程桩沿路线方向量出相应的距离，即得涵洞轴线与路线中线的交点 P。若涵洞位于曲线上，则采用曲线测设的方法定出涵洞与路线中线的交点 P。依地形条件，涵洞轴线与路线有正交的，也有斜交的。将经纬仪安置在涵洞轴线与路线中线的交点 P 处，测设出已知的夹角 θ，即得涵洞轴线的方向。在涵洞轴线方向上定设轴线

桩 P_1、P_2、P_3、P_4，如图 14-11 所示。

如采用全站仪在导线点上放样，如图 14-11 所示，则图 14-11 直线上的涵洞放样首先根据涵洞里程计算出涵洞轴线与道路中线的交点 P 的坐标，利用公路导线控制点将涵洞轴线与公路轴线的交点 P 的位置放样出来，然后按前述方法放样涵洞的轴线，也可以先计算出轴线桩的坐标，由导线控制点直接放出轴线桩 P_1、P_2、P_3、P_4。

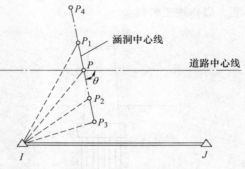

图 14-11　直线上的涵洞放样

涵洞轴线用大木桩标志在地面上，这些标志桩应在路线两侧涵洞的施工范围以外。自涵洞轴线与路线中线的交点处沿涵洞轴线方向量出上、下游的涵长，即得涵洞口。涵洞基础及基坑的边线根据涵洞的轴线测设，在基础轮廓线的转折处都要钉设木桩，如图 14-12a 所示。为了开挖基础，还要根据开挖深度及土质情况定出基坑的开挖界线，即所谓的边坡线。在开挖基坑时很多桩都要挖掉，所以通常都在离基础边坡线 1～1.5m 处设立龙门板，然后将基础及基坑的边线用线绳及垂球投放在龙门板上，并用小钉加以标志。当基坑挖好后，再根据龙门板上的标志将基础边线投放到坑底，作为砌筑基础的根据，如图 14-12b 所示。

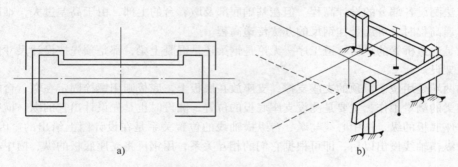

图 14-12　涵洞基础及基坑

在基础砌筑完毕，安装管节或砌筑墩台身及端墙时，各个细部的放样仍以涵洞的轴线作为放样的依据，即自轴线及其与路线中线的交点，量出各有关的尺寸。涵洞细部高程放样，一般是利用附近的水准点用水准仪测设或采用光电测距仪三角高程测量的方法进行。

涵洞施工测量的精度要求比桥梁施工测量的低。在平面放样时，主要是保证涵洞轴线与公路轴线保持设计的角度，即控制涵洞的长度。在高程放样时，要控制洞底与上、下游的衔接，保证水流顺畅，不要造成洞底积水，保证洞底纵坡与设计图一致。

14.5　防护工程与大坝施工测量

14.5.1　防护支挡工程施工测量

公路路基在水流、波浪、雨水、风力及冰冻等自然因素影响下可能导致边坡坍塌、路基损坏等病害。为保证路基稳定，除做好排水设施外，还必须根据当地条件，因地制宜地采用经济合理的防护、加固措施。路基防护与加固工程按其作用，可以分为坡面防护、冲刷防护和支挡构造物三大类，坡面防护包括植物防护和工程防护，其施工测量的方法与路基施工方法相同。冲刷防护分为直接防护和间接防护两种类型。直接防护主要有砌石护坡和抛石，如图 14-13 所示。

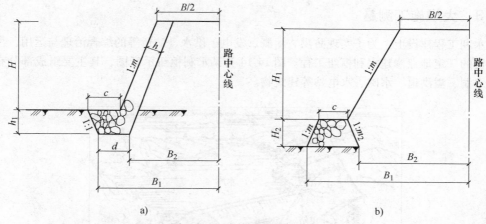

a)　　　　　　　　　　　　b)

图 14-13　防护工程施工放样

对于图 14-13a 中，砌石防护基底两点距离中线的横距分别为

$$B_1 = \frac{B}{2} + Hm + c - h_1 \tag{14-2}$$

$$B_2 = B_1 - d \tag{14-3}$$

式中　B——路基宽度；

　　　　H——路基高度；

　d、h_1——护墙墙脚砌石的基底宽度和高度；

　　　　h——护墙厚度；

　　　　c——墙脚砌石顶外露宽度；

　B_1、B_2——墙脚基底外侧和内侧至路基中心的宽度。

对于图 14-13b 中，砌石基底两点距离中线的中点距离分别为

$$B_1 = \frac{B}{2} + H_1m + c + H_2m_1 \tag{14-4}$$

$$B_2 = \frac{B}{2} + H_1m - H_2m_2 \tag{14-5}$$

式中　H_1——砌石顶至路基顶高度；

　　　　H_2——砌石高度。

施工测量时分别从中线对应的中桩处沿横断面方向量取 B_1、B_2 值，即可放样出基底的平面位置，然后用水准仪测量基底标高以确定是否达到设计标高。基底平面位置的坐标也可用对应的中桩坐标和横距值计算出，然后用全站仪按坐标法进行放样。间接防护也称导治构造物，形式有丁坝、顺坝；其位置可依据路线中线位置放样，或依据其设计坐标放样。

支挡构造物的类型有各种挡土墙、垒石、填石、石垛等，其施工测量方法与石砌护坡的施工放样方法基本相同。

14.5.2　排水设施施工测量

路基排水设施有边沟、截水沟、排水沟、跌水、急流槽、蒸发池、明沟、暗沟（管）、渗沟及渗井，施工放样前一般首先计算出这些排水设施平面中线或轴线与路基中线的相对位置关系，

如横距或坐标等，施工放样时可根据路基中线位置放样出排水设施的中（轴）线，然后用水准仪按设计高程值放样排水设施的施工标高。

14.5.3 大坝施工测量

在水利工程建设上，为了实现防洪、灌溉、发电、供水、航运等的综合治理与运用，往往需要在河道的一定地点修建水利枢纽工程。图 14-14 为某水利枢纽示意图，其主要组成部分有拦水坝、泄水洞、溢洪道、水闸、水电站等建筑物。

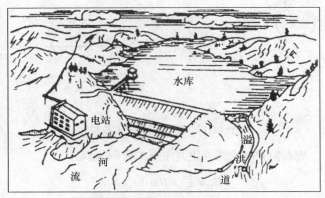

图 14-14 某水利枢纽示意图

水工建筑物施工测量的主要任务，是将水工建筑物按一定的设计要求测设到实地上去，为施工提供依据。

1. 土（石）坝控制测量

拦水坝是重要的水工建筑物，按筑坝材料不同可分为土坝、堆石坝、土石混合坝、浆砌石坝、混凝土坝等。修建大坝按施工顺序需进行下列测量工作：布设平面和高程基本控制网，控制整个工程的施工放样；确定坝轴线和布设控制坝体细部放样的定线控制网；清基开挖线和坡脚线的放样；坝体细部放样等。对于不同筑坝材料及不同坝型施工放样的精度要求有所不同，内容也有些差异，但施工放样的基本方法大同小异。下面主要介绍土（石）坝施工放样的主要内容及基本方法。

（1）坝轴线的确定 坝轴线的确定有两种情况：

1）对于中、小型土（石）坝的轴线，一般是由工程设计人员和勘测人员组成选线小组，深入现场进行实地踏勘，根据当地的地形、地质和建筑材料等条件，经过方案比较，直接在现场选定，在河流两岸打标志桩。

2）对于大型土（石）坝，一般由选线小组经过现场踏勘、图上规划等多次调查研究和方案比较，确定建坝的位置，并在坝址地形图上结合枢纽的整体布置，将坝轴线标于地形图上，如图 14-15 中的 M_1、M_2。这时，因为施工控制点 A、B 以及坝轴线两端点 M_1 和 M_2 的坐标均为已知，据此可算出交会角 β_1、β_2 和 β_3、β_4，然后安置经纬仪于 A、B 点，用角度交会法把 M_1 和 M_2 放样到地面上。

坝轴线的两端点在现场标定后，应埋设永久性标志。为防止施工时端点被破坏，应将坝轴线的端点延长到两侧

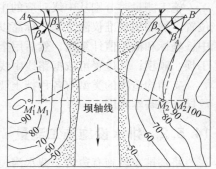

图 14-15 坝轴线测设示意图

山坡上，如图 14-15 中的 M_1' 和 M_2'。

（2）平行于坝轴线的控制线的测设　平行于坝轴线的控制线可布设在坝顶上下游线、上下游坡面变化处以及下游马道中线处；也可按一定间隔布设（如 10m、20m、30m 等），以便控制坝体的填筑和进行收方。测设平行于坝轴线的控制线时，分别在坝轴线的端点 M_1 和 M_2 安置经纬仪，用测设 90°的方法各作一条垂直于坝轴线的横向基准线（见图 14-16），然后沿此基准线量取各平行控制线距坝轴线的距离，得各平行线的位置，用方向桩在实地标定。

（3）垂直于坝轴线的控制线的测设　垂直于坝轴线的控制线一般按 10～30m 间距设置，测设方法如下：

1）在坝轴线一端找出坝顶与地面的交点，作为零号桩，其桩号为 0+000，如图 14-17 所示。测设方法为：在 M_1 点安置经纬仪，瞄准另一端点 M_2，定出坝轴线方向，用高程放样的方法，使水准尺在经纬仪视线（坝轴线）上移动，当水准仪测得的高程为坝顶高程时，立尺点即为零号桩。

2）由零号桩起，用经纬仪定线，沿坝轴线方向按选定的间距（图 14-16 中为 30m）丈量距离，顺序打下各里程桩，直到另一端坝顶与地面的交点为止。

3）将经纬仪分别安置在各里程桩上，瞄准 M_1 或 M_2，转 90°即定出垂直于坝轴线的一系列平行线，并在上下游施工范围以外用方向桩标定在实地上，作为测量横断面和放样的依据，这些桩也称为横断面方向桩（见图 14-16）。

（4）高程控制网的布设　用于土石坝施工放样的高程控制，可由若干永久性水准点组成基本网和临时作业水准点两级布设。基本网布设在施工范围以外，并应与国家水准点连测，组成闭合或附合水准路线（见图 14-17），用三等或四等水准测量的方法施测。

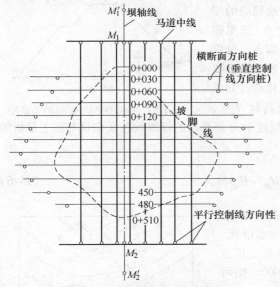

图 14-16　土坝坝身控制线示意图

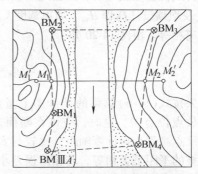

图 14-17　土坝高程基本控制网

临时水准点直接用于坝体的高程放样，布置在施工范围以内不同高度的地方，并尽可能做到安置 1～2 次仪器就能放样高程。临时水准点应根据施工进度及时设置，附合到永久水准点上，一般按四等或五等水准测量的方法施测，并根据永久水准点定期进行检测。

2. 土（石）坝施工测量

（1）清基开挖线的测设　清基开挖线即坝体和自然地面的交线。在大坝填筑之前，为使坝体与基岩很好结合，应清除坝体范围内的自然表土，为此必须标出清基范围。清基开挖线的放样精度要求不高，可用图解法求得放样数据在现场放样。具体步骤如下：先测定坝轴线上各里程桩的高程，再在每一里程桩进行横断面测量，绘出横断面图，最后在各横断面图上套绘相应的坝体设计断面，从图上量出两断面线交点至里程桩的平距（如图 14-18 中的 d_1 和 d_2），然后到实地去，沿着相应的断面方向从里程桩量出这段平距，即定出交点的实地位置。将各断面上的清基开挖点连接起来就是清基开挖线（见图 14-19）。由于清基开挖有一定的深度，为防止塌方，应放一定的坡度，因此实际开挖线应根据土质情况从清基范围向外放宽 1～2m，撒上白灰标明。

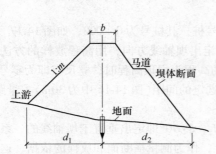

图 14-18　横断面图上套绘坝体设计断面示意

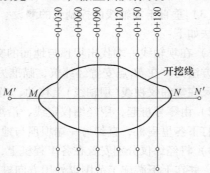

图 14-19　确定坝体清基开挖线示意图

（2）坡脚线测设　坝址清基完工后，为了实地标出填土的范围，还应标出坝体与清基后地面的交线，即坡脚线。下面介绍两种测设方法。

1）横断面法。采用此种方法应首先恢复被破坏的里程桩，并测量其新的横断面，在新测的断面图上套绘相应的坝体设计断面，在图上量出坡脚点（即两断面线交点）至里程桩平距，根据此平距即可到实地上放出相应的坡脚点，分别连接上下游坡脚点即得上下游坡脚线。因坡脚线放样精度要求较高，用此法放出的坡脚线是否准确必须加以检验。如果所定坡脚线位置是正确的，则在此点立尺测得其高程 H_s 后，根据 H_s 及坝顶设计高程 $H_{顶}$、坝顶宽度 b 和坝面坡度 $1:m$ 所算得的坝脚轴距 d_s 应该与图上量得的放样距离相等。由图 14-20 知

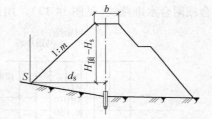

图 14-20　检验坝脚线放样的关系图

$$d_s = \frac{b}{2} + (H_{顶} - H_s)m \tag{14-6}$$

如果按式（14-6）算得的 d_s 和图上量得的平距不相等，说明所放点位有误。这时，应该在断面方向移动水准尺，测定立尺点高程，再计算轴距，比较与实地量得此立尺点至里程桩的平距是否相等，若相对误差小于 1/1000，则可确定此立尺点为坡脚点。

2）平行线法。此法是设置若干条与坝轴线平行的方向线，根据各条方向线与坝坡面相交处的高程，在地面上找出坡脚点，然后在方向线的两端埋设混凝土桩作为坡脚点的标记。如图 14-21 所示，AA' 为平行于坝轴线的方向线，距坝顶边线 20m，若坝顶高程为 80m，边坡为 1:2，则 AA' 方向线与坝坡面相交的高程为 $80 - \frac{1}{2} \times 20 = 70$m。放样

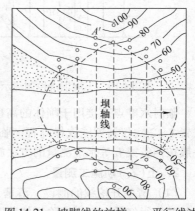

图 14-21　坡脚线的放样——平行线法

时将经纬仪安置在 A 点，瞄准 A' 定出方向线，用水准仪在经纬仪视线内探测高程为 70m 的地面点，就是所求的坡脚点。将每条方向线所测得的坡脚点连接起来，即为坡脚线。

（3）边坡测设 坝体坡脚线放出后，就可填土筑坝，为了标明上料填土的界线，每当坝体升高 1m 左右，就要用桩（称为上料桩）将边坡的位置标定出来。标定上料桩的工作称为边坡测设。施工中常采用坡度尺法或轴距杆法。

1）坡度尺法。坡度尺是根据坝体设计的坡度用木板制成的三角板，设坝坡为 $1:m$，则坡度尺的两个直角边分别为 1m 和 mm。在坡度尺的长直角边上安置一个水准管，放样时如图 14-22 所示，将小绳一端系于坡脚桩上，另一端系于竖立的竹竿上，牵引绳子，将坡度尺的斜边紧贴在绳子上，当水准管气泡居中时，绳子的坡度便等于坝体的设计坡度，即可按此绳填土。

2）轴距杆法。根据坝体的设计坡度，按式（14-6）可以标出一定高程位置上的坝面点至坝轴线的平距（即轴距）。根据轴距即可定出上料桩的位置，检查填筑的坝坡是否合乎设计要求。但这个轴距是竣工后的坝面轴距，上料时必须根据所用土料和压实方法的不同，加大铺土范围，使经过压实和修整后的坝面恰好是设计的坝面。放样之前，测量人员可以先编制一份上料桩轴距一览表，此表按高程每隔 1m 计算一值。但因填土时里程桩会被掩盖掉，不便从里程桩量距放样。为此，必须在填土范围之外预设一排竹竿，使其离开坝轴线的平距为 5mm，这排竹竿叫轴距杆，如图 14-23 所示。如果欲定轴距为 D 的上料桩，则从轴距杆向内量取 $5n-D$ 的距离即可。

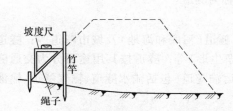

图 14-22 用坡度尺法标定上料桩的示意

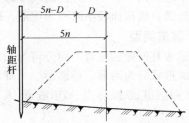

图 14-23 用轴距杆法标定上料桩示意图

随着坝体升高，轴距杆可以逐渐向坝轴线移近，以便量距放样。但移动后仍应与坝轴线保持整数距离。

（4）坡面修整测量 坝体修筑到设计高程后，要根据设计坡度修整坝坡面，使其符合设计要求。为此，必须测定各处削坡的厚度，测定的方法是：在坝坡面上每隔一定距离测设一条与坝轴线平行的直线，根据平行线的轴距 D，设计坡度 $1:m$ 和坝顶宽 b，按下式计算其设计高程，即

$$H_i = H_顶 - \frac{1}{m}\left(D - \frac{b}{2}\right) \tag{14-7}$$

再用水准仪检测平行线上各点，测得的高程与设计高程之差即为削坡厚度，在相应点上打一木桩，将削坡厚度用红漆注明在木桩的侧面。

思考题与习题

14-1 桥梁测量的主要内容分哪几部分？桥位测量的目的是什么？

14-2 什么是测角网？什么是测边网？什么是边角网？各有什么优缺点？

14-3 涵洞施工测量的主要任务是什么？

14-4 什么是墩、台施工定位？简述墩、台位施工定位的常用方法。

14-5 简述涵洞轴线放样的方法。

第15章　隧道测量

【重点与难点】

重点： 1. 隧道测量平面控制网和高程控制网的建立。

　　　　2. 隧道洞外与洞内的竖井联系测量。

　　　　3. 隧道开挖过程中的施工测量与放样。

难点： 隧道贯通时的施工测量与误差预计。

15.1　概述

15.1.1　公路隧道

位于地表以下，一个方向的尺寸远大于另两个方向的尺寸，两端起联通作用功能的人工建筑物称为地道。横截面较小时称为坑道，横截面较大时称为隧道。

1. 隧道类型

隧道按其所处的位置不同分可为山岭隧道、水下隧道（河底和海地）及城市隧道等；隧道按其横断面形状分为圆形、椭圆形、马蹄形、眼镜形（孪生形）等；隧道按其用途可分为交通隧道（包括公路隧道、铁路隧道、城市隧道、人行隧道等）和运输隧道（包括输水隧道、输气隧道、输液隧道等）。

公路隧道一般指的是山岭隧道。为了克服地形和高程上的障碍（如山梁、山脊、垭口等），以改善和提高拟建公路的平面线形和纵坡，缩短公路里程，或为避免山区公路的各种病害（如滑坡、崩坍、岩堆、泥石流等不良地质地段），以保护生态环境，必须修建公路隧道。尤其是在高等级公路建设中，为了符合各等级公路的有关技术标准，常常必须修建隧道。

公路隧道按其长度的不同分为四类，见表15-1。隧道长度指进出口洞门端墙之间的水平距离，即两端端墙面与路面的交线同路面线中线交点间的距离。这种分类的目的，主要是为了以各种隧道的长度，确定有关的设计和施工的技术要求和规定，以及不同的设计深度，从而达到简化的目的。尽管隧道有各种用途、不同长度及横断面形状，但其构造大体相同，由主体建筑物和附属建筑两大部分组成。

表 15-1　公路隧道的分类

隧道分类	特长隧道	长隧道	中隧道	短隧道
隧道长度 L/m	$L > 3000$	$1000 \leqslant L < 3000$	$500 \leqslant L \leqslant 1000$	$L \leqslant 500$

2. 隧道组成与结构

隧道是地下工程结构物，为保持坑道内岩体稳定，保障交通安全，需要修筑主体建筑物和附属建筑物。前者包括洞身衬砌和洞门，后者包括通风、照明、防排水、安全设施等。洞身衬砌的作用是承受围岩压力、结构自重和其他荷载，防止围岩塌落、风化、防水、防潮等。洞门的主要作用是防止洞口塌方落石、保持仰坡和边坡稳定。通风、照明、防排水、安全设施等的作用是确保行车的安全性和舒适性。

3. 隧道设计阶段

一般地，特长隧道和对路线有控制作用的长隧道，以及地形、地质状况比较复杂的隧道，在勘测设计上采用两阶段设计，隧道的测量工作也包括初测和定测两个阶段。

（1）初测的主要任务和要求　初测的主要任务是根据隧道选线的初步结果，在选定的隧道线位走廊带进行控制测量、地形测量、纵断面测量，为地质填图和隧道的深入研究和设计提供点位参数、地形图条件及技术说明。初测的基本要求是：

1）布设控制点，进行控制测量。隧道控制测量必须与路线控制测量进行衔接，为路线与隧道形成系统一致的整体提供基本保证。

2）按隧道选定方案进行带状地形图测量。带宽一般为 200 ~ 400m（视具体需要可加宽）。

3）按隧道中线地面走向测量纵断面图。用于测量纵断面图的里程桩（包括地形加桩）应预先测设在隧道中线上。

（2）定测的主要任务　根据批准的初步设计文件确定隧道洞口位置，测定隧道洞口上面的隧道路线，进行洞外控制测量。

15.1.2　隧道施工测量

1. 隧道施工测量的任务

隧道施工测量的任务是保证隧道各施工洞口相向开挖能够正确贯通，并使各建筑物按设计位置和尺寸修建，不得侵入限界。其中保证隧道横向贯通精度是隧道施工测量的关键。

2. 隧道施工测量的内容

隧道施工测量包括施工前洞外控制测量、施工中洞内测量及竣工测量。施工中洞内测量又包括洞内控制测量、施工中线测量、高程测量、断面测量及衬砌施工放样测量等。

1）地面（洞外）控制测量。在地面上建立平面和高程控制网。

2）联系测量。将地面上的坐标、方向和高程传到地下，建立地面地下统一坐标系统。

3）地下控制测量。包括地下平面与高程控制。

4）隧道施工测量。根据隧道设计进行放样、指导开挖及衬砌的中线及高程测量。

3. 测量工作的作用

1）在地下标定出地下工程建筑物的设计中心线和高程，为开挖、衬砌和施工指定方向和位置。

2）保证在两个相向开挖面的掘进中，施工中线在平面和高程上按设计的要求正确贯通，保证开挖不超过规定的界线，保证所有建筑物在贯通前能正确地修建。

3）保证设备的正确安装。

4）为设计和管理部门提供竣工测量资料等。

贯通误差应符合 JTG C10—2007《公路勘测规范》的要求。

15.2　隧道控制测量

隧道施工测量首先要建立洞外平面和高程控制网，每一开挖洞口附近都应设平面控制点及水准点，这样将各开挖面联系起来，作为开挖放样的依据。

15.2.1　洞外平面控制测量

洞外平面控制测量的主要任务，是测定相向开挖洞口各控制点的相对位置，并和路线中线联系，以便根据洞口控制点进行开挖，使隧道按设计的方向和坡度以规定的精度贯通。洞外平面控制测量一般采用中线法、导线法、三角测量法等方法。由于 GPS 定位系统的广泛应用，GPS 也已用于隧道施工的洞外控制测量。

1. 中线法

中线法是在隧道洞顶地面上用直线定线方法，把隧道中线，每隔一定距离用控制桩精确地标定在地面上，作为隧道施工引测进洞的依据。

如图 15-1 所示，A、B 为定测时路线的中线点（也是洞口控制桩），C、D、E 为洞顶地面的中线点。

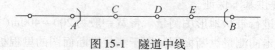

图 15-1　隧道中线

施工时，分别在 A、B 安仪器，从 AC、BE 方向延伸到洞内，作为隧道的掘进方向。

该法宜用于隧道较短、洞顶地形较平坦，且无较高精度的测距设备的情况下。但必须反复测量，防止错误，并要注意延伸直线的检核。中线法的优点是中线长度误差对贯通的横向误差几乎没有影响。

2. 导线法

隧道洞外导线测量与路线导线测量方法相同，但它的精度要求较高，导线布设必须按照隧道建筑的要求来确定。当洞外地形复杂，量距又特别困难时，主要采用光电测距导线作为洞外控制的方法。

如图 15-2 所示，A、B 分别为进口点和出口点，1、2、3、4 点为导线点。施测导线时尽量使导线为直伸形，减少转折角，使测角误差对贯通的横向误差减小。

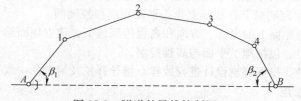

图 15-2　隧道的导线控制网

3. 三角测量法

当隧道较长地形起伏多变，不便用导线法作洞外平面控制时，常采用三角测量法。

隧道小三角测量选点布网的原则和方法如下：隧道三角网一般布置成与路线同一方向延伸的三角锁。隧道全长及各进洞点均包括在控制范围内，三角点应分布均匀，并考虑施工引测方便和使误差最小。隧道三角锁的图形，取决于隧道中线的形状、施工方法及地形条件。

直线隧道以单锁为主，三角点尽量靠近中线。条件许可时，可利用隧道中线为三角锁的一边，以减少测量误差对横向贯通的影响。

曲线隧道的三角锁以沿两端洞口的连线方向布设较为有利，较短的曲线隧道可布设成中点多边形锁；较长的曲线隧道，包括一部分是直线，一部分是曲线的隧道，可布设成任意三角形锁。

三角锁作为隧道洞外的控制网，必须要测量高精度的基线，测角精度要求也较高，一般长隧道测角精度为 $\pm 2''$ 左右，起始边精度要达到 1/300000。用三角锁作为控制网，最好将三角锁布设成直伸形，并且用单三角构成，使图形尽量简单。这时边长误差对贯通的横向误差影响大为削弱，如图 15-3 所示。

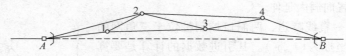

图 15-3　隧道的单三角锁控制网

4. 用 GPS 定位系统建立控制网

利用 GPS 定位系统建立洞外的隧道施工控制网，由于无需通视，故不受地形限制，减少了工作量，提高了速度，降低了费用，并能保证施工控制网的精度。

如图 15-4 所示，A、B 点分别为隧道的进口点和出口点，AC 和 BF 为进口和出口的定向方向，必须通视。ACDFEB 组成 4 个三角形。如果需要与国家高级控制点连测，可将两个高级点与该网组成整体网，或连测一个高级点和给出一个方位角。

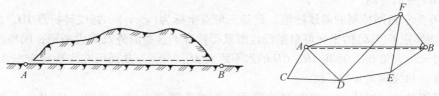

图 15-4　隧道施工控制网

GPS 网首先获得的是 WGS—84 坐标系的成果，应将其转换为以 A 点子午线为中央子午线，以 A、B 平均高程为投影面的自由网的坐标数据，然后进行平差计算，从而获得控制网的成果。

在 GPS 控制网数据处理时，注意用水准测量连测一部分 GPS 点高程，以便进行高程拟合，从而使 GPS 点具有较高精度高程，以满足隧道贯通的高程要求。

15.2.2　地面高程控制测量

隧道高程控制测量的任务，是按照规定的精度，施测隧道洞口附近水准点的高程。根据两洞口点间的高差和距离，可以确定隧道底面的设计坡度，并按设计坡度控制隧道底面开挖的高程。

一次相向贯通的隧道，在贯通面上对高程要求的精度为 ±25mm，对地面高程控制测量分配的影响值为 ±18mm，分配到洞内高程控制的测量影响值是 ±17mm。根据上述精度要求，按照路线的长度确定必要的水准测量的等级。

水准路线应选择在连接两端洞口最平坦和最短的地段，以达到设站少、观测快、精度高的要求。水准路线应尽量直接经过辅助坑道附近，以减少联测工作。每一洞口埋设的水准点应不少于两个。两个水准点间的高差，以能安置一次水准仪即可联测为宜，两端洞口之间的距离大于 1km 时，应在中间增设临时水准点，水准点间距以不大于 1km 为宜。洞外高程控制通常采用三、四等水准测量方法，往返观测或组成闭合水准路线进行施测。水准点应埋设在坚实、稳定和避开施工干扰之处。

地面水准测量等级选定及技术要求，可参见第 6 章控制测量及相关规范的有关规定。

15.2.3　路线引测进洞数据的计算

洞外平面和高程控制测量完成后，就要进一步把相向开挖洞口附近的路线中线点（各洞口最少两个中线点），用平面和高程控制网精确求得它们的坐标和高程，同时计算洞内待定点的设计坐标。按坐标反算的方法，可求出这些洞内待定点和调外控制点之间的距离和夹角关系，根据这些数据，就可以用极坐标法或其他方法指导进洞的开挖方向，并测设洞内待定点的点位，从而使隧道中线按设计位置向洞内延伸。

图 15-5 所示为一直线隧道，两洞口控制桩位于三角网的
两端，各三角点的坐标为 (x_i, y_i)。其引进数据的计算是要算
出隧道中线与某一已知边的夹角 β_1、β_2 和 AB 的水平距离 D_{AB}。

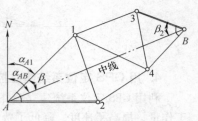

$$\beta_1 = \alpha_{AB} - \alpha_{A1}$$
$$\beta_2 = \alpha_{B3} - \alpha_{AB} \tag{15-1}$$

图 15-5　直线隧道

式（15-1）中 $\alpha_{AB} = \arctan \dfrac{y_B - y_A}{x_B - x_A}$，可同理计算 α_{A1}、α_{B3}。

$$D_{AB} = \sqrt{(x_B - x_A)^2 + (y_B - y_A)^2} \tag{15-2}$$

在实地置仪器于 A 点后视 1 点，拨角 β_1 即为 AB 进洞方向；同样置仪器于 B 点后视 3 点，拨
角 β_2 即为 BA 进洞方向。

图 15-6 为三角网控制的曲线隧道，设各三角点坐标为 (x_i, y_i)，路线转折点 JD、曲线起点 B
（ZH）、曲线终点 C（HZ）的坐标可根据设计图求得。有了这些洞外及洞内坐标，同样按坐标反算
的方法，可求得夹角 β_1、β_2 和 AB、CD 的水平距离 D_{AB}、D_{CD}。从而可在实地标定出 AB 及 CD 的
进洞开挖方向和控制其开挖长度。

对设有辅助坑道的隧道，如图 15-7 所示，为一直线隧道上设一横洞，A、B 为正洞洞口控制
点，C、D 为横洞洞口控制点，其坐标均为已知。引进数据的计算，主要是算出 CD 与正洞中线
的交角 β_2；C（或 D）点到正洞与横洞交点 E 的距离和 A 点到 E 点的距离等。

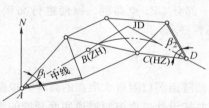

图 15-6　曲线隧道

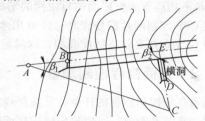

图 15-7　设有横洞隧道

在得出掘进方向以后，要埋设若干个固定桩，
把进洞点和掘进方向标定于地面上。如图 15-8 所
示，用 1、2、3、4 桩标定掘进方向，再在大致垂
直于掘进方向上埋设 5、6、7、8 桩，掘进方向桩
要用混凝土桩或石桩，埋设在施工过程中不受损

图 15-8　进洞点标定

坏、不被扰动的地方，并量出进洞点 A 到 2、3、6、7 等桩的距离。有了方向桩和距离数据，在
施工过程中可随时检查或恢复进洞点的位置。

15.3　竖井联系测量

15.3.1　竖井联系测量的任务

在隧道施工中，常用竖井在隧道中间增加掘进工作面，从多面同时掘进，可以缩短贯通段的
长度，提高施工进度。这时，为了保证相向开挖面能正确贯通，就必须将地面控制网中的坐标、
方向及高程，经由竖井传递到地下去。这些传递工作称为竖井联系测量。其中坐标和方向的传

递，称为竖井定向测量。通过定向测量，使地下平面控制网与地面上有统一的坐标系统，通过高程传递则使地下高程系统获得与地面统一的起算数据。

按照地下控制网与地面上联系的形式不同，定向的方法可分为以下四种：经过一个竖井定向（简称一井定向）；经过两个竖井定向（简称两井定向）；经过横洞（平坑）与斜井的定向；应用陀螺经纬仪定向。

竖井的联系测量可通过一个井筒，也可同时通过两个井筒进行。这种联系测量是利用地上、地下控制点之间的几何关系将坐标、方向和高程引入地下，故称几何定向。

由于陀螺仪技术的飞速发展，在导航和测量工作中已被广泛应用。陀螺仪质量轻、体积小，精度高，使用方便，在隧道联系测量工作中，是一种经济、快速、影响小的现代化定向仪器。

高程联系测量是将地面高程引入地下，又称为导入高程。

15.3.2　几何定向

1. 一井定向

一井定向是在井筒内挂两根钢丝，钢丝的上端在地面，下端投到定向水平。在地面测算两钢丝的坐标，同时在井下与永久控制点连接，如此达到将一点坐标和一个方向导入地下的目的。定向工作分投点和连接测量两部分。

（1）投点　投点所用垂球的质量与钢丝的直径随井深而异。井深小于 100m 时，垂球质量为 30 ~ 50kg；井深大于 100m 时，垂球质量为 50 ~ 100kg。钢丝的直径大小决定于垂球的质量。例如，钢丝直径 $\phi = 1.0mm$，悬挂垂球质量可达 90 ~ 100kg；$\phi = 2.0mm$，悬挂垂球质量可达 360 ~ 370kg。投点时，先用小垂球（2kg）将钢丝下放井下，然后换上大垂球；并置于油桶或水桶内，使其稳定（见图 15-9）。

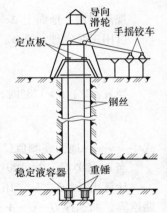

图 15-9　竖井定向

由于井筒内受气流、滴水的影响，使垂球线发生偏移和不停地摆动，故投点分稳定投点和摆动投点。稳定投点是指垂球的摆动振幅不大于 0.4mm 时，即认为垂球线是稳定的，可进行井上井下同时观测；垂球摆动振幅大于 0.4mm 时，则按照观测摆动的幅度求出静止位置，并将其固定。

（2）连接测量　同时在地面和定向水平上对垂球线进行观测，地面观测是为了求得两垂球线的坐标及其连线的方位角；井下观测是以两垂球的坐标和方位角测算导线起始点的坐标和起始边的方位角。连接测量的方法很多，但普遍使用的是连接三角形法。

如图 15-10 所示，D 点和 C 点分别为地面上近井点和连接点。A、B 为两垂球线，C'、D' 和 E' 为地下永久导线点。在井上下分别安置经纬仪于 C 和 C' 点，观测 φ、ψ、γ 和 φ'、ψ'、γ'。测量边长 a、b、c 和 CD，以及井下 a'、b'、c' 和 C'、D'。由此，在井上下形成以 AB 为公共边的 $\triangle ABC$ 和 $\triangle ABC'$。由图可以看出：已知 D 点坐标和 DE 边的方位角，观测三角形的各边长 a、b、c 及 γ 角，就可推算井下导线起始边的方位角和 D' 点的坐标。

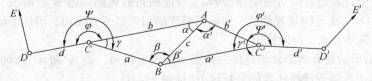

图 15-10　用连接三角形法在井下定向

选择 C 和 C' 时应满足以下要求：CD 和 $C'D'$ 长度应大于 20m；C 和 C' 点应尽可能在 AB 的延长线上，即 γ、α 和 γ'、β' 不应大于 2°；b/c、b'/c 一般应小于 1.5，即 C 和 C' 应尽量靠近垂球线。

水平角的观测要求见表 15-2。

表 15-2　水平角的观测要求

仪器级别	水平角观测方法	测回法	测角中误差	半测回零差	各测回互差	重新对中测回间互差
DJ$_2$	全圆方向观测法	3	±6″	12″	12″	72″
DJ$_6$	全圆方向观测法	6	±12″	30″	30″	72″

量边要使用检验过的钢尺，施加标准拉力和测记温度。用钢尺从不同起点丈量 6 次，读至 0.5mm，观测值互差不大于 2mm，取其平均值作为最后结果。井上、井下同时量得两垂球线之间的距离之差不得大于 2mm。

（3）内业计算　在 $\triangle ABC$ 和 $\triangle ABC'$ 两个三角形中，c 和 $c'c$ 为直接丈量的边长，同时，也可用余弦定理进行计算，即

$$c_{算}^2 = a^2 + b^2 - 2ab\cos\alpha，\quad c_{算}'^2 = a'^2 + b'^2 - 2a'b'\cos\alpha'$$

因此，观测值有一差值，即

$$\Delta c = c_{测} - c_{算}，\quad \Delta c' = c_{测}' - c_{算}'$$

规范规定：地面上 Δc 不应超过 ±2mm；地下 $\Delta c'$ 不应大于 ±4mm。

可用正弦定理计算 α、β，即

$$\sin\alpha = \frac{a}{c}\sin\gamma，\quad \sin\beta = \frac{b}{c}\sin\gamma \qquad (15\text{-}3)$$

当 $\alpha < 2°$，$\beta > 178°$ 时，上式可简化为

$$\alpha = \frac{a}{c}\gamma，\quad \beta = \frac{b}{c}\gamma \qquad (15\text{-}4)$$

式中　γ——地面观测值(″)。

当 $\alpha > 20°$ 时，$\beta > 160°$ 时，可用正弦定理公式计算 α，β。

计算出 α，β 之后，用导线计算方法计算井下导线点的坐标和起始方位角时，尽量按锐角线路推算，如选择 $D—C—A—B—C'—D'$ 路线。

$$\left. \begin{aligned} x_c &= x_c + \Delta x_{CA} + \Delta x_{AB} + \Delta x_{BC'} \\ y_c &= y_c + \Delta y_{CA} + \Delta y_{AB} + \Delta y_{BC'} \\ \alpha_{C'D'} &= \alpha_{CD} + \varphi - \alpha + \beta' + \varphi' + 4 \times 180° \end{aligned} \right\} \qquad (15\text{-}5)$$

（4）一井定向的误差　定向误差包括：地面的连接误差 $m_{上}$；地下的连接误差 $m_{下}$；投向误差 θ。在式(15-5)中，设 φ、α 和 φ'、β' 的中误差分别为 m_φ、m'_φ、m'_α，则井下一次独立定向的定向边 $C'D'$ 方位角的中误差为

$$M_{(C'D')}^2 = m_{(DC)}^2 + m_\varphi^2 + m_\alpha^2 + m_\beta'^2 + m_\varphi'^2 + \theta^2 \qquad (15\text{-}6)$$

在式(15-6)中，起始方位角的中误差 $m_{(CD)}$ 与连测角的观测误差 m_φ、m'_φ，可采取措施保证其精度。α、β 和 α'、β' 是间接观测值，影响其精度的因素是多方面的，因此要给予一定的重视。

综合上述的误差公式，可以看出：

1）联系三角形的最有利形状为延伸三角形，角度为锐角，γ、γ' 和 α、β' 约为 2°～3°，故 C 和 C' 点尽可能地选在两垂球线连线的延长线上（见图 15-10）。

2）由式(15-3)可知，α、$\beta(\alpha'，\beta')$ 角的误差大小，取决于 m_γ 的大小和 a/c、b/c 的比值。尽

可能地保证 γ 角的观测精度，并且使 C 点尽量靠近垂球线，以减小 a、b 长度。

3）垂球线的投向误差 θ。由于井筒中垂球线受风流、滴水、钢丝的弹性等因素的影响，而发生偏斜，产生投点误差，由此引起两垂球连线方向的偏差 θ，称为投向误差。在一井定向中必须重视。

2. 两井定向

当有两个竖井，井下有巷道相通，并能进行测量时，就可在两井筒各下放一根垂球线，然后在地面和井下分别将其连接，形成一个闭合环（见图15-11），从而把地面坐标系的平面坐标和方位角引测到井下，此即两井定向。

由于 A、B 两垂球线之间的距离 c 较长，按式 $\theta = \pm \dfrac{e}{c}\rho''$ 计算，投向误差会大大减小。

设投点误差 e 为 1mm，A、B 之间为 50m，则投向误差为

$$\theta = \pm \frac{e}{c}\rho'' = \frac{1 \times 206265}{50000} = \pm 4.1''$$

两井定向比一井定向的投向精度大大提高，这是两井定向的最大优点。因此，凡是能用两井定向的隧道、矿井，都应采用两井定向。两井定向的方法与一井定向大致相同。

（1）投点　投点的方法和要求与一井定向相同。由于在井筒中只有一根垂球线，投点占用井筒的时间更短，观测的时间也短。

（2）连接测量　如图15-11所示，两竖井之间的距离较小时，可在两井之间建立一个近井点 C；若距离较远时，两井可分别建立近井点。地面测量时，首先根据近井点和已知方位角，测定 A、B 两垂线的坐标。事先布设好导线，定向时只测量各垂线的一个连接角和一条边长。导线布设时，要求沿两井方向布设成延伸形，以减少量距带来的横向误差。

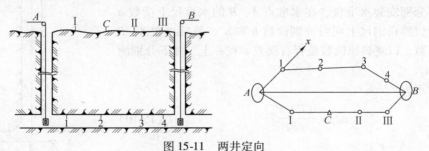

图15-11　两井定向

井下连接测量是在早已完成的导线两端，与垂球线进行连测，只测一个角度和一条边长。

对井上、井下布设的导线事先要做误差预计。根据使用的仪器、采用的测量方法、导线布设的方案，估算一次定向测量的中误差，若不超过 $\pm 20''$，这个方案才能使用。

（3）内业计算

1）根据地面导线计算两垂球线的坐标，反算连线的方位角 α_{AB} 和长度 c。

2）假定井下导线为独立坐标系，以 A 点为原点，以 $A1$ 为 x' 轴，用导线计算方法计算出 B 点的坐标，得 x'_B、y'_B。反算 AB 的假定方位角和长度 c'。

c 和 c' 不相等，一方面由于井上、井下不在一个高程面上，一方面由于测量误差的存在，所以要进行改正

$$f_c = c - \left(c' + \frac{H}{R}c \right) \tag{15-7}$$

式中　H——井深；

R——地球曲率半径，取 6371km；

f_c 不应大于 2 倍连接测量的中误差。

求出 AB 边井上、井下两方位角之差

$$\Delta\alpha = \alpha_{AB} - \alpha'_{AB} = \alpha_{A1}$$

井下导线各边的假定方位角，加上 $\Delta\alpha$，即可求得井下各导线边的方位角。从而按以地面 A 点的坐标 x_A、y_A 和 α_{AB} 为起算数据，以改正后的导线各边长 S_i，计算井下导线的坐标增量，并求其闭合差。

$$\left.\begin{array}{l} f_x = \displaystyle\sum_A^B \Delta_x - (x_B - \Delta x_A) \\[2mm] f_y = \displaystyle\sum_A^B \Delta_y - (y_B - \Delta y_A) \end{array}\right\} \qquad (15\text{-}8)$$

$$f_s = \sqrt{f_x^2 + f_y^2} \qquad (15\text{-}9)$$

其全长相对闭合差 $f_s / [S] \leqslant K_允$。

Ⅰ级导线 $K_允 \leqslant 1/4000$，Ⅱ级导线 $K_允 \leqslant 1/2000$。在满足精度要求的情况下，将 f_x、f_y 反符号按边长成正比例分配在各坐标增量上，然后计算井下导线上各点的坐标。

15.3.3 通过竖井传递高程

1. 用钢尺导入高程

专用钢尺的长度有 100m、500m。导入高程时如图 15-12 所示，使用长钢尺通过井盖放入井下。钢尺零点端挂一 10kg 垂球。地面和井下分别安装水准仪，在水准点 A、B 的水准尺上读数 a 和 b'，两台仪器在钢尺上同时分别读数 b 和 a'。最后再在 A、B 水准点上读数，以复核原读数是否有误差。在井上、井下分别测定温度 t_1、t_2。

拉力改正为

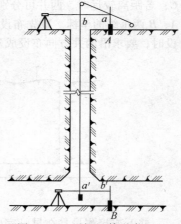

$$\Delta l_p = \frac{l(P - P_0)}{EF} \qquad (15\text{-}10)$$

式中　l——$l = b - a'$；

　　　P——施加垂球的重力；

　　　P_0——标准拉力；

　　　E——钢尺的弹性模量，取 $2 \times 10^6 \text{kg/cm}^2$；

　　　F——钢尺的横断面积（cm^2）。

图 15-12　用钢尺传递高程

自重拉长改正为

$$\Delta l_c = \frac{\gamma l^2}{2E} \qquad (15\text{-}11)$$

式中　γ——钢尺单位体积的质量（g/cm^3）。

井下 B 点高程为

$$H_B = H_A + (a - b) + (a' - b') + \Delta l_d + \Delta l_t + \Delta l_p + \Delta l_c \qquad (15\text{-}12)$$

当井筒较深时，常用钢丝代替钢尺导入高程。

2. 光电测距仪导入高程法

用光电测距仪测出井深 L，即可将高程导入地下，如图 15-13 所示。该法是将测距仪水平安

置在井口一边的地面上，在井口安置一直角棱镜将光线转折 90°，发射到井下平放的反射镜，测出测距仪至地下反射镜的距离 $L(L = L_1 + L_2)$；在井口安置反射镜，测出距离 L_2。分别测出井口和井下的反射镜与水准点 A、B 的高差 h_1、h_2，则井下 B 点的高程为

$$H_B = H_A + h_1 - (L - L_2 + h_2) + \Delta l \tag{15-13}$$

式中　Δl——气象改正值。

另一种方法如图 15-14 所示，是在井口做一特殊的支架，该支架能使测距仪横卧，望远镜能铅直地瞄准井下水平设置的反射镜，测出井深 L；地面安置水准仪后视水准点 A，得读数 a；将小钢尺放在测距仪的中心上，前视小钢尺读出 b，测出高差 h_1。在井下前视 B 点，水准尺得读数 b'；同理，用小钢尺测出水平设置反射镜的中心上的读数 a'，得高差 h_2。则井下 B 点的高程为

$$H_B = H_A + a - b - L + a' - b' + \Delta l \tag{15-14}$$

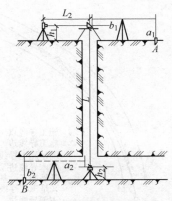

图 15-13　用测距仪传递高程

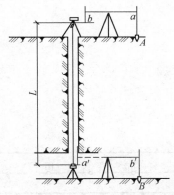

图 15-14　激光测高仪传递高程

15.4　隧道洞内导线与洞内中线测量

15.4.1　洞内导线测量

1. 地下导线测量的特点

地下导线测量的目的是以必要的精度，按照与地面控制测量统一的坐标系统，建立地下的控制系统。根据地下导线的坐标，就可以放样出隧道中线及其衬砌的位置，指出隧道开挖的方向，保证相向开挖的隧道在所要求的精度范围内贯通。

地下导线的起始点通常设在隧道的洞口、平坑口、斜井口，而这些点的坐标是由地面控制测量测定的。

这种在隧道施工过程中所进行的地下导线测量，与一般地面导线相比较具有以下特点：

1）地下导线随隧道的开挖而向前延伸，所以只能逐段设支导线。而支导线采用重复观测的方法进行检核。

2）导线在地下开挖的坑道内敷设，因此其导线形状（直伸或曲折）完全取决于坑道的形状，导线点选择余地小。

3）地下导线是先敷设精度较低的施工导线，然后再敷设精度较高的基本控制导线。

2. 地下导线的布设

布设地下导线时应考虑到贯通时所需的精度要求。另外还应考虑到导线点的位置，以保证在

隧道内能以必要的精度放样。在隧道建设中，导线一般采用分级布设。

（1）施工导线　在开挖面向前推进时，用以进行放样且指导开挖的导线测量，施工导线的边长一般为 25 ~ 50m。

（2）基本控制导线　当掘进长度达 100 ~ 300m 以后，为了检查隧道的方向是否与设计相符合，并提高导线精度，选择一部分施工导线点布设边长较长、精度较高的基本控制导线，基本导线的边长一般为 50 ~ 100m。

（3）主要导线　当隧道掘进大于 2km 时，可选择一部分基本导线点敷设主要导线，主要导线的边长一般为 150 ~ 800m（用测距仪测边）。对精度要求较高的大型贯通，可在导线中加测陀螺边以提高方位的精度。陀螺边一般加在洞口起始点到贯通点距离的三分之二处，导线布设方案参考图 15-15 和图 15-16。

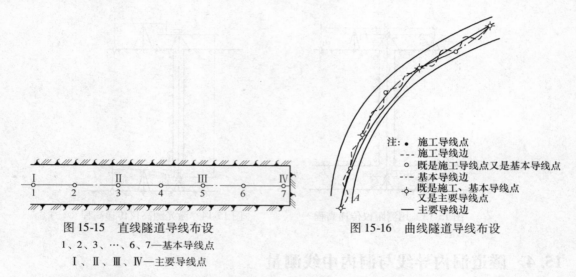

注：●　施工导线点
--- 施工导线边
○　既是施工导线点又是基本导线点
--- 基本导线边
⊕　既是施工、基本导线点又是主要导线点
——　主要导线边

图 15-15　直线隧道导线布设
1、2、3、…、6、7—基本导线点
Ⅰ、Ⅱ、Ⅲ、Ⅳ—主要导线点

图 15-16　曲线隧道导线布设

隧道工程建设中，导线点大多埋设在顶板上，测角、量距与地面大不相同。巷道中的导线等级与地面也不同，其导线等级列于表 15-3。

在隧道施工中，一般只敷设施工导线与基本控制导线。当隧道过长时才考虑布设主要导线。后一种导线的点一般与前一种导线的点重合（见图 15-10）。导线点一般设在顶板上岩石坚固的地方，隧道的交叉处须设点，考虑到使用方便、便于寻找，导线的编号尽量做到简单，按次序排列。

表 15-3　各级导线的技术指标

导线类别	测角中误差	一般边长/m	角度允许闭合差		方向测回法较差	最大相对闭合差	
			闭（附）合导线	复测支导线		闭（附）合导线	复测支导线
高级	±15″	30 ~ 90	±30″$\sqrt{n}$	±30″$\sqrt{n_1 + n_2}$	30″	1/6000	1/4000
Ⅰ级	±22″	—	±45″$\sqrt{n}$	±45″$\sqrt{n_1 + n_2}$		1/4000	1/3000
Ⅱ级	±45″	—	±90″$\sqrt{n}$	±90″$\sqrt{n_1 + n_2}$		1/2000	1/1500

注：1. n 为闭（附）合导线测站数。
　　2. n_1、n_2 为复测支导线第一次、第二次测站数。

由于地下导线布设成支导线，而且测一个新点后，中间要间断一段时间，所以当导线继续向前测量时，需先进行原测点检测。在直线隧道中，检核测量可只进行角度观测；在曲线隧道中，还需检核边长。在有条件时，尽量构成闭合导线。同时，由于地下导线的边长较短，仪器对中误差及目标偏心误差对测角精度影响较大，因此，应根据施测导线等级，增加对中次数(具体要求参阅有关规定)。井下导线边长丈量可用钢尺或测距仪进行。

3. 地下导线的外业

(1) 选点　隧道中的导线点要选在坚固的地板或顶板上，应便于观测，易于安置仪器，通视较好；边长要大致相等，不小于20m。

(2) 测角　隧道中的导线点如果在顶板上，就需点下对中(又称镜上对中)，要求经纬仪有镜上中心。地下导线一般用测回法、复测法，观测时要严格进行对中，瞄准目标或垂球线上的标志。

(3) 量边　一般是悬空丈量。在水平巷道内丈量水平距离时，望远镜放水平瞄准目标或垂球线，在视丝与垂球线的交点处做标志(大头针和小钉)。距离超过一尺段，中间要加分点。如果是倾斜巷道，又是点下对中，如图15-17所示，则还要测出竖直角δ。

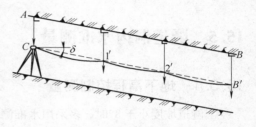

图15-17　巷道内丈量距离

用基本导线丈量边长时，用弹簧秤施一标准拉力，并且测记温度。每尺段串尺三次，互差不得大于±3mm。要往返丈量导线边长，经改正后，往返丈量的较差不超过1/6000；施工导线可不用弹簧秤，但必须控制拉力，往返较差不超过1/2000。

若用光电测距仪测量边长，既方便，又快速，大大提高了工作效率。

4. 地下导线测量的内业

导线测量的计算与地面相同，只是地下导线随隧道掘进而敷设，在贯通前难以闭合，也难以附合到已知点上，是一种支导线的形式。因此，根据对支导线的误差分析，得到如下结论：

1) 测角误差对导线点位的影响，随测站数的增加而增大，故尽量增长导线边，以减少测站数。

2) 量边的偶然误差影响较小，系统误差影响大。

3) 测角误差直接影响导线的横向误差，对隧道贯通影响较大；测边误差影响纵向误差。

15.4.2　隧道的中线测设

在全断面掘进的隧道中，常用中线给出隧道的掘进方向。如图15-18所示，Ⅰ、Ⅱ为导线点，A为设计的中线点。已知其设计坐标和中线的坐标方位角，根据Ⅰ、Ⅱ点的坐标，可反算得到β_{II}、D和β_A。在Ⅱ点上安置仪器，测设β_{II}角和丈量D，便得A点的实际位置。在A点(底板或顶板)上埋设标志并安仪器，后视Ⅱ点，拨β_A角，则得中线方向。

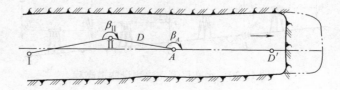

图15-18　测设隧道中线

如果A点离掘进工作面较远，则在工作面近处建立新的中线D′，A与D′之间不应大于100m。在工作面附近，用正倒镜分中法设立临时中线点D、E、F(见图15-19)，都埋设在顶板上。D、E、F之间的距离不宜小于5m。在三点上悬挂垂球线，一人在后可以向前指出掘进的方向，标定在工作面上。当继续向前掘进时，导线也随之向前延伸，同时用导线测设中线点，检查和修正掘进方向。

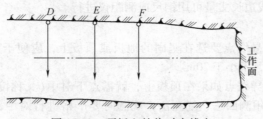

图 15-19　顶板上的临时中线点

15.5　隧道洞内水准测量

15.5.1　地下高程控制测量

当隧道坡度小于 8°时，多采用水准测量，建立高程控制；当坡度大于 8°时，采用三角高程测量，比较方便。地下水准测量分两级布设，其技术要求列入表 15-4。

表 15-4　地下水准测量的技术要求

级　别	两次高差之差或红黑面高差之差/mm	支水准线路往返测高差不符值/mm	闭（附）线路线差闭合差/mm
Ⅰ	±4	±15 $\sqrt{R}$	—
Ⅱ	±5	±30 $\sqrt{R}$	±24 $\sqrt{R}$

注：R 为支水准路线长度，以百米计；L 为闭（附）合水准路线长度，以百米计。

Ⅰ级水准路线作为地下首级控制，从地下导入高程的起始水准点开始，沿主要隧道布设，可将永久导线点作为水准点，并且每三个一组，便于检查水准点是否变动。

Ⅱ级水准点以Ⅰ级水准点作为起始点，均为临时水准点，可用Ⅱ级导线点作为水准点。Ⅰ、Ⅱ级水准点在很多情况下都是支水准路线，必须往返观测进行检核，若有条件应尽量闭合或附合。

测量方法与地面基本相同。若水准点在顶板上，用 1.5m 的水准尺倒立于点下，如图 15-20 所示，高差的计算与地面相同，只是读数的符号不同而已。

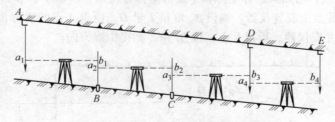

图 15-20　水准尺倒立法测量隧道高程

高差计算

$$h = \pm a - (\pm b) \tag{15-15}$$

后、前视读数的符号，在点下为负，在点上为正。

地下三角高程测量与地面三角高程测量相同。计算高差时，i 和 l 的符号以点上和点下不同而异。高差计算为

$$h = L\sin\delta \pm i \pm l \qquad (15\text{-}16)$$

式中 L——仪器横轴中心至视准点间的倾斜距离；

δ——竖直角，仰角为正，俯角为负；

i——横轴中心至点的垂直距离，点上为正，点下为负；

l——觇标高，测点至视准点的垂直距离，点上为正，点下为负。

三角高程测量要往返观测，两次高差之差不超过 $\pm(10 + 0.3l_0)$ mm，l_0 为两点间的水平距离。三角高程测量在可能的条件下要闭合或附合，其闭合差（单位：mm）是

$$f_h = \pm 30\sqrt{L}$$

式中 L——平距，以百米计。

在隧(巷)道掘进过程中首先要给出掘进的方向，即隧道的中线；同时要给出掘进的坡度，称为腰线。这样才能保证隧道按设计要求掘进。

15.5.2 腰线的标定

在隧道掘进过程中，要给出掘进的坡度。一般用腰线法放样坡度和各部位的高程。

1. 用经纬仪标定腰线

在标定中线的同时标定腰线。如图 15-21 所示，在 A 点安置经纬仪，量仪高 i，仪器视线高程 $H = H_A + i$，在 A 点的腰线高程设为 $H = H_A + l$，则两者之差为

$$k = (H_A + i) - (H_A + l) = i - l \qquad (15\text{-}17)$$

当经纬仪所测的倾角为设计隧道的倾角 δ 时，瞄准中线上 D、E、F 三点所挂的垂球线，从视点 1、2、3 向下量 k，即得腰线点 1′、2′、3′。

在隧道掘进过程中，标志隧道坡度的腰线点并不设在中线上，往往标志在隧道的边墙上。

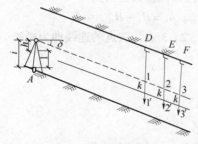

图 15-21 用经纬仪定腰线

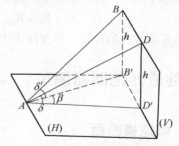

图 15-22 量测隧道倾角

如图 15-22 所示，仪器安置在 A 点，在 AD 中线上倾角为 δ；若 B 点与 D 点同高，AB 线的倾角 δ'，并不是 δ，通常称 δ' 为伪倾角。δ' 与 δ 之间的关系按下式可求出

$$\tan\delta = \frac{h}{AD'}$$

$$\tan\delta' = \frac{h}{AB'} = \frac{\overline{AD'}\tan\delta}{AB'} = \cos\beta\tan\delta \qquad (15\text{-}18)$$

可根据现场观测的 β 角和设计的 δ 计算 δ' 之后，就可在隧道两边墙上标定腰线点。如图 15-23所示，在 A 点安置经纬仪，观测 1、2 两点与中线的夹角 β_1 和 β_2，计算 δ'_1、δ'_2，并以 δ'_1、δ'_2 的倾角分别瞄准 1、2 两点，从视线向上或向下量取 k，即为腰线点的位置。

2. 用水准仪标定腰线

当隧道坡度在 8° 以下时，可用水准仪测设腰线。

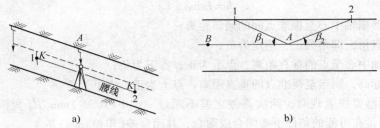

图 15-23 腰线放样

如图 15-24 所示，A 点高程 H_A 为已知，且已知 B 点的设计高程 $H_设$，设坡度为 i，在中线上量出 1 点距 B 点距离 l_1，和 1、2、3 之间的距离 l_0。就可计算 1、2、3 点的设计高程，即

$$H_1 = H_设 + l_1 i + l, \quad H_2 = H_1 + l_0 i, \quad H_3 = H_2 + l_0 i$$

式中 l——仪器腰线高。

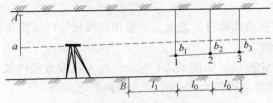

图 15-24 用水准仪定腰线

安置水准仪后视 A 点，读数 a，仪器高程为

$$H_仪 = H_A - a$$

分别瞄准 1、2、3 点的边墙上的相应位置的水准尺，使读数分别为

$$b_1 = H_1 - H_仪, \quad b_2 = H_2 - H_仪, \quad b_3 = H_3 - H_仪 \tag{15-19}$$

尺底即是腰线点的位置。可在隧道边墙上标志 1、2、3 点，三点的连线即为腰线。

15.6 隧道开挖断面测量

15.6.1 隧道横断面

1. 隧道净空

隧道净空是指隧道内轮廓线所包围的空间，包括公路隧道建筑限界、通风及其他功能所需要的断面面积。断面形状和大小应根据结构设计力求得到最经济值。净空所包括的其他断面中，有通风机或通风管道、照明灯具及其他设备、监控设备和运营管理设备、电缆沟或电缆桥架、防灾设备等断面，以及富余量和施工允许误差等。

2. 隧道建筑限界

隧道建筑限界是指为了保证在隧道中的安全行车，在一定的宽度、高度空间范围内任何部件不得侵入的界限。在 JTG D70—2004《公路隧道设计规范》中，对隧道的建筑限界有明确的规定。公路隧道的建筑限界，横向包括行车道、侧向宽度（含路缘带、余宽）以及人行道、检修道等；顶角宽度的规定是保证正常行驶的车辆顶角不会跑到限界外面去；竖向包括 4m 的起拱线、人行道或检修道高度等（见图 15-25）。

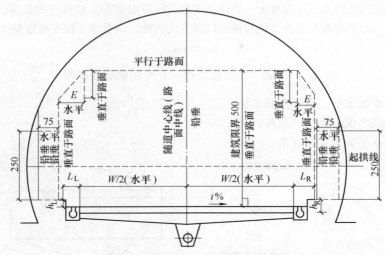

图 15-25　建筑界限及内轮廓图(单位:cm)

15.6.2　掘进中隧道断面的测量

每次断面掘进前,应根据设计的断面类型和尺寸放样出断面。常用的方法有:五寸台阶法(断面支距法)、放大样法、三角高程法等。

1. 五寸台阶法(断面支距法)

如图 15-26 所示,根据中线及拱顶外线高程,从上而下每 0.5m(拱部和曲线地段)和 1.0m(直墙地段)向中线左右量出两侧的横向支距(量测支距时,应考虑隧道中心与路线中心的偏移值和施工的预留宽度),所有支距端点的连线即为断面开挖的轮廓线,用以指导开挖及检查断面,并作为安装拱架的依据。遇有仰拱的隧道,仰拱断面应由中线起向左右每隔 0.5m 量出路面高程向下的开挖深度。此种方法最常用,适用于全断面开挖或上下导坑开挖施工的隧道。此种方法的作业程序,如图 15-27 所示。

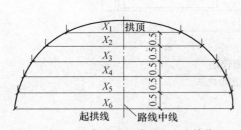

图 15-26　五寸台阶法示意图(尺寸单位:m)

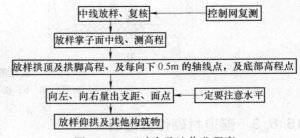

图 15-27　五寸台阶法作业程序

2. 直接测量(放大样法或以内模为参照物法)

对于一种类型尺寸的开挖断面,提前在地面上放出大样(1:1),用木板或金属条作出大样,测量时放出拱顶中点及两侧起拱点的位置,往上套上大样,在周边画点即可。此种方法是用于全断面开挖或上下导坑开挖及预留核心土施工的隧道。在二次衬砌立模后,以内模为参照物,从内模量至围岩壁的数据 l 加上内净空 R_1,即为断面数据,如图 15-28 所示。

3. 三角高程法(直角坐标)

如图 15-29 所示,将仪器置于里程处的中线上,一次放样出掌子面的各个轮廓线。此方法特点是：速度快，要求的条件高；计算量大，放样前须提前计算出所有需放样点的数据；对掌子面的平整度有较高要求，对于有激光导向及免棱镜的仪器尤为方便，但受掌子面平整度精度影响较大。

$$x = l\tan\alpha \tag{15-20}$$

$$y = \frac{l}{\cos\alpha}\tan\beta + 经纬仪高程 - 开挖断面底板高程 \tag{15-21}$$

式中　x、y——断面水平、垂直方向坐标；

　　　　l——经纬仪与棱镜的距离；

　　　　α、β——水平夹角及竖直角。

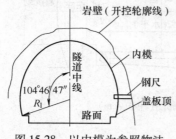

图 15-28　以内模为参照物法

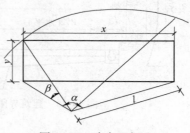

图 15-29　直角坐标法

4. 激光断面仪法

激光断面仪法的测量原理为极坐标法。如图 15-30 所示，以水平方向为起算方向，按一定间距（角度或距离），依次——测定仪器旋转中心与实际开挖轮廓线的交点之间的矢径（或距离）与水平方向的夹角，将这些矢径端点依次相连即可获得实际开挖的轮廓线。

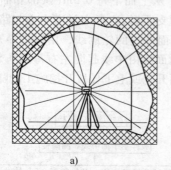

a)

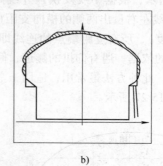

b)

图 15-30　激光断面仪法

a）测量原理　b）输出图形成果

15.6.3　隧道衬砌位置控制

隧道衬砌，不论何种类型均不得侵入隧道建筑界限，因此各个部位的衬砌放样都必须在路线中线、水平测量准确的基础上认真做好，使其位置正确，尺寸和高程符合设计要求。

中线两侧衬砌结构物的放样，是以中线点和水准点为依据，控制其平面位置和高程。放样建筑物的部位分别有边墙角、边墙基础、边墙身线、起拱线等位置。拱顶内沿、拱脚、边墙脚等设计高程均应用水准仪放出，并加以标注。拱部衬砌的放样是将拱架安装在正确的空间位置上，拱架定位并固定好后，即可铺设模板、浇筑混凝土等。在浇筑混凝土衬砌施工过程中，应经常检查拱架和模板的位置和稳定性。若位移变形值超限，应及时加以纠正。

边墙衬砌的施工放样，若为直墙式衬砌，从校准中线按规定尺寸放出支距，即可安装模板；

若为曲墙式衬砌，则从中线按计算好的支距安设带有曲面的模板，并加以支撑固定，即可开始衬砌施工。

15.7　辅助坑道施工测量

15.7.1　辅助坑道类型

当隧道较长时，为了增加施工工作面，加快施工进度，改善施工条件（出渣、进料运输、通风、排水等），往往需要选择设置一些适宜、辅助性的坑道，如横洞、斜井、竖井或平行导坑等。

1. 横洞

傍山、沿河或山体侧向岩土体较薄的隧道，设置辅助坑道时，宜优先考虑采用横洞，设置的位置依地形条件和施工需要而定。横洞与主洞中线交角一般以 40°～45° 为宜，并应向洞外有不小于 0.3% 的下坡，以便出渣运输和排水。横洞的布置如图 15-31 所示。

2. 斜井

斜井是在隧道侧面上方开挖的与之相连的倾斜坑道。当隧道在埋置不太深、地质条件较好的地段，或当隧道洞身一侧有较开阔的山谷低凹处可作为弃渣场地，且上方埋深不太大时，可以考虑采用斜井作为辅助坑道。斜井的立、平面如图 15-32 所示。

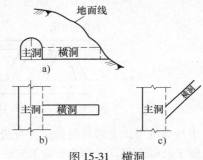

图 15-31　横洞

a）立面图　b）平面图（正交）　c）平面图（斜交）

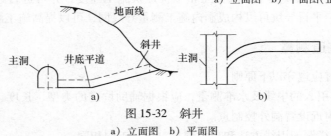

图 15-32　斜井

a）立面图　b）平面图

3. 竖井

竖井是在隧道上方开挖，并与隧道相连的竖向坑道。当隧道较长且存在埋深不大的地段或不宜设置斜井、具备提升设备、施工中很需要增加工作面时，需要增加出渣与进料运输线路，可设置竖井。主竖井深度一般不宜超过 150m；否则，其工程造价过高，施工更复杂，并且施工与运输效率较低。当有两个以上的竖井时，其间距不宜小于 300m。竖井位置以设隧道中心线一侧为宜，与主隧道的距离一般为 15～25m，如图 15-33c 所示，其间采用通道连通，施工安全，干扰少，但通风效果差；竖井也可设在隧道正上方直接连通主洞，如图 15-33d 所示，此方法出渣与进料运输快速，不需另设水平通道，通风效果较好，造价较低，但施工干扰大，施工不太安全。

4. 平行导坑

平行导坑是与隧道走向平行的辅助坑道。越岭的特长隧道（$L > 3000m$）或拟建双洞的隧道，施工不宜选用横洞、斜井、竖井等辅助坑道时，常采用开挖平行导坑的办法来处理，可同时解决特长隧道施工中的出渣与进料运输、通风、排水、施工测量及安全等问题。平行导坑的平面布置如图 15-34 所示。

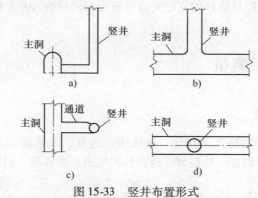

图 15-33　竖井布置形式

a）立面图 1　b）立面图 2　c）平面图 1　d）平面图 2

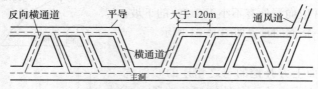

图 15-34　平行导坑平面布置

平行导坑可比主洞超前掘进，可进行地质勘察及地质预报，充分掌握主洞开挖前方地质状况，便于及时变更设计和改变施工方法；平行导坑通过横向通道与主洞连接，可增辟主洞掘进工作面，可将洞内作业分区段施工，减少互相干扰加快施工速度，并可进行通风、排水、降低水位、进料出渣运输；平行导坑可以构成洞内施工测量导线网，可以提高施工测量精度等。

15.7.2　辅助坑道测量

辅助坑道测量时应遵守以下原则：

1）经辅助坑道引入的中线及水准测量，应根据辅助坑道的类型、长度、方向和坡度等，按要求精度在坑道口附近设置洞外控制点。

2）平行导坑与横洞的引线方法和高程测量，均与正洞相同。

3）斜井中线的方向，应由斜井井口外直线引伸，可采用正倒镜分中法进洞；斜井量距应丈量斜距，测出桩顶高程，求出高差，按照斜距换算出水平距离。

4）竖井测量时，应根据竖井的大小、深度、必要的测量精度决定测量方法，经竖井引入的中线的测量，可使用钢丝吊锤、激光、经纬仪等。经竖井的高程，可用钢尺测定。

15.8　隧道贯通误差分析

15.8.1　贯通误差及分类

在隧道施工中，由于地面控制测量、联系测量、地下控制测量及细部放样的误差，使两个相向开挖的工作面的施工中线，不能理想地衔接，而产生的错开现象，即所谓贯通误差。

贯通误差在线路中线方向的投影长度称为纵向贯通误差（简称纵向误差），在垂直于中线方向的投影长度称为横向贯通误差（简称横向误差），在高程方向的投影长度称为高程贯通误差（简称高程误差)。纵向误差只影响隧道中线的长度,这对隧道贯通没有多大影响;高程误差影响隧道的坡度,应用水准测量的方法,也容易达到所需的要求。因此,在实际上最重要的,讨论最多的是横向误差。因为横向误差如果超过了一定的范围,就会引起隧道中线几何形状的改变,甚至洞内建筑侵入规定限界而使之前衬砌部分拆除重建,给工程造成损失。

15.8.2 贯通误差来源及分配

隧道贯通误差主要来源于洞内、外控制测量和竖井(斜井)联系测量的误差,由于施工中线和贯通误差是由洞内导线测量确定,所以施工误差和放样误差由于贯通的影响可忽略不计。

在隧道施工中由于地面控制测量与洞内测量往往由不同单位担任,故应将允许贯通误差加以适当分配。一般来说,对于平面控制测量而言,地面上的条件要比洞内好,故对地面控制测量的精度要求可高一些,而将洞内导线测量的精度要求适当降低。这里可以将地面控制测量的误差作为影响隧道贯通误差的一个独立因素,而将地面两相向开挖洞内导线测量误差各为一个独立因素。这样一来,设隧道总的横向贯通中误差的允许值为 M_q,按照相等影响原则,则得地面控制测量的误差所引起的横向贯通中误差的允许值为

$$m_q = \frac{M_q}{\sqrt{3}} = \pm 0.58 M_q \tag{15-22}$$

对于通过竖井开挖的隧道,横向贯通误差受竖井联系测量的影响也较大,通常将竖井联系测量也作为一个独立因素,且按相等影响原则分配。这样,当通过两个竖井和洞口开挖时,地面控制测量误差对于横向贯通中误差的影响值则为

$$m_q = \frac{M_q}{\sqrt{5}} = \pm 0.45 M_q \tag{15-23}$$

当通过一个竖井和洞口开挖时,影响值为

$$m_q = \frac{M_q}{\sqrt{4}} = \pm 0.5 M_q \tag{15-24}$$

对于高程控制测量而言,洞内的水准路线短,高差变化小,这些条件比地面的好;但另一方面,洞内有烟尘、水气、光亮度差以及施工干扰等不利因素,所以将地面与地下水准测量的误差,对于高程贯通误差的影响,按相等原则分配。设隧道总的高程贯通中误差的允许值为 M_h,则它们的影响值为

$$m_h = \pm \sqrt{\frac{1}{2}} M_h = \pm 0.7 M_h \tag{15-25}$$

对于纵向贯通误差而言,它主要影响隧道中线的长度,只要求满足定测中线的精度,即限差 $\Delta_1 = 2m_1 \leqslant L/2000$($L$ 为隧道长度)。

15.8.3 贯通测量的误差预计

如图 15-35 所示,竖井 A、B 掘进到贯通水平,相向掘进以求隧道的贯通,预计贯通面在 K 点。通过 A、B 井筒分别将地面控制网的坐标和方位角引入地下,并在地下布设施工导线(见图 15-36)。

在误差预计时,先将已有的控制测量资料和地面、地下控制网方案,以较大的比例尺绘在图上,并绘出预计的贯通点 K。如图 15-36 所示,在假定坐标系统中,以中线方向为 y 轴,垂直中线方向为 x 轴,竖直方向为 z 轴(见图 15-35)。重要的贯通误差为 x 方向的横向贯通误差和 z 方向的高程贯通误差。

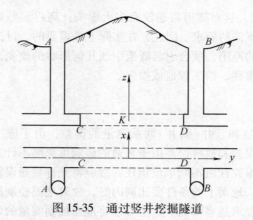

图 15-35　通过竖井挖掘隧道

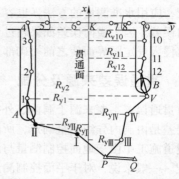

图 15-36　在地下布设施工导线

1. 贯通点 K 在 x 方向的测量误差

影响 K 点的误差来源主要是地面控制测量、地下经纬仪导线测量和联系测量三者的误差影响。

（1）地面控制测量对 K 点的误差影响　如图 15-36 所示，地面控制点 P 分别向竖井 A、B 引测支导线 Ⅰ，Ⅱ，…，Ⅴ。根据支导线的误差分析知，由测角误差引起 K 点在 x 方向的贯通误差

$$m_{x\beta\pm} = \pm \frac{m_{\beta\pm}}{\rho} \sqrt{\sum R_{yi\pm}^2} \tag{15-26}$$

式中　$m_{\beta\pm}$——地面导线的测角误差；

$R_{yi\pm}$——地面导线第 i 点至 x 轴的垂直距离，在设计方案图上量取。

测边误差对 K 点子在 x 轴方向上引起的贯通误差为

$m_{xl\pm}$。如图 15-37 所示，量距误差主要由偶然误差引起，其相对中误差为 m_l/l，按对应成比例计算，则

$$N'N_1' = \frac{m_l}{l}d \tag{15-27}$$

若有 n 条边，则 $m_{x/\pm}^2 = \dfrac{m_{l\pm}^2}{l^2} \sum d_{xi}^2 \tag{15-28}$

式中　$\sum d_{xi}^2$——各导线边长在 x 轴上投影的平方和，d_x 可在方案图上量取。

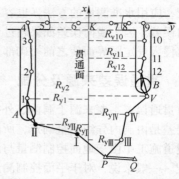

图 15-37　在 x 轴方向上引起的贯通误差

由地面控制点引起的贯通点的总误差为

$$m_{xk\pm}^2 = \left(\frac{m_{\beta\pm}}{\rho}\right)^2 \sum R_{yi\pm}^2 + \frac{m_{l\pm}^2}{l^2} \sum d_{xi}^2 \tag{15-29}$$

（2）定向测量误差对 K 点引起的横向贯通误差

$$m_{x0} = \pm \frac{m_{a0}}{\rho} R_{y0} \tag{15-30}$$

式中　m_{a0}——地下导线起始边的定向误差；

R_{y0}——地下导线起算点至 x 轴的垂直距离。

设一次定向的中误差为 $\pm 42''$，如图 15-36 所示通过两井定向产生的误差影响 m_{x0A} 可用下式计算

$$m_{x0A} = \pm \frac{42''}{\rho''} R_{y1}, \quad m_{x0B} = \pm \frac{42''}{\rho''} R_{y12}$$

式中 R_{y1}、R_{y12}——井下起始导线点距 x 轴的垂直距离。

（3）地下经纬仪导线测量对 K 点横向误差的影响 与地面情况相同，可得

$$m_{x\beta\text{下}} = \pm \frac{m_{\beta\text{下}}}{\rho} \sqrt{\sum R_{y_i\text{下}}^2}, \quad m_{xl\text{下}} = \pm \frac{m_{l\text{下}}}{l} \sqrt{\sum d_{x_i\text{下}}^2} \tag{15-31}$$

综合以上各项误差，得

$$m_x = \pm \sqrt{m_{x\beta\text{上}}^2 + m_{xl\text{上}}^2 + m_{x\beta\text{下}}^2 + m_{xl\text{下}}^2 + m_{x0A}^2 + m_{x0B}^2} \tag{15-32}$$

贯通测量工作独立进行两次，取其平均值作为最后结果，其中误差

$$m_{x\text{均}} = \pm \frac{m_x}{\sqrt{2}}$$

水平方向的允许误差为中误差的两倍，即

$$M_{x\text{允预}} = 2m_{x\text{均}} \tag{15-33}$$

如果 $M_{x\text{允预}} \leqslant M_\text{允}$，则说明方案可行。允许误差见表 15-5。

2. 贯通点 K 在 z 轴方向的测量误差

影响 K 点在高程方向的测量误差主要是地面水准测量误差、地下高程测量误差，以及通过 A、B 两井导入高程的误差。如果是平洞贯通，两井导入高程的误差则不计入。

（1）地面水准测量误差 用高差闭合差的大小确定其允许值。现以四等水准计算，一般规定闭合差不大于 2 倍中误差，则

$$m_{H\text{上}} = \frac{f_\text{h}}{2} = \pm \frac{20\sqrt{L}}{2} = \pm 10\sqrt{L}\,\text{mm} \tag{15-34}$$

式中 L——地面水准路线的长度（km）。

（2）地下水准测量误差 用地下水准测量的闭合差确定，以 I 级水准计算，并且地下水准支线是往返测求平均值，平均值的中误差为

$$m_{H\text{下}} = \frac{f_\text{h}}{2\sqrt{2}} \tag{15-35}$$

式中，$f_\text{h} = 15\sqrt{R}$，单位为 mm，R 为往测或返测的水准路线长度，以百米计。

（3）导入高程的误差 按照规范规定，两次独立导入高程之差不得超过 $H/8000$，一次导入的中误差为

$$m_{H_0} = \pm \frac{H}{8000} \times \frac{1}{2\sqrt{2}} \tag{15-36}$$

式中 H——井深，从两个井筒各导入一次。

综合以上误差的影响，即

$$M_H = \pm \frac{1}{\sqrt{2}} \sqrt{m_{H\text{上}}^2 + m_{H\text{下}}^2 + m_{H0A}^2 + m_{H0B}^2} \tag{15-37}$$

$$M_{H\text{允预}} = 2M_H$$

$M_{H\text{允预}} < M_\text{允}$，则说明测量方案可行。

15.8.4 隧道贯通误差的测定与调整

隧道贯通后，应及时地进行贯通测量，测定实际的横向、纵向和竖向贯通误差。若贯通误差在允许范围之内，就认为测量工作达到了预期目的。但是，由于存在着贯通误差，它将影响隧道断面扩大及衬砌工作的进行。因此，规范规定了允许误差，见表 15-5，应采用适当的方法将贯通误差加

以调整，从而获得一个对行车没有不良影响的隧道中线，并作为扩大断面、修筑衬砌的依据。

表 15-5　贯通测量的容许误差

两相向开挖洞口间的距离/km	4	3~4	8~10	10~13	13~17	17~20
允许横向贯通偏差/mm	±100	±150	±200	±300	±400	±500
允许竖向贯通偏差/mm	±50	±50	±50	±50	±50	±50

1. 贯通误差的测定

1）采用中线法测量的隧道，贯通之后，应从相向测量的两个方向各自向贯通面延伸中线，并各钉一临时桩 A、B（见图 15-38）。测量出两临时桩 A、B 之间的距离，即得隧道的实际横向贯通误差，A、B 两临时桩的里程之差，即为隧道的实际纵向贯通误差。

2）采用地下导线作洞内控制的隧道，可由进洞的任一方向，在贯通面附近钉设一临时桩点，然后由相向的两个方向对该点进行测角和量距，各自计算临时桩点的坐标。这样可以测得两组不同的坐标值，其 y 坐标的差数即为实际的横向贯通误差，其 x 坐标之差为实际的纵向贯通误差（或者将两组坐标差投影至贯通面及其垂直的方向上，得出横向贯通误差和纵向贯通误差）。在临时桩点上安置经纬仪测出角度 α，如图 15-39 所示，以便求得导线的角度闭合差（也称为方位角贯通误差）。

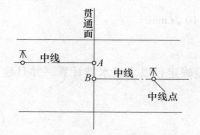

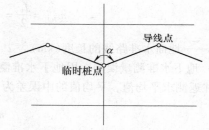

图 15-38　中线法测量贯通误差　　　　图 15-39　导线法测量贯通误差

3）由隧道两端洞口附近的水准点向洞内各自进行水准测量，分别测出贯通面附近的同一水准点的高程，其高程差即为实际的高程贯通误差。

2. 贯通误差的调整

隧道中线贯通后，应将相向两方向测设的中线各自向前延伸一段适当的距离。如贯通面附近有曲线始点（或终点）时，则应延伸至曲线以外的直线上一段距离，以便调整中线。

调整贯通误差的工作，原则上应在隧道未衬砌地段上进行，不再牵动已衬砌地段的中线，以防减小限界而影响行车。对于曲线隧道还应注意尽量不改变曲线半径与缓和曲线长度，否则需经上级批准。在中线调整之后，所有未衬砌地段的工程，均应以调整后的中线指导施工。

（1）直线隧道贯通误差的调整　直线隧道中线的调整，可在未衬砌地段上采用折线法调整，如图 15-40 所示。如果由于调整贯通误差而产生的转折角在 5′ 以内时，可作为直线线路考虑。当转折角在 5′~25′ 时，可不加设曲线，但应以顶点 a、C 的内移量考虑衬砌和线路的位置。各种转折角的内移量见表 15-6。当转折角大于 25′ 时，则应以半径为 4000m 的圆曲线加设反向曲线。

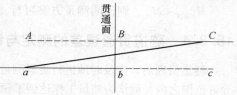

图 15-40　直线隧道贯通误差调整

表 15-6 各种转折角的内移量

转折角/(′)	内移量/mm	转折角/(′)	内移量/mm
5	1	20	17
10	4	25	26
15	10	—	

对于用地下导线精密测得实际贯通误差的情况，当在规定的限差范围之内时，可将实测的导线角度闭合差平均分配到该段贯通导线各导线角，按简易平差后的导线角计算该段导线各导线点的坐标，求出坐标闭合差。根据该段贯通导线各边的边长按比例分配坐标闭合差，得到各点调整后的坐标值，并作为洞内未衬砌地段隧道中线点放样的依据。

（2）曲线隧道贯通误差的调整 当贯通面位于圆曲线上，调整贯通误差的地段又全部在圆曲线上时，可由曲线的两端向贯通面按长度比例调整中线，也可用调整偏角法进行调整。也就是说，在贯通面两侧每 20m 弦长的中线点上，增加或减小 $10''\sim60''$ 的切线偏角值。

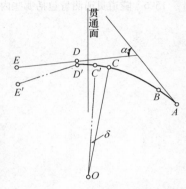

当贯通面位于曲线始（终）点附近时，如图 15-41 所示，可由隧道一端经过 E 点测量至圆曲线的终点 D，而另一端经由 A、B、C 各点测至 D' 点。D 与 D' 不相重合，再自 D' 点作圆曲线的切线至 E' 点，DE 与 $D'E'$ 既不平行又不重合。为了调整贯通误差，可先采用"调整圆曲线长度法"使 DE 与 $D'E'$ 平行，即在保持曲线半径不变，缓和曲线长度不变和曲线 A、B、C 段方向不受牵动的情况下，将圆曲线缩短（或增长）一段 CC'，使 DE 与 $D'E'$ 平行。CC' 的近似值可按下式计算

图 15-41 曲线隧道贯通误差调整

$$CC' = \frac{EE' - DD'}{DE}R \tag{15-38}$$

式中 R——圆曲线的半径。

因为圆曲线长度缩短（或增长）了一段 CC'，与其相应的圆曲线中心角也应减少（或增加）一 δ 值，δ 可按下式计算

$$\delta = \frac{360°}{2\pi R}CC' \tag{15-39}$$

式中 CC'——圆曲线长度变动值。

经过调整圆曲线长度后，已使 $D'E'$ 与 DE 平行，但仍不重合，如图 15-42 所示，此时可采用"调整曲线始终点法"调整，即将曲线的始点 A 沿着切线，向顶点方向移动到 $A'O$ 点，使 $AA' = FF'$，这样 $D'E'$ 就与 DE 重合了。然后，再由 A' 点进行曲线测设，将调整后的曲线标定在实地上。

曲线始点 A 移动的距离可按下式计算

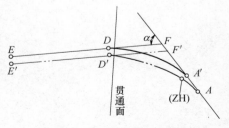

图 15-42 曲线隧道贯通误差调整

$$AA' = FF' = \frac{DD'}{\sin\alpha} \tag{15-40}$$

式中 α——曲线的总偏角。

（3）高程贯通误差的调整　贯通点附近的水准点高程，采用由贯通面两端分别引测的高程的平均值，作为调整后的高程。洞内未衬砌地段的各水准点高程，根据水准路线的长度对高程贯通误差按比例分配，求得调整后的高程，并作为施工放样的依据。

思考题与习题

15-1　隧道测量的内容包括哪些？

15-2　用导线建立隧道的平面控制网，为何要使导线成为延伸形？

15-3　比较隧道地面控制测量各方法的优缺点。

15-4　用 GPS 建立隧道地面控制网有什么优点？

15-5　试述隧道竖井联系测量的目的。

15-6　隧道贯通测量包括哪些内容？

参 考 文 献

[1] 许娅娅，雒应. 测量学[M]. 3 版. 北京：人民交通出版社，2009.

[2] 顾孝烈，鲍峰，程效军. 测量学[M]. 3 版. 上海：同济大学出版社，2006.

[3] 合肥工业大学，重庆建筑大学，天津大学，等. 测量学[M]. 4 版. 北京：中国建筑工业出版社，2004.

[4] 李生平. 建筑工程测量[M]. 北京：高等教育出版社，2002.

[5] 过静珺，刘永明. 土木工程测量[M]. 2 版. 武汉. 武汉理工大学出版社，2003.

[6] 李天文. 现代测量学[M]. 北京：科学出版社，2007.

[7] 中华人民共和国行业标准. CJJ/T 8—2011 城市测量规范[S]. 北京：中国建筑工业出版社，2012.

[8] 国家技术监督局. GB/T 20257.1—2007 国家基本比例尺地图图式　第 1 部分：1:500 1:1000 1:2000 地形图图式[S]. 北京：中国标准出版社，2007.

[9] 潘正风，杨正尧. 数字测图原理与方法[M]，武汉：武汉大学出版社 2002.

[10] 陈久强，刘文生. 土木工程测量[M]2 版. 北京：北京大学出版社，2011.

[11] 张鑫. 测量学[M]. 杨凌：西北农林科技大学出版社，2006.

[12] 中华人民共和国国家标准. GB 50026—2007 工程测量规范[S]. 北京：中国计划出版社，2008.

[13] 张项铎，张正禄. 隧道工程测量[M]. 北京：测绘出版社，1998.

[14] 聂让. 全站仪与高等级公路测量[M]. 北京：人民交通出版社，1997.

[15] 孔祥元，梅是义. 控制测量学[M]. 北京：测绘出版社，1991.

[16] 中国国家标准化管理委员会. GBT 18314—2009 全球定位系统（GPS）测量规范[S]. 北京：中国标准出版社，2009.

[17] 周忠谟，易杰军，周琪. GPS 卫星测量原理与应用[M]. 北京：测绘出版社，1999.

[18] 冯仲科，余新晓. 3S 技术及其应用[M]. 北京：中国林业出版社，2000.

[19] 刘基余，李征航，王跃虎，等. 全球卫星定位系统原理及其应用[M]. 北京：测绘出版社，1993.

[20] 刘志德，章书寿，郑汉球，等. EDM 三角形高程测量[M]. 北京：测绘出版社，1996.

[21] 中华人民共和国行业标准. JTG C10—2007 公路勘测规范[S]. 北京：人民交通出版社，2007.

[22] 中华人民共和国行业标准. JTG/T C10—2007 公路勘测细则[S]. 北京：人民交通出版社，2007.

[23] 於宗俦，鲁成林. 测量平差基础[M]. 北京：测绘出版社，1999.

[24] 王侬，过静珺. 现代普通测量学[M]. 北京. 清华大学出版社，2001.

[25] 邹永廉. 土木工程测量[M]. 北京：高等教育出版社，2004.

[26] 李志林，朱庆. 数字高程模型[M]. 武汉：武汉测绘科技大学出版社，2000.

[27] 中华人民共和国行业标准. JTG D20—2006 公路路线设计规范[S]. 北京：人民交通出版社，2006.